U0342714

高职高专"十三五"规划教材

金属材料及热处理

主　编　尹文艳
副主编　张　珺　张明明

北　京
冶金工业出版社
2021

内 容 简 介

　　本书从高职教学的实际出发，以提高高职学生素养为依据，通过系统、科学地归纳整理，详细介绍了金属的基本性能、分类及应用。本书主要内容包括材料基础知识、金属材料、材料知识拓展三个教学情境。每个情境内容后都有相关实训任务，为学生加深理解和学用结合打下基础，也为教师教学提供参考。

　　本书为高职高专院校机电一体化专业、冶金技术专业、金属材料及热处理等相关专业教学用书，也可作为中级热处理岗前培训参考用书。

图书在版编目（CIP）数据

　　金属材料及热处理／尹文艳主编. —北京：冶金工业出版社，2018.8（2021.6 重印）

　　高职高专"十三五"规划教材

　　ISBN 978-7-5024-7865-0

　　Ⅰ．①金… Ⅱ．①尹… Ⅲ．①金属材料—高等职业教育—教材 ②热处理—高等职业教育—教材 Ⅳ．①TG14 ②TG15

　　中国版本图书馆 CIP 数据核字（2018）第 192470 号

出 版 人　苏长永
地　　址　北京市东城区嵩祝院北巷 39 号　邮编　100009　电话　(010)64027926
网　　址　www.cnmip.com.cn　电子信箱　yjcbs@cnmip.com.cn
责任编辑　俞跃春　贾怡雯　美术编辑　彭子赫　版式设计　禹　蕊
责任校对　郭惠兰　责任印制　禹　蕊
ISBN 978-7-5024-7865-0
冶金工业出版社出版发行；各地新华书店经销；北京虎彩文化传播有限公司印刷
2018 年 8 月第 1 版，2021 年 6 月第 2 次印刷
787mm×1092mm　1/16；14.25 印张；342 千字；220 页
43.00 元
冶金工业出版社　投稿电话　(010)64027932　投稿信箱　tougao@cnmip.com.cn
冶金工业出版社营销中心　电话　(010)64044283　传真　(010)64027893
冶金工业出版社天猫旗舰店　yjgycbs.tmall.com
　　　　　（本书如有印装质量问题，本社营销中心负责退换）

前　言

金属材料是指具有光泽、延展性、容易导电、传热等性质的材料。一般分为黑色金属和有色金属两种，黑色金属包括铁、铬、锰等。其中钢铁是基本的结构材料，称为"工业的骨骼"。虽然随着科学技术的进步，各种新型化学材料和新型非金属材料广泛应用，但钢铁在工业原材料构成中的主导地位还是难以取代的。

知识经济的迅猛发展对人的素质和能力提出了更高的要求。企业中，完善的管理、先进的设计是获得高质量产品的前提，但如果没有高素质、高水平的一线操作者和管理者作保证，也无法实现预期的产量及质量目标。本书从高职教学的实际出发，以高职高专人才培养目标为指导思想，以提高高职学生素养为依据，以"实用性"为宗旨和特征构建教材内容体系。本书突出职业教育特点，基础理论以必需、够用为度，加强针对性和实用性，侧重实践能力培养。

本书通过系统、科学地归纳整理，详细介绍了金属的基本性能、分类及应用。主要内容包括材料基础知识、金属材料、材料知识拓展三部分。在编写过程中，我们对读者和企业相关岗位工程技术人员做了广泛的调查和征求意见工作，吸纳生产实践应用知识，尽量满足高职教学的改革发展和教学要求。本书既适用于高职各类教学和培训要求，也可供工程技术人员参考。

本书由尹文艳担任主编，张珺、张明明担任副主编。具体分工如下：前言和情境2由尹文艳编写，情境1由张明明编写，情境3由张珺编写，全书由尹文艳统稿。

本书在编写过程中，参考了国内外同行的大量文献资料，也得到了广大同仁的大力支持与热情帮助，在此一并表示衷心感谢！

由于编者水平有限，错误和纰漏之处，敬请广大读者批评指正。

编　者

2018 年 6 月于兰州

目　录

情境 1　材料基础知识

任务 1.1　金属材料的性能

【任务简介】

·任务内容

（1）班级学生自由组合为学习小组，各学习小组自行选出组长。

（2）组长召集组员利用课余时间认真预习金属材料的力学性能的有关工作任务。

（3）完成任务工作页资讯、决策、计划部分。

（4）在完成以上任务的基础上根据情况制订实施方案。

（5）通过网络收集有关金属材料力学性能的资料。

·任务要求

（1）掌握金属材料所具有的物理性能及作用。

（2）掌握金属材料所具有的化学性能。

（3）掌握金属材料在外力作用下所表现的各种力学性能。

（4）掌握金属材料在加工过程中具有的工艺性能。

（5）能进行力学性能拉伸仪和硬度仪的基本操作。

（6）能看懂不同材料的力学性能曲线变化。

（7）能主动学习、查找资料，在完成任务的过程中发现问题、分析问题和解决问题。

（8）能与小组成员协商、交流、配合完成本学习任务。

（9）严格遵守实训室安全规范。

·建议课时

4 课时

【相关知识】

为了正确地选用材料，应充分了解材料的性能。材料的性能包括使用性能和工艺性能。材料的使用性能是指它为保证机械零件或工具正常工作应具备的性能。它反映了材料在使用过程中所表现出的特征，包括物理性能、化学性能及力学性能等。使用性能决定材料的应用范围，安全可靠性和使用寿命。优良的使用性能可满足生活和生产的各种需要。材料的工艺性能是指它在制造机械零件或工具的过程中适应各种冷、热加工的性能。它反映材料在加工制造中所表现出来的特征，包括铸造性能、压力加工性能、焊接性能、热处理性能以及切削加工性能等。优良的工艺性能则可使材料易于采用各种加工方法制成各种形状、尺寸的零件和工具。材料还可以通过不同的成分配置、不同加工方法和热处理来改变其组织和性能，从而进一步扩大其使用范围。全面地了解和掌握材料的各种性能，对正确的检验、验收和科学合理地选用材料来说十分必要。

材料的力学性能指材料抵抗载荷（即外力）作用的能力。主要包括强度、塑性、硬度、韧性、疲劳强度、耐磨性、断裂韧度等。在机械制造中，除在一些特殊的条件（如高温、高压、腐蚀气氛及要求导电、导磁）下服役外，一般机械零件及工具在设计和选材时大多以力学性能指标为主要依据。

1.1.1 强度、塑性和刚度

1.1.1.1 强度

强度是指材料在外力作用下抵抗变形和断裂的能力。材料在载荷作用下，一般会出现相互联系的三个过程：弹性变形、塑性变形和断裂。弹性变形是在载荷卸除后发生恢复的变形，而塑性变形是在载荷卸除后发生永久的、不能恢复的变形。对于不同类型的载荷，这三个过程的发生又有所不同。

根据载荷的性质和外力作用方式的不同，强度指标也各不相同。当材料承受拉力时，常用的强度指标是屈服强度和抗拉强度。静拉伸试验是测定强度指标的最常用的方法。按《金属材料拉伸试验 第1部分：室温试验方法》（GB/T 228.1—2010）的规定，标准拉伸试样有圆形、矩形、多边形、环形，特殊情况下多为某些其他形状。常用的是圆形试样，如图1-1所示。圆形试样分为长试样（$L_0 = 10d_0$）和短试样（$L_0 = 5d_0$）两种。

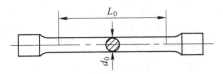

图1-1 标准拉伸试样

拉伸试验按 GB/T 228.1—2010 进行，将低碳钢制成的标准试样装在材料试验机上，缓慢增加拉伸载荷，随时记录载荷与变形量的数值，直至试样断裂为止。所获得的载荷与变形量之间的关系曲线，即拉伸图，如图1-2（a）所示。

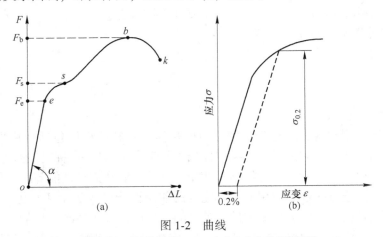

(a)　(b)

图1-2 曲线

（a）退火低碳钢的拉伸曲线；（b）应力应变曲线屈服强度 $\sigma_{0.2}$

（1）当 $0 < F \leqslant F_e$ 时，若卸去载荷，试样立即恢复原状，试样此时的变形属于弹性变形，其中 oe 段拉伸曲线是直线，表示载荷与伸长量成正比关系。

（2）当 $F_e < F < F_s$ 时，若卸去载荷，试样不能恢复原状，发生的是永久的变形，即塑性变形。因此，F_e 是试样产生纯弹性变形所承受的最大载荷。

（3）当 $F = F_s$ 时，拉伸曲线在 s 点出现一个平台，即载荷不增加，试样继续伸长，这种现象称为屈服。

（4）当 $F_s < F < F_b$ 时，试样的伸长量与载荷又呈曲线关系上升，但曲线的斜率比 oe 段的斜率要小，说明载荷的增加量不大，而试样的伸长量却很大。

（5）当 $F = F_b$ 时，试样的局部截面缩小，说明试样的塑性变形集中在局部进行，这种现象称为颈缩。由于试样局部截面的逐步减小，试样所承受的载荷也逐渐降低，当到达拉伸曲线的 k 点时，试样被拉断。

材料在外力作用下，其内部会产生相应的以抵抗变形的内力。通常将单位面积上承受的内力称为应力，即

$$\sigma = F/S_0$$

式中，σ 为应力，MPa；F 为载荷，N；S_0 为试样的原始横截面积，mm^2。

屈服强度是材料开始发生屈服时的应力，用 σ_s 来表示：

$$\sigma_s = F_s/S_0$$

式中，σ_s 为屈服强度，MPa；F_s 为试样屈服时的载荷，N。

有些材料的拉伸曲线中没有明显的屈服现象。工程上规定试样产生 0.2% 残余伸长量的应力值为该材料的条件屈服强度，用 $\sigma_{0.2}$ 表示。如图 1-2（b）所示，在横坐标上于 $0.2l_0$ 处取一点 D，引一虚线与 OP 线段平行，并与拉伸曲线相交，交点 s 所对应的纵坐标值即为试样产生 0.2% 残余变形时的载荷，然后由它算出 σ_s。

抗拉强度是试样被拉断前所能承受最大载荷时的应力，即

$$\sigma_b = F_b/S_0$$

式中，σ_b 为抗拉强度，MPa；F_b 为试样在断裂前的最大载荷，N。

抗拉强度也是零件设计的主要依据之一，表 1-1 列出了几种常用工程材料的抗拉强度。

表 1-1　几种常用工程材料的抗拉强度

材　料	抗拉强度/MPa	材　料	抗拉强度/MPa
铝合金	100~600	马氏体不锈钢	450~1300
铜合金	200~1300	聚乙烯	8~16
灰铸铁	150~400	尼龙 6	70~90
中碳钢	350~500	聚氯乙烯	52~58
铁素体不锈钢	500~600	聚苯乙烯	35~60

屈服强度与抗拉强度的比值 σ_b/σ_s 称屈强比。屈强比越小，工程构件的可靠性高，说明即使外载荷或某些意外因素使材料变形，也不至于立即断裂。但若屈强比过小，则材料的有效利用率太低。

1.1.1.2　塑性

塑性是指材料在外力作用下，产生永久变形而不破裂的能力。常用的塑性指标有断后

伸长率 δ 和断面收缩率 ψ 两种。

A　断后伸长率

断后伸长率是用试样拉断后的相对伸长量来表示。即

$$\delta = \frac{l_1 - l_0}{l_0} \times 100\%$$

式中，δ 为断后伸长率，%；l_1 为试样拉断后标距长度，mm；l_0 为试样原始长度，mm。

断后伸长率与试样的标距长度有关，对于短、长比例试样的断后伸长率分别以 δ_5 和 δ_{10} 表示。对于同一材料而言，δ_5 要大于 δ_{10} 试样在拉断时的伸长量越大，δ 值就越高，材料的塑性越好。

B　断面收缩率

断面收缩率是指试样拉断后横截面积的相对收缩量。即

$$\psi = \frac{S_0 - S_1}{S_0} \times 100\%$$

式中，ψ 为断面收缩率，%；S_0 为试样原始横截面积，mm^2；S_1 为试样拉断后的横截面积，mm^2。

断面收缩率与试样尺寸无关，ψ 值越大，材料的塑性越好。它比断后伸长率更能反映材料塑性的好坏。

1.1.1.3　刚度

材料在受力时抵抗弹性变形的能力称为刚度，它表示材料弹性变形的难易程度。材料刚度的大小，通常用弹性模量 E 表示。由图 1-2 可见，弹性模量 E 是拉伸曲线上的斜率，即 $\tan\alpha = E$。

斜率越大，弹性模量也越大，即弹性变形越不容易进行。弹性模量越大，材料的刚度越大，即具有特定外形尺寸的零件或构件保持其原有形状与尺寸的能力越大。

在设计零件，要求刚度大的零件，应选用具有高弹性模量的材料。钢铁材料的弹性模量较大，所以对要求刚度大的零件，通常选用钢铁材料，例如镗床的镗杆应有足够的刚度，如果刚度不足，当进刀量大时镗杆的弹性变形就会大，镗出的孔就会偏小，因而影响加工精度，所以可以采用直接淬火和低温回火，以获得低碳马氏体组织的合金渗碳钢。

要求在弹性范围内对能量有很大吸收能力的零件，一般使用软弹簧材料磷青铜制造，具有极高的弹性极限和低的弹性模量。

【例 1-1】　有一直径 $d_0 = 10mm$，$l_0 = 100mm$ 的低碳钢试样，拉伸试验时测得 $F_s = 21kN$，$F_b = 29kN$，$d_1 = 5.65mm$，$l_1 = 138mm$，求 σ_s、σ_b、δ、ψ。

解：（1）计算 S_0，S_1。

$$S_0 = \pi d_0^2/4 = 3.14 \times 10^2/4 = 78.5mm^2$$
$$S_1 = \pi d_1^2/4 = 3.14 \times 5.65^2/4 = 25mm^2$$

（2）计算 σ_s，σ_b。

$$\sigma_s = F_s/S_0 = 21 \times 10^3/78.5 = 267.5MPa$$
$$\sigma_b = F_b/S_0 = 29 \times 10^3/78.5 = 369.4MPa$$

（3）计算 δ，ψ。

$$\delta = (l_1 - l_0)/l_0 \times 100\% = (138 - 100)/100 \times 100\% = 38\%$$

$$\psi = (S_0 - S_1)/S_0 \times 100\% = (78.5 - 25)/78.5 \times 100\% = 68\%$$

1.1.2　硬度

硬度是指材料表面抵抗局部塑性变形的能力。它是反映材料软硬程度的力学性能指标。硬度值的物理意义与测试方法有关。测定材料硬度的方法有多种，普遍应用的是压入法。工程上常用的硬度表示方法有布氏硬度、洛氏硬度、维氏硬度和莫氏硬度。

1.1.2.1　布氏硬度

布氏硬度的试验原理是用一定直径（D）的淬硬钢球或硬质合金球，在规定载荷（F）的作用下，将钢球（或硬质合金球）压入试样表面并保持一定时间后卸除载荷，如图1-3所示，以单位压痕面积上所承受的载荷作为布氏硬度值，用 HBS（淬硬钢球压头）或 HBW（硬质合金球压头）表示，即

$$HBS(或\ HBW) = F/S = \frac{2F}{\pi D(D - \sqrt{D^2 - d^2})}$$

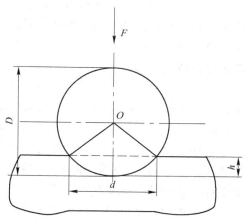

图 1-3　布氏硬度试验原理图

式中，HBS（HBW）为布氏硬度值，kN/mm^2；F 为施加的载荷，kN；S 为试样表面的压痕面积，mm^2；D 为压头（球）直径，mm；d 为压痕直径，mm。

试验时需测出表面压痕直径 d，通过计算或查表得出硬度值。布氏硬度习惯上不标注单位。

用布氏法测定材料硬度时，硬度小于450HBS的材料宜选用淬火钢球压头，硬度小于650HBW的材料宜选用硬质合金球压头。

布氏硬度的表示方法：符号 HBS 之前的数字为硬度值，HBS 后面按以下顺序用数字表示条件：球体直径（mm），试验力（N），试验力保持的时间（s）（10～15s 不标注）。例如：170HBS10/100/30 表示用直径 10mm 的钢球，在 9807N（100kgf）的试验力作用下，保持 30s 时测得的布氏硬度值为 170。

试验时金属材料表面压痕很大，能在较大范围内反映材料的平均硬度，适合粗大组织材料的硬度测量，测得的硬度值比较准确，数据重复性强。此外，布氏硬度与材料的抗拉强度在一定的条件下有一定的关系，由硬度值近似地得到强度指标有一定的意义。由于其压痕大，测量载荷较大，对金属表面的损伤较大，适用于灰铸铁、有色金属、各种软钢等硬度不是很高的材料。

1.1.2.2　洛氏硬度

洛氏硬度试验方法是采用金刚石圆锥体120°或直径为 $\phi 1.588mm$ 的淬火钢球压头，压入金属表面后，经规定保持时间后去除主试验力，以测量的压痕深度来计算洛氏硬度

值。如图 1-4 所示。

在试验时，分两次加载，先加初载荷 9.8N，压痕深度为 h_1，然后再加主载荷，压痕深度为 h_2，待总载荷稳定后，卸去主载荷，保留初载荷，由于材料弹性变形的恢复，实际压痕深为 h，由压痕深度 h 确定硬度值，压痕越深，则硬度值越小。为了照顾习惯上数值越大、硬度越高的概念，可以采用一常数减去压痕深度后的数值表示洛氏硬度。按《金属材料 洛氏硬度试验 第 1 部分：试验方法》（GB/T 230.1—2009）的规定，压头每压入 0.002mm 深度作为一个硬度单位，这样，洛氏硬度计算公式为：

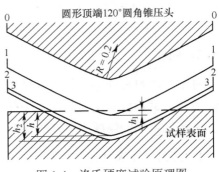

图 1-4 洛氏硬度试验原理图

$$HR = C - h/0.002$$

式中，C 为常数。当用金刚石圆锥体压头时，$C = 100$；当用 $\phi = 1.588mm$ 淬硬钢球作压头时，$C = 130$。

当洛氏硬度试验采用不同的压头和载荷时，可以测试从软到硬的各种材料。所以采用不同的压头和总负荷组成几种不同的洛氏硬度标度，每一种标度用一个字母在洛氏硬度符号 HR 后加以注明，我国常用的是 HRA、HRB、HRC，见表 1-2，其中 HRC 应用最多。洛氏硬度值无单位，硬度值可在读数表盘上直接读出。洛氏硬度值标注方法为硬度符号前面注明硬度数值，如 52HRC。

表 1-2 常用洛氏硬度符号、试验条件和应用举例

硬度符号	压头类型	总载荷/N（kgf）	有效硬度值范围	应用举例
HRA	试验载荷为 588.4N 120°金刚石圆锥体	588（60）	70～85	硬质合金、表面淬火层或渗碳层
HRB	1.588mm 淬火钢球	980（100）	25～100	非铁合金、退火钢
HRC	试验载荷 1471.1N 120°金刚石圆锥体	1470（150）	20～67	淬火钢、调质钢

洛氏硬度 HRC 可以用于硬度很高的材料，操作迅速，而且压痕小，故在钢件热处理质量检查中应用最多。但由于压痕小，硬度值代表性就差。如果材料有偏析或组织不均匀，则所测硬度的重复性差，故需在试样不同部位测定三点，取算术平均值。

1.1.2.3 维氏硬度

维氏硬度的试验方法与布氏基本相同，如图 1-5 所示，不同点是用一个对面夹角为 136°的金刚石正四棱锥体压入试样表面。维氏硬度也是以单位压痕面积所承受的载荷作为硬度值，按《金属材料 维氏硬度 第 1 部分：试验方法》（GB/T 4340.1—2009）规定，其计算公式为：

$$HV = F/S = 1.8544F/d^2$$

式中，F 为载荷，N；S 为压痕面积，mm^2；d 为压痕两对角线长度平均值，mm。

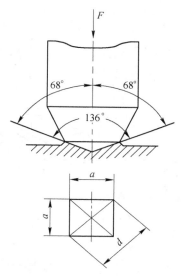

测量材料的维氏硬度时只要量出压痕对角线的平均长度 d，就可以通过计算或查维氏硬度得到硬度值。

维氏硬度的标注方法与布氏硬度相同：硬度数值写在符号的前面，实验条件写在符号的后面。对于钢和铸铁，若试验力保持为 10~15s，可以不标出。

维氏硬度试验法所加负载小，压痕小，测量的精度比布氏硬度高，适用于测定经表面处理及薄件的材料硬度。

1.1.3　冲击韧性

材料在使用过程中，除要求足够的强度和塑性外，还要求有足够的韧性。冲击韧性，就是指材料抵抗冲击载荷而不被破坏的能力。韧性好的材料在断裂过程中能吸收较多能量，不易发生突然的脆性断裂，从而具有较高的安全性。

图 1-5　维氏硬度试验原理图

目前测量冲击韧度最普遍的方法是一次摆锤冲击试验。按《金属材料　夏比摆锤冲击试验方法》（GB/T 229—2007）规定，将材料制成带缺口的试样，冲击试验标准试样如图 1-6 所示，将试样放在材料试验机的机座上，让重量为 G 的摆锤自高度 H 自由下摆。摆锤冲断试样后又升至 h，如图 1-7 所示。摆锤冲断试样所失去的能量即为试样在被冲断过程中吸收的功，称为冲击吸收功，用 A_K 表示。用断口处单位面积上所消耗的冲击吸收功大小来衡量材料的冲击韧度，用 α_K 表示，单位为 J/cm^2，α_K 值可以用下式表示：

$$\alpha_K = A_K / S$$

式中，α_K 为冲击韧度，J·cm^{-2}；S 为试样缺口处的横截面积，cm^2；A_K 为冲击吸收功，J。

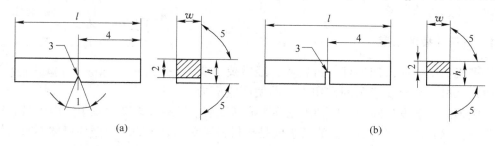

图 1-6　冲击试样

（a）V 形缺口；（b）U 形缺口

对一般常用钢材来说，所测冲击吸收功越大，材料的韧性越好。但由于测出的冲击吸收功的组成比较复杂，所以有时测得的 A_K 及计算出来的 α_K 值不能真正反映材料的韧脆性质。

某些金属材料在一定的低温条件下，其韧性断裂转变为脆性断裂，表现为冲击韧性突然降低，这种现象称为冷脆。金属由韧性断裂转变为脆性断裂的温度称为冷脆转变温度。

为了确定材料的冷脆转变温度，可分别在一系列不同温度下进行冲击试验，测定出冲

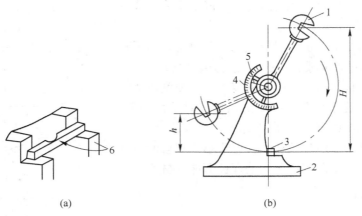

(a)　　　　　　　　　　　　　　(b)

图 1-7　摆锤式冲击试验原理图

(a) 砧座和试样；(b) 摆锤冲击试验仪

1—摆锤；2—机架；3—试样；4—表盘；5—指针；6—支座

击功值随试验温度的变化曲线，如图 1-8 所示。由曲线可见，冲击功随温度的降低而减少；在某一温度范围，材料的冲击功值急剧下降，表明材料由韧性状态向脆性状态转变，此变化对应的温度范围即为韧脆转变温度。

金属材料的韧脆转变温度越低，材料低温抗冲击性能越好。这对于在高寒地区或低温条件下工作的机械和工程结构来说，非常重要。在选择金属材料，应考虑工作的最低温度要高于金属的韧脆转变温度，这样才能保证正常工作。

韧性对压力容器的安全性具有重要的意义，它是压力容器设计和选材时的重要参考指标，也作为其他机械设计和选材的参考。

1.1.4　材料的疲劳强度

许多机械结构件，如连杆、齿轮等，经常要承受交变载荷。材料在交变应力的作用下，即使所受应力

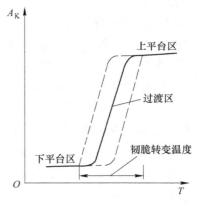

图 1-8　冲击吸收功-温度曲线

低于屈服强度也会发生断裂，这种现象称为疲劳断裂。断裂往往突然发生，因此具有很大的危险性，常常造成严重事故。疲劳强度是指材料经受无数次的应力循环仍然不断裂的最大应力，用来表示材料抵抗疲劳断裂的能力，用符号 σ_r 表示。弯曲循环载荷测定的疲劳强度用符号 σ_{-1} 表示，剪切循环载荷下测定的用符号 τ_{-1} 表示。

金属疲劳强度通常是在旋转对称弯曲疲劳试验机上测定的，如图 1-9 所示，试验时，试件两端被夹紧在两个空心轴中，利用电动机，通过软轴使之转动，转动次数可由转数读出，载荷大小由加在横杆中央砝码盘上的砝码质量确定。根据应力和断裂循环周次之间关系曲线（疲劳曲线，如图 1-10 所示）便可确定出该金属材料的疲劳强度。

为提高机械零件的疲劳强度，可采取如下措施：(1) 在设计上要避免缺口、尖角和截面突变，以防应力集中而引起疲劳裂纹；(2) 对材料采取细化晶粒和减少缺陷的措施；

（3）机械加工要求降低表面粗糙度，减少表面的刀痕、碰伤和划痕等；（4）可通过化学热处理、表面淬火等表面强化途径，使机械零件表面产生压应力，削弱表面拉应力。

图 1-9　疲劳试验机

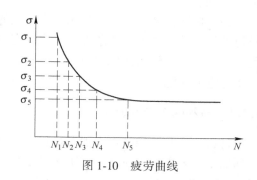

图 1-10　疲劳曲线

1.1.5　材料的蠕变及松弛现象

1.1.5.1　蠕变

在高压蒸汽机锅炉、汽轮机、化工炼油设备及航空发动机中，很多机件长期在高温条件下工作。对于这些机件所用材料，如果仅测定它们在室温下的性能是不够的。一般来说，随着温度的升高，材料的屈服强度、硬度等会降低，而塑性会提高；在高温下长时间受载，其塑性会显著降低，往往呈现脆性断裂。

蠕变强度是指材料在一定温度下和规定的持续时间内产生一定蠕变变形量所对应的应力值。它常用在给定温度下和规定的试验时间下，使试样产生一定蠕变变形量的应力值来表示。例如，某种金属材料在 700℃，经过 10 万小时受载，总变形量为 1% 的应力值为 60MPa，则该材料的蠕变强度是 60MPa。

1.1.5.2　松弛现象

压力容器的端盖或换热器的封头以及设备法兰等，都是借助于螺栓的预紧所产生的弹性力而达到密封的目的的。但是，当它在高温下长期工作时也会发生缓慢的蠕变变形。不过，它是在总变形量一定的特定条件下发生的弹性变形转化为塑性变形的过程。产生这种现象的原因，一般认为是承受弹性变形的金属，在高温条件下由于晶界的扩散过程和晶粒内部更小晶块的转动或移动过程，使弹性变形逐渐变为塑性变形。这样，虽然总变形（弹性变形与塑性变形之和）不变，但弹性变形逐步减少，因而拉应力也随之减少。

金属材料抵抗应力松弛的性能称为松弛稳定性，可通过专门的松弛试验所测得的松弛曲线来评定。或采用金属材料在一定温度和一定初应力作用下，经规定时间后的残余应力的大小作为松弛稳定性的指标。

钢在常温下的松弛速度甚小，没有实际意义。但在高温条件下，松弛速度会增大，松弛现象就较明显。为了防止由于应力松弛而产生泄漏，经过一定的使用期限，当螺栓应力下降到一定数值时，就要再次拧紧（例如，工作温度为350℃的管道法兰用普通碳钢螺栓，约八个月就得再次拧紧），以保持密封所必需的预紧力。在高温下，除螺栓外，凡是相互连接而其中又有应力相互作用的零件，如弹簧、过盈配合零件等，都可能产生应力松弛现象。因此，对于高温紧固件等所用的金属材料，必须具有较好的松弛稳定性。

必须指出，金属的蠕变是在应力不变的条件下，不断产生塑性变形的过程；而金属的松弛则是在总变形不变的条件下，弹性变形不断变为塑性变形，从而使应力不断减小的过程。因此，可以将松弛现象视为应力不断减少条件下的一种蠕变过程。由此可知，金属的蠕变与应力松弛两者的本质是一致的，只是由于外界条件不同而有不同的表现而已。

1.1.6 材料的工艺性能

材料的工艺性能是指在加工过程中材料所表现出来的性能。工艺性能的好坏，直接影响到加工工艺方法和质量。按工艺方法的不同，可分为铸造性、压力加工性（锻造和冲压）、冷弯性、焊接性、切削加工性及热处理性等。

1.1.6.1 铸造性

将材料浇注到与零件的形状，尺寸相适应的铸型型腔中，待其冷却凝固，以获得毛坯或零件的生产方法，称铸造（俗称"翻砂"）。对金属材料而言，铸造性能主要指液态金属的流动性，凝固过程中的收缩性和偏析倾向。

流动性即为液态金属的流动能力，是主要铸造性能之一。金属的流动性越好，充型能力越强，越利于浇注出轮廓清晰、薄而复杂的精密铸件，还利于对金属冷凝过程产生的收缩进行补缩。

收缩性是指金属凝固和冷却时，金属体积收缩的程度。收缩小即意味着铸件凝固时变形小；反之，不仅铸件凝固时变形大，若收缩得不到及时的补缩，还很易产生缩孔、疏松、裂纹等铸造缺陷。

偏析则是指金属凝固后，化学成分的不均匀性。偏析小，说明铸件各部分成分均匀，这对保证铸件，尤其是大型铸件质量相当重要，一般而言，铸钢比铸铁的偏析倾向大。

常用金属中，以灰铸铁和锡青铜的铸造性能最好。对于某些工程塑料，在某些成型工艺方法中，也要求有较好的流动性和小的收缩率。

1.1.6.2 压力加工性

压力加工性能是指材料接受冷、热压力加工成型难易程度的一种工艺性能。热压力加工是指加热到某一温度下的压力加工，如锻造和热冲压等。冷压力加工则主要指冷冲压、挤压、冷锻等高效率的压力加工方法，它通常在室温下进行。

金属材料的压力加工性能常用金属的塑性和变形能力来综合衡量。塑性越大，变形抗力越小，则压力加工性越好，反之则差。

（1）锻造性。金属材料的锻造性能取决于金属的本质和加工条件。金属的本质主要指金属材料本身的化学成分，组织结构。例如低碳钢的锻造性能比高碳钢好，碳钢的锻造性能一般又比合金钢要好。而铸铁则无法锻造（可锻铸铁并非指可以锻造的铸铁）。又如单相固溶体（如奥氏体）的锻造性良好，而碳化物（如渗碳体）的锻造性能就差。至于加工条件则指加热温度，应力状态等因素。显然，加热温度越高，锻造性越好。应力状态，是指金属在经受不同方法变形时，所产生的应力大小和性质（压应力和拉应力）不同。实践证明，在加工方向上压应力数值越大，则金属的塑性越好，锻造性能越高；而若拉应力数值大，则锻造性能下降。显然，这一影响因素也适用于其他压力加工性能。

顶锻试验和锻平试验都是检验金属材料锻造性能的方法。顶锻试验分为常温下进行的冷顶锻试验和在锻造温度下进行的热顶锻试验。金属材料试样按规定程度作顶锻变形后，对试样侧面进行检查，如无裂缝、裂口、贯裂、折叠或气泡等缺陷，则表示合格。锻平试验是使材料试样在冷或热状态下承受规定程度的锻平变形，若无裂缝或裂口，则表示合格。

（2）冲压性。冲压生产工艺有很大的经济效果，故广泛应用于有关制造金属产品的工业部门中。冲压加工有冷冲压和热冲压两种。一般薄金属板材，采用冷冲压即可，厚度大于 8mm 的板材，则应采用热冲压。

检验金属材料冲压性能的方法是杯突试验，又名艾利克森试验。适用于不超过 2mm 的板材或带材。试验在艾利克森试验机上进行。用规定尺寸的钢球或球形冲头，向夹紧于规定压模内的试样施加压力，直到试样开始产生第一条裂纹为止，此时的压入深度（单位为 mm）即为金属材料的杯突深度。杯突深度不小于规定值时就认为试验合格。显然，金属材料能承受的杯突深度越大，则材料的冲压性能就越好。

1.1.6.3　冷弯性

金属材料在常温下能承受弯曲变形而不破裂的能力称为冷弯性能。由于采用弯曲成形的工艺相当广泛，故冷弯性能非常重要，一般在型材尤其在建筑结构用钢材质保书上都标注上这一性能。

冷弯性能主要通过冷弯试验进行检验。所用设备为压力机或万能材料试验机，甚至圆口虎钳。载荷应缓慢施加，其中冷弯试样长度 l，两支辊间距离、弯心直径 d，试样厚度（或直径）a 等均应符合国标规定。

弯曲程度一般用弯曲角度或弯心直径 d 对材料厚度 a 的比值来表示，弯曲角度越大或 d/a 越小，则材料的冷弯性能越好。

1.1.6.4　焊接性

材料的焊接性能，是指被焊材料是否易于焊接在一起，并能保证焊接质量的性能。金属材料的焊接性能同材料本身的化学成分、某些物理性能、力学性能及焊接方法等密切相关。如对钢铁材料而言，其焊接性能随着碳硫磷含量的增大而降低；对导热性过高或过低，热膨胀系数过大、塑性低、易氧化的材料而言，焊接性能均较差。

焊接性能包括两方面：一是工艺可焊性，主要指焊接接头产生工艺缺陷的倾向，尤其是出现各种裂缝的可能性；二是使用可焊性，主要指焊接接头在使用中的可靠性，包括焊接接头的力学性能及其他特殊性能。

1.1.6.5 切削加工性

切削加工性是指材料被切削加工的难易程度,它具有一定的相对性。某种材料切削加工性的好坏往往是相对于另一种材料而言,更与材料的种类、性质和加工条件等有关。常用衡量切削加工的指标主要有:

(1) 一定条件下的切削速度。材料允许的切削速度越高,切削加工性能越好。

(2) 切削力。在相同的切削条件下,切削力较小的材料,耗能少,刀具寿命长,切削加工性能好。

(3) 已加工表面质量。凡容易获得好的表面质量的材料,其切削加工性能较好。

(4) 切削控制或断屑的难易。凡切削较易控制或易于断屑的材料,其加工性较好。

1.1.6.6 热处理性能

热处理性能也是金属材料的一个重要工艺性能。对钢材而言,其主要指淬透性、回火脆性倾向、氧化脱碳倾向及变形开裂倾向等。这些将在"钢的热处理"一节中介绍。

【任务实施】

· 实训 1 金属材料力学性能测试(拉伸实训测试)

(1) 实训目的:了解拉力实验机的构造及使用方法;初步掌握金属材料的屈服强度、强度极限、延伸率和断面收缩率的测定方法,加深对强度指标和塑性指标的认识。

(2) 实训设备:拉力试验机。

(3) 实训步骤:

1) 用游标卡尺测量试样的原始直径 d_0,并记录下测量数据。

2) 在试样上用标出原始标距长度,再用游标卡尺测量原始标距长度 l_0,并记下测量数据。

3) 在了解试验机后,估计本实验载荷并装上适当的砝码。

4) 将试样安装在试验机上,然后调整好试验机,并使测力针调整到零位。

5) 开动机器,并观察电脑拉伸试验中试样的变化过程。直至试样被拉断,取下拉断试样,并测量拉断后试样长度 l_1,以及缩颈出直径 d_1,并记下测量数据。

(4) 实训结果:填写工作页,完成绘制试验机上自动记录的三种拉伸曲线,并标出拉伸过程。

· 实训 2 洛氏硬度测试

(1) 实训目的:了解洛氏硬度的构造及使用方法;初步掌握洛氏硬度值的测定方法;初步建立碳钢含碳量与其硬度之间的关系。

(2) 实训设备:洛氏硬度计。

(3) 实训步骤:

1) 清理试样表面。被测表面应无油脂、氧化皮、裂纹等显著加工痕迹。

2) 根据试验形状选择压力。

3) 把试样放在硬度计工作台上,按洛氏硬度计的操作顺序进行试验,由指示器上读得硬度值并做好记录。

4）移动试样，并在另一位置继续进行试验，前后共测三点。计算三次试验值得出硬度值的平均值，并做好记录。

（4）实训数据：填写工作页，分析退火状态下碳钢的含碳量与硬度间的关系，并画出其关系曲线图。

【小结】

本任务仅简要介绍了金属材料在不同受载条件下的一些力学性能指标，这些指标各有其物理意义和技术意义，只有正确地认识和理解它们，才便于随后认识和合理地选用各种金属材料。随着生产和科学技术的不断发展，还将出现新的力学性能指标。

（1）材料的物理性能、化学性能。

材料的物理性能主要包括密度、熔点、导电性、导热性、热膨胀性、磁性等。不同材料具有不同物理性能，由物质本身性质所决定，这些性能为我们选择材料提供了参考。

材料的化学性能主要是抵抗各种化学作用。材料的腐蚀是化学作用的结果，隔绝腐蚀性介质，提高电极电位可以预防材料的化学作用。

（2）材料的力学性能的计算。材料在使用过程中表现出来的性质，强度、塑性、硬度、韧性等，是我们使用材料的前参考依据。其中强度和塑性是力学性能中两个重要的指标。强度是外力作用下抵抗变形和断裂的能力，塑性是变形而不破裂的能力。

屈服强度： $\sigma_s = F_s / S_0$

抗拉强度： $\sigma_b = F_b / S_0$

伸长率： $\delta = \dfrac{L_1 - L_0}{L_0} \times 100\%$

断面收缩率： $\psi = \dfrac{S_0 - S_1}{S_0} \times 100\%$

（3）材料的工艺性能。材料在不同制造工艺条件下表现出来的承受加工的能力。是物理、化学性能的综合。如铸造性能、塑性加工性能、焊接性能等，直接影响材料使用的方式、成本、生产效率等。

【习题】

1-1-1 解释下列概念：强度，硬度，塑性，韧性。

1-1-2 设计刚度好的材料，应根据哪两种指标选择材料，采用何种材料为宜？材料的 E 越大，其塑性越差，这种说法正确吗，为什么？

1-1-3 什么是材料的工艺性能，其主要包括哪些内容？

1-1-4 什么是材料的力学性能，其主要包括哪些内容？

1-1-5 拉伸试样的原长为 50mm，直径为 10mm，拉断后对接试样的标距长度为 79mm，缩颈的最小直径为 4.9mm，求其伸长率和断面收缩率。

1-1-6 布氏硬度试验法有哪些优缺点，它主要适用于什么样的材料测试？

1-1-7 标距不同的伸长率能否进行，为什么？

1-1-8 下列说法是否正确？如不正确请更正。

（1）机械在运行中各零件都承受外加载荷，材料强度高的不会变形，材料强度低的一定会变形。

（2）材料的强度高，其硬度就高，所以刚度就大。

（3）强度高的材料，塑性都低。

（4）弹性极限高的材料，所产生的弹性变形大。

1-1-9　测量金属的力学性能时，已知试样的直径是 10mm，其标距长度是直径的 5 倍，$F_s = 38kN$，$F_b = 77kN$，拉断后的标距长度是 65mm，试求此钢的弹性极限、屈服强度、抗拉强度及断裂伸长率各是多少？

1-1-10　什么是金属的疲劳、蠕变及松弛现象，各用何种指标来表示，对零件的使用有何影响？

1-1-11　有一根环形链条，用直径为 2cm 的钢条制造，已知此材料 $\sigma_s = 300MPa$，则链条能承受的最大载荷是多少？

1-1-12　有一个直径 $d_0 = 10mm$，$l_0 = 100mm$ 的低碳钢试样，拉伸试验时，测得 $F_s = 21kN$，$F_b = 29kN$，$d_1 = 5.65mm$，$l_1 = 138cm$，求此试样的 σ_s、σ_b、δ、ψ。

1-1-13　按规定 15 钢各项力学性能指标应不低于下列数值：$\sigma_b = 330MPa$，$\sigma_s = 230MPa$，$\delta_{10} = 27\%$，$\psi = 55\%$。现纺织厂购进 15 钢，制成的拉伸试棒 $d_0 = 10mm$，$l_0 = 100mm$。通过实验得到以下数据：$F_b = 34000N$，$F_s = 21000N$，$l_1 = 135mm$，$d_1 = 6mm$。试检验钢的力学性能是否合格？

任务 1.2　金属材料的结构与结晶

【任务简介】

·任务内容

（1）班级学生自由组合为学习小组，各学习小组自行选出组长。

（2）组长召集组员利用课余时间认真预习金属材料的不同晶体结构、实际晶体结构以及结晶过程的有关工作任务。

（3）完成任务工作页资讯、决策、计划部分。

（4）在完成以上任务的基础上根据情况制订实施方案。

（5）通过网络收集有关金属结构与结晶的资料。

·任务要求

（1）掌握金属材料的不同晶体结构，以及致密度和晶面指数的计算。

（2）掌握金属材料的实际晶体结构。

（3）掌握金属材料的结晶过程及如何控制晶粒大小。

（4）能看懂三维坐标系中不同的晶面指数所表示的晶面。

（5）能操作生物显微镜观察晶体的结晶过程。

（6）能主动学习、查找资料，在完成任务过程中发现问题、分析问题和解决问题。

（7）能与小组成员协商、交流、配合完成本学习任务。

（8）严格遵守实训室安全规范。

·建议课时

4 课时

【相关知识】

金属材料的性能，决定于它的内部晶体结构和组织状态。为了深入了解金属性能变化的实质，必须了解金属的晶体结构，这样才能从根本上分辨金属性能的差异及变化实质。

1.2.1　晶体结构的基本知识

1.2.1.1　晶体

固态物质按其原子的聚集状态可分为晶体和非晶体两大类。晶体是指原子有规则排列聚合而成的物体。固态金属或合金等均属晶体物质，如金刚石、固态金属等都是晶体，晶体中最简单的原子排列示意如图 1-11（a）所示。反之，原子排列不规则的物体为非晶体，如松香、玻璃、石蜡等均属非晶体物质。

固态金属之所以成为晶体是与其金属键特性有关，即金属原子、离子按一定的几何形式有规则地排列在处于平衡固定的位置上作热振动。这是由于原子之间的距离在电性上达到了平衡（离子间斥力、电子间斥力与离子和电子之间引力）而使原子（离子）相对运动处于稳定状态。原子之间距离就是原子能量最低的平衡位置，大于或小于这个平衡位置都会使原子的位能增加，使原子处于不稳定状态，这时原子就有力图恢复能量最低状态的倾向，因此两原子之间的平衡距离就是原子能量最低的位置。

为使众多原子的聚合体具有最低的能量，以保持其稳定状态，大量原子之间必须保持一定的平衡距离。这样，大量原子就能以此距离作规则排列，显现了固态金属的晶体性。

因为晶体与非晶体的原子排列方式不同，所以晶体与非晶体在性能上的表现有所不同。晶体物质在性能上表现为具有一定的熔点和各向异性，如温度升高时，固态晶体将在一定温度下转变成液态，譬如铁的熔点 1538℃，铜的熔点 1083℃，铝的熔点 660℃，而非晶体物质随温度升高，逐渐变软为胶体，最后再成液体，无固定的熔点。此外，晶体物质在不同方向上具有不同性能，即表现出晶体的各向异性特征，而非晶体物质在各方向上由于原子的聚集密度大致相同，因此表现出各向同性。

1.2.1.2　晶格、晶胞、晶格常数

金属结构是晶体结构，而晶体是由无数的晶格组合而成，为了便于了解晶格，我们先描述晶体中原子排列的情况，用假想的线条把固定位置上的原子在空间的三个方向上互相联结起来而形成空间格子，如图 1-11（b）所示。

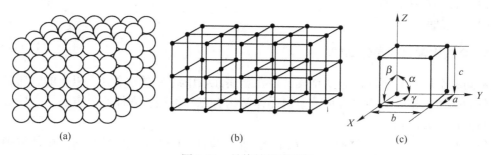

图 1-11　晶体结构示意图
（a）晶体中最简单的原子排列；（b）晶格；（c）晶胞

各原子的中心就处在空间格子的结点上，这种用于描述原子在晶体中排列方式的几何

图形称为结晶格子，简称晶格。它能简括地表明各类原子在晶体结构中排列的规律性。晶格从几何观点可看成是由无数相等的平行六面体互相平行地紧密排列在一起的几何图形。

晶体的单位晶格称为晶胞，是晶体的"细胞"，即代表晶格特性的最小单元。晶胞的边长称为晶格常数，以表示晶胞的几何形状和大小。晶胞各边长用 a、b、c 表示。其单位为纳米（nm），$1nm=10^{-9}m$。晶格之间相互夹角分别以 α、β、γ 表示，如图 1-11（c）所示。

在简单立方晶胞中，$a=b=c$，且 $\alpha=\beta=\gamma$，这时用一个晶格常数 a 表示晶胞大小。

1.2.1.3　晶面与晶向

晶体中一系列原子组成的原子平面称晶面，图 1-12 所示为立方晶格的一些晶面。晶体中任意两个原子之间连成的直线所指的方向称为晶向，如图 1-13 所示。在不同的晶面和晶向上，原子的排列密度是不同的，因此原子的结合力大小也不一样，从而在不同晶面和晶向上显示出不同的性能。

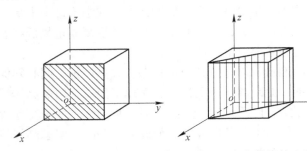

图 1-12　立方晶格的一些晶面

晶面指数是根据晶面与三个坐标的截距的倒数并取最小公倍数来确定的，用圆括号表示。立方晶格晶面指数的确定方法具体如下：

（1）设坐标 x、y、z。坐标轴的原点应位于所求晶面之外，以免出现零截距。

（2）求截距，以晶格常数为度量单位。

（3）取倒数。

（4）化为最小整数。

（5）列括号。

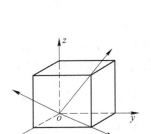

图 1-13　立方晶格的几个晶向

1.2.2　金属中常见的晶体结构

不同的金属具有不同的金属结构，但在金属元素中约有百分之九十以上的金属具有比较简单的晶体结构。其中最常见的金属晶体结构有三种类型，即体心立方晶格、面心立方晶格和密排六方晶格。

（1）体心立方晶格。体心立方晶格的晶胞如图 1-14 所示。由图可见，在晶胞中立方体的 8 个顶角和立方体的中心各排列一个原子，而每个晶胞的原子数都为 $8\times(1/8)+1=2$(个)。具有此晶格的金属有 α-Fe、Cr、W、Mn、V 等。

（2）面心立方晶格。面心立方晶格的晶胞如图 1-15 所示。由图可见，在晶胞中立方

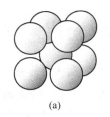
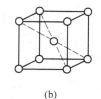

(a)　　　　　　　　　(b)　　　　　　　　　(c)

图 1-14　体心立方晶胞

（a）模型；（b）晶胞；（c）晶胞原子

体的 8 个顶角和 6 个面的中心各排列一个原子，而每个晶胞的原子数都为 $8 \times (1/8) + 6 \times (1/2) = 4$（个）具有此晶格的金属有 γ-Fe、Cu、Al、Au、Ag、Pd 等。

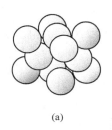
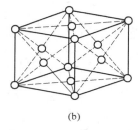
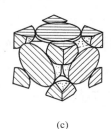

(a)　　　　　　　　　(b)　　　　　　　　　(c)

图 1-15　面心立方晶胞

（a）模型；（b）晶胞；（c）晶胞原子数

（3）密排六方晶格。密排六方晶格的晶胞如图 1-16 所示。由图可见，在晶胞中，除了六方柱体的 12 个顶角和上下两个底面的中心各排列一个原子外，在柱体中心还等距离排列着三个原子，故每个晶胞的原子数为 $12 \times (1/6) + 2 \times (1/2) + 3 = 6$（个），具有此晶格的金属有 Mg、Zn、Cd、Be 等。

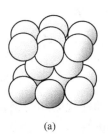
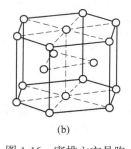
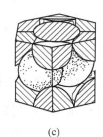

(a)　　　　　　　　　(b)　　　　　　　　　(c)

图 1-16　密排六方晶胞

（a）模型；（b）晶胞；（c）晶胞原子数

表示晶体结构特征的有下列参数：

（1）配位数。配位数是指在晶格中围绕任何一个原子的邻接最近的原子数。配位数增加则结构的致密度也随之增加。

体心立方晶格中，以体中心的原子来看，与其最近且等距离的原子是 8 个顶角的 8 个原子，其配位数是 8。在面心立方晶格中，以面中心的原子为例，与其最近且等距离的原子有 12 个，所以其配位数是 12。密排六方晶格中，以底面中心的原子为例，它不仅与周围 6 个角上的原子相接触，而且与其上下方位于晶胞内的共 6 个原子相接触，所以其配位数是 12。

（2）原子直径。假设原子为具有一定大小的刚性球，把两个相互接触的小球的中心距离，看作是原子的直径。

体心立方晶胞在体对角线上的原子相互接触，设晶胞点阵常数为 a，则立方体对角线长度为 $\sqrt{3}a$，等于 4 个原子半径，所以其原子半径 $r = 0.87a$。在面心立方晶格中，只有沿着晶胞 6 个面的对角线上原子是互相接触的，故面心立方晶胞的原子半径 $r = 0.7a$。在密排六方晶格中，上下底面对角线上的原子是紧密接触的，设正六方形的边长为 a，则晶胞原子半径 $r = 2a/4 = a/2$。

（3）致密度。致密度是指晶胞中原子所占的体积与晶胞体积之比。可用下式表示：

$$k = \frac{nV_1}{V}$$

式中，k 为晶胞的致密度；n 为晶胞原子数；V_1 为一个原子的体积；V 为晶胞的体积。

体心立方晶胞：
$$k = \frac{nV_1}{V} = \frac{2 \times \frac{4}{3}\pi \left(\frac{\sqrt{3}}{4}a\right)^3}{a^3} = 0.68$$

面心立方晶胞：
$$k = \frac{nV_1}{V} = \frac{4 \times \frac{4}{3}\pi r^3}{a^3} = \frac{4 \times \frac{4}{3}\pi \left(\frac{\sqrt{2}}{4}a\right)^3}{a^3} = 0.74$$

密排六方晶格的晶格常数有两个，一个是正六边形的边长 a，另一个是上下底面之间的距离 c，c 与 a 之比称为轴比。在理想密排情况下，可按几何关系推算出 $c/a = 1.633$（实测是 $1.57 \sim 1.64$），故其致密度是：

$$k = \frac{nV_1}{V} = \frac{6 \times \frac{4}{3}\pi r^3}{\frac{3\sqrt{3}}{2}a^3 \times \sqrt{\frac{8}{3}}} = \frac{6 \times \frac{4}{3}\pi \left(\frac{a}{2}\right)^3}{3\sqrt{2}\,a^3} = 0.74$$

1.2.3　实际金属的晶体结构

在实际应用的金属材料中，原子的排列不可能像理想晶体那样规则和完整，总是不可避免地存在一些原子偏离规则排列的不完整性区域，这就是晶体缺陷。一般说来，金属中这些偏离规定位置的原子数目很少。即使在最严重的情况下，晶体中位置偏离很大的原子至多占总原子数的千分之一，所以从整体上看，其结构还是接近完整的。尽管如此，晶体缺陷的产生、发展、运动、合并与消失，对晶体的力学性能及其他性能仍具有重要影响。

根据晶体缺陷的几何特征，可以将它们分为以下三类：

（1）点缺陷。点缺陷主要有空位和间隙原子。在晶体某个原子脱离了平衡位置，形成的空结点称为空位。某个晶格间隙挤进了原子，称为间隙原子。点缺陷如图 1-17 所示。在晶体中，由于空位和间隙原子的存在，破坏了原子间的平衡，导致晶格畸变。从而使晶体的性能发生改变，材料的强度、硬度提高，降低了塑性和韧性。

（2）线缺陷。材料中常见的线缺陷是位错。位错是晶体中某一列或若干列原子发生错排的现象。位错可能是由于晶体内部局部产生滑移造成的。图 1-18 所示为最简单的刃型位错，比较复杂的还有螺旋位错、混合位错等。实际晶体中存在大量位错。在位错附近区域产生的晶格畸变，直接影响到晶体的各种性能。

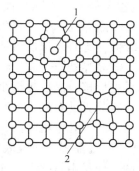

晶体中位错的数量一般用位错密度表示。位错密度是指单位体积晶体所包含的位错线长度。经适当退火的多晶体金属中，位错密度低；经剧烈冷变形的金属，位错密度可大大提高。试验还证明，位错在相应的外部条件下，可在金属晶体中进行不同形式的运动。位错在晶体中的存在和运动以及其密度的变化，对金属的塑性变形、强度及断裂起着重要的作用。此外，位错对原子的扩散及相变等过程也有较大的影响。

图 1-17 点缺陷示意图
1—晶格空位；2—间隙原子

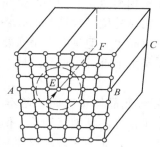
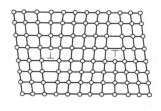

图 1-18 刃型位错示意图

（3）面缺陷。

1）晶界。实际应用的金属在结晶过程中，会形成许多位向不同的小晶体（单晶体），它们组合起来便是多晶体。构成多晶体的多个小晶体称为晶粒，晶粒与晶粒之间的过渡区域（边界）称为晶界，如图 1-19 所示。晶界是晶体中的主要面缺陷。晶界需要同时适应相邻晶粒的位向，所以就必须从一种位向过渡到另一种位向，出现了一定的过渡层，因而晶界上的原子排列处于无规则状态。

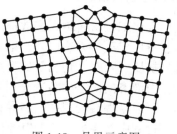

图 1-19 晶界示意图

由于晶界处原子排列受到破坏，使原子偏离平衡位置，从而使晶界处能量高于晶粒内部，因而晶界的性能与晶粒内部不同，处于不稳定状态，更容易受到腐蚀。根据相邻晶粒位向差的大小把晶界分为两类：相邻晶粒位向差在 10°以下者，称为小角度晶界，而位向差在 10°~15°以上者称为大角度晶界。实际金属中存在的晶界绝大多数是大角度晶界。

晶界处由于原子偏离平衡位置，晶格畸变较大，故晶界处原子的平均能量较晶界内高，这部分高出来的能量称为晶界能。晶界的这种不规则排列及较高的能量状态，使其具有一系列不同于晶内的特征，从而影响到金属的性能、塑性变形和固态相变过程。晶界处的主要特征有：

①原子排列不规则，因此对金属的塑性变形起着阻碍作用。晶界越多，其作用越明显。显然，晶粒越细，晶界总面积就越大，金属的强度和硬度也就越高。所以在常温下

（高温条件下却不同）使用的金属材料，一般总是力求获得细小的晶粒。

②晶界处原子具有较高的能量，且杂质较多（往往是一些低熔点的杂质），因此其熔点较低，有时还未加热到金属的熔点，晶界处就已先行熔化。

③晶界处原子能量较高，容易满足固态相变所需的能量起伏，因此新相往往在旧相晶界处形核。晶粒越细小，晶界越多，新相的形核率就越高。

④晶界处有较多的空位，因此原子沿晶界的扩散速度也快。

⑤晶界处电阻较高，且易被腐蚀。

2）亚晶界。研究表明，在实际金属晶体的每个晶粒内部，其原子的排列不是绝对相同的，而是由许多尺寸很小、位向差也很小的小晶块互相嵌镶组成的。小晶块大约有 $10^{-9} \sim 10^{-4}$ cm 的大小，位向差通常由几十分到 $1° \sim 2°$ 之间，这些小晶块通常称为嵌镶块。在嵌镶块内部，原子排列位向才一致。这些嵌镶块的界面称为亚晶界。亚晶界处原子的排列也是不规则的，并产生晶格歪扭。故与晶界作用相类似，亚晶界对金属的性能也起着重要的作用。一般地说，如果变形后金属中不存在明显的位错缠结，退火将促使其形成；进一步充分退火，位错缠结更加集中，形成清晰的亚晶界。但是有点很重要，冷变形晶粒在光学显微镜下见到的完整小单晶体，实际上可能是由上百万个亚晶组成，这些亚晶粒取向差很小，其界面是由位错缠结组成的胞壁。

综上所述，实际金属材料是多晶体。在实际金属晶体中，原子基本上是有规则排列的，形成了一定的晶体结构。同时，晶体中的原子也在不断地运动着。但是，由于种种原因，在局部区域里的原子排列并不是完全规则的，即在局部区域内存在着晶体缺陷。金属材料中晶体缺陷的存在，对金属的性能等有着重大的影响。

1.2.4　金属结晶现象

现代工程材料绝大多数都是由固体组成的。而形成固体工程材料的方法，除了烧结成型、干压成型等方法以外，绝大多数都是必须首先形成液态或者半液态物质，然后经过铸造、挤压、吹塑、切削等成型加工方法才能得到具有一定形状、尺寸和使用性能的工程制品。由液态向固态的转变是材料形成的第一阶段，所以通过研究由液态向固态转变的过程，可以掌握转变规律，指导材料成型的生产过程，并且可以通过分析，掌握工程材料在凝固过程中产生的缺陷及其原因，找出改善工程材料性能的途径和方法。

一切物质从液态到固态的转变过程统称为凝固。如果通过凝固能够形成晶体结构，则可称之为结晶。晶体的结晶过程具有一定的平衡结晶温度，高于这个温度发生熔化，低于这个温度才能产生结晶。而一切非晶体物质则没有这一明显的平衡结晶温度，凝固是在某一温度范围内完成的。

1.2.4.1　金属结晶过程的冷却曲线

实验发现，金属在结晶时，都具有一定的放热现象，这部分随结晶过程放出的热量，称为结晶潜热。在液体冷却过程中，结晶潜热的释放和系统向周围散失热量的相互关系，直接影响系统温度的变化。因此测定金属结晶时温度变化情况，便可以推知金属结晶的实际温度和需要的时间。常用的测量物质物理性质随温度变化的实验方法称为热分析法，其实验装置如图 1-20 所示。此法是将欲测定的金属首先放入坩埚内加热熔化，而后以缓慢的速度进行冷却，每隔一定时间，测定一次温度，并把测得的数据绘在"温度-时间"坐标中，即可得到图 1-21 所示的金属结晶冷却曲线。从图中可见，在金属冷却时，随时间的延长，液态金属的温度不断地下降。当冷却到某温度时，液态金属出现等温阶段，即冷却曲线上出现一个"平台"。经过一段时间后，金属温度才开始又随时间延长而下降。很明显，"平台"的出现，是由于金属结晶过程中，结晶潜热的释放补偿了冷却时向外界散失的热量。因此"平台"所对应的温度，即是金属的结晶温度；"平台"延续的时间，即为结晶时需要的时间。冷速越慢，测得的实际结晶温度越接近平衡结晶温度，即理论结晶温度。

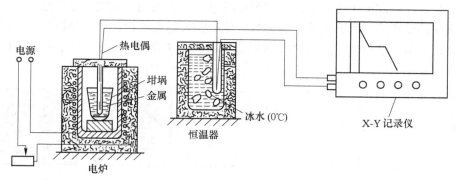

图 1-20　热分析装置示意图

1.2.4.2　纯金属结晶的过冷现象

由图 1-21 可见，金属在实际的结晶过程中，其结晶温度 T_n 一定低于理论结晶温度 T_m。实际结晶温度低于理论结晶温度的现象，就称为金属结晶时的过冷现象。实际结晶温度与理论结晶温度之间的温度差，称为过冷度，用 ΔT 表示，所以 $\Delta T = T_m - T_n$。实际结晶温度越低，过冷度 ΔT 越大。过冷度 ΔT 的大小，在成分不变的前提下，主要取决于液态金属的冷却速度。一般讲，冷却速度越大，实际结晶温度越低，过冷度 ΔT 也随之增大。过冷度越大，为结晶所提供的推动力越大，结晶越容易进行。

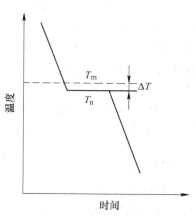

图 1-21　纯金属结晶时冷却曲线示意图

综上所述，金属结晶时，实际结晶温度 T_n 一定低于理论结晶温度 T_m。因此，过冷是结晶的必要条件，液态金属必须具有一定过冷度才能够开始结晶。但应注意过冷并不是结晶的充分条件，这是因为除了热力学条件之外，还要求具有动力学条件，例如原子移动和扩散等因素的作用。

1.2.4.3　纯金属的结晶过程

A　液态金属的结构

现代液态金属理论认为，液体中原子的堆集是密集的，但排列是不规则的。虽然从大的范围来看是不规则的，但从局部微小的区域看，原子可能在某一瞬间出现不稳定的规则排列。相对于固态金属在比较长的时间和空间内原子排列的规则性,这种现象称为"近程有序",而固态金属的原子排列则被称为"远程有序"。大小不一、忽聚忽散的具有近程有序排列的原子集团构成了液态金属的结构特征。近程排列的原子集团在具备一定条件下可以作为结晶的核心,并逐渐长大,形成具有远程有序结构的固态金属结构。

B　纯金属的结晶过程

金属结晶时,首先在液体中出现极微小的晶体,然后以它们为核心向液体中长大。与此同时在金属液体中还会不断出现极微小的晶体,并不断向液体中长大,直至长大的晶体相遇,所有液体全部消失为止,这时整个结晶过程才告完成。在整个结晶过程中,直接从液体中出现的微小晶体称为晶核。晶体向液体中长大的全过程,称为晶核长大。因此可以认为,金属结晶的全过程,是通过不断形核和晶核长大两个过程来完成的。图 1-22 为金属结晶全过程示意图。

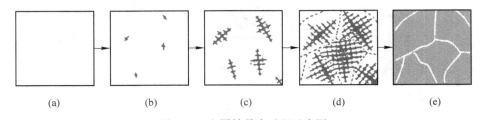

　　　(a)　　　　　　(b)　　　　　　(c)　　　　　　(d)　　　　　　(e)

图 1-22　金属结晶全过程示意图

(a) 液态金属;(b) 形核;(c) 长大;(d) 再长大;(e) 均匀化

(1) 晶核的形成。液体中晶核的形成,一般有两种途径。一种依靠液态金属中存在的类似于固态金属结构的一些原子小集团形成,这种形核方式称为均质形核。经 X 射线和中子衍射证明,在液体从高温冷却到结晶温度的过程中会产生了大量的具有近程有序的不稳定的原子集团,这就是均质晶核的来源,称之为"晶胚"。当液体过冷到结晶温度以下时,某些具有较大尺寸因而比较稳定的晶胚有了进一步生长的条件而形成了晶核。由于是在均匀单一的母相中形成的晶核,所以必须在大的过冷条件下才能发生,过冷度越大,液相形核的几率越大。另一种是依附于液相中未熔固体表面而形成的结晶核心,称为异质形核。异质形核较均质形核更为容易,形核速率更快,它可以在较小的过冷度下发生。

(2) 晶核的长大。晶核一旦形成,便开始长大,其长大方式对晶体的形状和构造以及晶体的许多特性有很大的影响。由于结晶条件的不同,晶核一般呈现两种长大方式:平面长大方式和树枝状长大方式。平面长大方式在实际金属结晶中极少见到,以下主要讨论树枝状长大方式。

当过冷度较大时,特别是存在杂质时,金属晶体往往以树枝状的形式长大。开始,晶核可长为很小的但形状规则的晶体,然后由于热力学、晶体结构等方面的原因,在晶体继续长大的过程中优先沿一定方向生长出空间骨架形成树干,称为一次晶轴。在一次晶轴增长和变粗的同时,在其侧面生出新的枝芽,枝芽发展成枝干,称为二次晶轴。随着时间的推移,二次晶轴成长的同时又可长出三次晶轴,三次晶轴上再长出四次晶轴,如此不断成长和分枝下去,直至液体完全消失,结果结晶出一个具有树枝形状的树枝晶。具体过程如图 1-23 所示。

当结晶完成时,每个晶核就长成大小不一、外形不规律的晶体,称为晶粒。一般金属

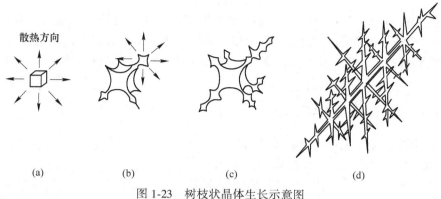

图 1-23　树枝状晶体生长示意图

（a）平面生长；（b）形核；（c）长大；（d）均匀化

材料都由大量的晶粒组成，称为多晶体金属。若材料只是由一个晶粒组成，则称为单晶体材料。由于单晶体是由一个晶粒组成，晶体中的原子都是按照一个规律和一致位向排列的，所以单晶体具有高的强度和方向性能。

1.2.4.4　晶粒大小的控制

由于在常温下，具有细晶粒组织的金属材料的力学性能（包括强度、硬度、塑性和冲击韧性）都比由粗晶粒组织组成的金属材料优良。所以一般用来制造工程结构件、机械零件和工具的金属材料，都希望晶粒越细小越好。为此，控制结晶过程，进而控制结晶后晶粒大小，是研究结晶规律应用的重要方面。表 1-3 列出了晶粒大小对纯铁力学性能的影响。

表 1-3　晶粒大小对纯铁力学性能的影响

晶粒平均直径 d/mm	抗拉强度 σ_b/MPa	屈服强度 σ_s/MPa	伸长率 δ/%
9.7	165	40	28.8
7.0	180	38	30.6
2.5	211	44	39.5
0.20	263	57	48.8
0.16	264	65	50.7
0.10	278	116	50.0

1.2.4.5　影响晶粒大小的因素

对于多晶体金属，其内部晶粒的大小，取决于结晶时液体中产生的晶核总数以及晶核长大速度。同体积金属内产生晶核总数越多，生长的速度越慢，晶粒也就越细，反之亦然。衡量晶核形成和晶核长大的指标为形核率与长大线速度。形核率（N）是指单位时间内，在单位体积的液体中晶核生成的数目；长大线速度（G）是指在单位时间内晶核生长的线长度。结晶的晶粒大小，是用单位体积内的晶粒数（Z）来表示。Z 越多，材料内的晶粒越细小。上述三种指标存在以下关系式：

$$Z = 0.9(N/G)^{3/4}$$

从上式中可看出，晶粒粗细，主要决定于形核率（N）与长大线速度（G）的比值。凡能使 N/G 比值提高的都能细化晶粒。凡能够促进形核，即增加 N，抑制长大，以及减小 G，都能够提高 Z，也就是使晶粒细化；而凡是抑制形核，促进晶核长大的因素都会粗化晶粒。

1.2.4.6　控制晶粒大小的方法

在生产中控制晶粒大小的方法主要有以下几种：

（1）增加过冷度。实验研究表明，金属结晶时的过冷度与形核率、长大线速度有如图 1-24 所示的关系。由图 1-24 可见，随 ΔT 增加，N/G 的比值也将增大。所以，增加过冷度能细化铸件（锭）的晶粒。在连续冷却条件下，冷却速度越大，过冷度越大，晶粒越细小。增大冷却速度可以通过降低液体的浇注温度，选用吸热能力强和导热能力强的铸型材料等措施来实现。但在生产实际中，由于铸件（锭）的体积往往很大，难以用快速冷却的方法来提高金属液体的过冷度来达到细化晶粒的目的。因此提高过冷度从理论上讲能够细化晶粒，但在实际生产中应用较少。

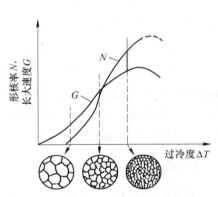

图 1-24　金属结晶时形核率和长大线速度与过冷度的关系

（2）变质处理。金属的体积较大时，获得较大的过冷度是困难的。对于形状复杂的铸件，常常又不允许增加冷却速度。否则会引起铸件的收缩不一致而导致开裂。在实际生产中，最常用细化晶粒的方法是变质处理。利用变质剂来细化铸态金属晶粒方法称为变质处理。它的原理是在金属液体中加入变质剂，利用外来质点促进、提高结晶过程中的形核率，或者是让变质剂吸附在已形成的晶核上，降低晶核的长大线速度，从而来细化晶粒。所以变质剂大致分为两大类：一类是促进形核的，例如在铁水中加入硅铁、硅钙合金，能使石墨变细；另一类是抑制晶核长大，例如在铝硅合金液中加入钠盐，钠能富集在硅的表面，阻碍粗大的硅晶体的形成。

（3）振动或搅拌浇注等。在浇注时，对金属液体加以机械振动，超声波处理或者利用电磁搅动等方法，使铸型中液体金属运动，造成枝晶破碎。碎晶块可以起到晶核的作用，进而增加生核速率，同样能细化铸态金属的晶粒。

1.2.5　金属铸锭结构和缺陷

工业上使用的各种金属材料，大多数要由铸锭经压力加工而制成的。铸锭组织的好坏会直接影响它的压力加工性能，并会影响加工后成品的组织和性能。

1.2.5.1　金属铸锭结构和形成

金属铸锭的组织一般是由三个晶区组成，如图 1-25 所示，主要包括表面细等轴晶区、柱状晶区、中心粗大等轴晶区。

最表层为细等轴晶区。特点是晶粒细小、成分均匀、厚度很小。形成原因为当液体金属刚注入锭模时，由于锭模壁温度很低、液体受到激冷，使其获得大过冷度，于是形成了细小晶粒层组织。所以这一层也称为激冷层。但不可忽视的是在这个过程中模壁上的耐火材料或者未熔质点也发挥着变质剂的作用。

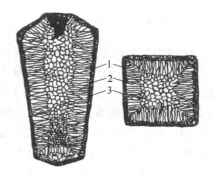

图 1-25 铸锭结构示意图
1—表面细等轴晶区；2—柱状晶区；
3—中心粗大等轴晶区

当细晶粒层形成后，液体金属与锭模相互隔开，同时模壁温度升高，液体金属散热减慢，结晶前沿的液体中过冷区窄小，形核困难，结晶就只能依靠原有晶核（粒）长大完成。又因为此时散热条件已改变，液体的冷却主要向垂直于模壁方向散热。于是晶体只能向散热最快的反方向长大，形成了垂直于模壁的粗大而致密的柱状晶区。而另外一些倾斜于模壁的晶粒的生长受到阻碍，不能继续生长。

当柱状晶区发展到一定厚度时，剩余液体要继续通过柱状晶区和模壁向外作定向散热会越来越困难。这时，中心区的剩余液体会随温度降低而同时进入过冷状态，但由于散热困难，冷却速度小，因此液体中过冷度较小，于是就形成了粗大的等轴晶区。

对于不同金属在不同的浇注条件下，金属铸锭中的粒状晶区和粗大等轴晶区的厚度是不同的。一般讲，液态金属纯度越高，浇注时的液体温度越高，铸锭的冷却能力越大，柱状晶区就越发达。有时还会形成"穿晶"组织，即铸锭中无粗大等轴晶层，而基本上都由柱状晶层组成。反之就不利于柱状晶区的形成，甚至在金属铸锭中没有柱状晶区存在，而只有等轴晶区。

工艺上一般采用定向结晶的方法制备沿同一方向柱状晶区。其基本原理是通过控制冷却方式，沿铸件轴向造成一定的温度梯度，使铸件从一端开始凝固，并按一定方向逐步向另一端结晶。目前，已用这种方法生产出整个制件都是由同一方向的柱状晶所构成的涡轮叶片。由于柱状晶区比较致密，具有比较好的力学性能，并且沿晶柱的方向和垂直于晶柱的方向在性能上有很大差别，沿晶柱方向的性能较好，而叶片工作时恰是沿这个方向承受较大载荷，因此这样的叶片具有良好的使用性能。例如结晶成等轴晶粒的叶片，工作温度最高可达 880℃，而定向结晶成柱状晶粒的叶片工作温度可达 930℃。

1.2.5.2 铸锭各区的性能

表面细等轴晶区具有较好的力学性能，但厚度薄，故对整个铸锭的性能影响不大。

柱状晶区往往在柱状晶相遇的交界区上存在着脆弱面，在这脆弱面上常有低熔点杂质以及非金属夹杂物存在，在压力加工时容易沿该接合面而开裂。但对一些塑性好，杂质少的有色金属（如铜、铝等），柱状晶区有利于提高铸锭的致密度，所以希望柱状晶发达，直至得到"穿晶"组织。

中心等轴区组织疏松，杂质较多，会降低铸件的力学性能。但对铸锭的影响不太大，因为一般情况下，铸锭经过锻压轧制后，疏松等缺陷会得到较大改善。

1.2.5.3　铸锭的缺陷

锭铸中常见的缺陷有缩孔、疏松、气泡及偏析等。

(1) 缩孔和疏松。大多数金属和合金，在从高温冷却到室温以及由液态结晶成固态时，都会发生体积收缩。在铸锭结晶过程中，先结晶部分的体积收缩，可由未结晶的液体补充，但最后结晶部分的体积收缩则得不到补充，于是整个铸锭结晶过程中的体积收缩都集中到最终结晶部分。在不同的结晶条件下，可能形成集中缩孔（包括缩管、缩穴等），也可能在铸锭中形成许多微小而分散的显微缩孔，称为疏松。

(2) 气泡。在液态金属结晶时，由于溶解度变化以及一些化学反应，会析出气泡并逸出。若气泡在结晶过程中来不及上浮或者铸锭表面已凝固，则气体就将保留在铸锭内部而形成气泡。一般情况下，铸锭内部的气泡，在压力加工时能焊合。但靠近铸锭表面的气泡，若因表面破裂而氧化，则在随后进行压力加工时，就会在表面形成裂纹。

(3) 偏析。偏析主要是指在合金铸锭中的化学成分不均匀现象。偏析的存在会影响铸锭的工艺性能和力学性能，特别会降低塑性和冲击韧性。

【任务实施】

·实训　盐类晶体结晶过程观察

(1) 实训目的：

1) 观察透明金属盐类的结晶过程及结晶后的组织特征。为学习金属的结晶过程建立感性认识。

2) 观察具有树枝状晶体的金属显微组织和具有树枝状晶体的铸件或铸锭实物，建立金属晶体以树枝状形成成长的直观概念。

(2) 实训设备：生物显微镜、金相显微镜、玻璃片、吸管、放大镜等。

(3) 实训材料：饱和的硝酸铅水溶液、有枝晶的金属试样，有枝晶的铸造金属实物。

(4) 实训步骤：

1) 在干净的玻璃片，用吸管滴上饱和的硝酸铅水溶液，并在生物显微镜下观察它的结晶过程。也可用体视显微镜、放大镜或投影仪观察。

2) 在金相显微镜下观察金属树枝状晶体的显微组织，并绘出示意图。

3) 用肉眼观察具有树枝状晶体的铸造金属实物。

(5) 实训结果：填写工作页，并分析硝酸铅的结晶过程，绘出显微组织示意图。

【小结】

(1) 金属常见的晶体结构。金属具有金属键，金属具有了金属特性（导电性、延展性等），金属常见的晶体结构有三种：体心、面心和密排六方结构，如图 1-26 所示。

(2) 金属的结晶过程。金属从液态转变成固态的过程称为结晶，在结晶过程中，材料经过晶核的形成和晶核的长大两个阶段，结晶潜热的释放补偿了冷却时向外界散失的热量。实际结晶温度低于理论结晶温度的现象，就称为金属结晶时的过冷现象。结晶结束后，细晶粒组织比粗晶粒组织组成的金属材料优良，都希望晶粒越细小越好，通过增加过冷度、变质处理、振动或搅拌浇注等方法可以得到细晶粒。

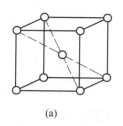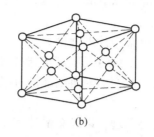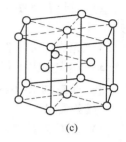

(a)　　　　　　　　　　(b)　　　　　　　　　　(c)

图 1-26　金属常见的晶体结构
（a）体心立方晶格；（b）面心立方晶格；（c）密排六方晶格

（3）金属铸锭的缺陷。金属材料大多数要由铸锭经压力加工而制成的。在经过铸锭过程后，金属铸锭会出现缩孔、疏松、气泡、偏析等缺陷，缺陷的产生会对铸锭的力学性能造成破坏，在结晶过程中尽量避免。

【习题】

1-2-1　解释下列名词：晶体、晶格、晶胞、晶格常数、配位数、致密度、空位、间隙原子、单晶体、多晶体、晶界、过冷度、变质处理。

1-2-2　说明金属原子的结构特点和结合方式。

1-2-3　说明金属导电性、导热性以及延展性的形成原因。

1-2-4　为什么固态金属呈现晶体特性？

1-2-5　计算体心立方、面心立方、密排六方晶体的致密度。

1-2-6　实际晶体中晶体缺陷有哪几种，对晶体性能的影响如何？

1-2-7　为什么金属结晶存在过冷现象，过冷度与冷却速度的关系如何？

1-2-8　说明纯金属的结晶过程。

1-2-9　试比较均质形核和异质形核的不同。

1-2-10　为什么实际生产条件下，纯金属晶体常以树枝状方式长大？

1-2-11　说明影响晶粒大小的因素有哪些。

1-2-12　说明生产中控制晶粒大小的方法。

1-2-13　说明缩孔和疏松的形成原因。

1-2-14　如果其他条件相同，试比较在下列铸造条件下，铸件晶粒的大小：（1）金属模浇注与砂模浇注；（2）高温浇注与低温浇注；（3）铸成薄件与铸成厚件；（4）浇注时采用振动与不采用振动。

1-2-15　晶粒大小对金属性能有何影响？如何细化晶粒？

1-2-16　实际晶体中的点缺陷，线缺陷和面缺陷对金属性能有何影响？

1-2-17　金属结晶的基本规律是什么？晶核的形成率和成长率受哪些因素的影响？

任务 1.3　金属材料的塑性变形与再结晶

【任务简介】

·任务内容

（1）班级学生自由组合为学习小组，各学习小组自行选出组长。

（2）组长召集组员利用课余时间认真预习金属材料的塑性变形与再结晶的有关工作任务。

（3）完成任务工作页资讯、决策、计划部分。

（4）在完成以上任务的基础上根据情况制订实施方案。

（5）通过网络收集有关金属塑性变形与再结晶的资料。

·任务要求

（1）掌握金属材料的塑性变形原理，以及单晶体和多晶体塑性变形过程。

（2）掌握冷塑性变形对金属材料性能的影响。

（3）掌握金属材料的再结晶过程以及热变形组织的影响。

（4）能分析金属的塑性变形过程的变化。

（5）能利用金相分析技术分析金属再结晶过程。

（6）能主动学习、查找资料，在完成任务过程中发现问题、分析问题和解决问题。

（7）能与小组成员协商、交流、配合完成本学习任务。

（8）严格遵守实训室安全规范。

·建议课时

4 课时

【相关知识】

1.3.1　金属的塑性变形

在工业生产中，广泛采用锻造、冲压、轧制、挤压、拉拔等压力加工工艺生产各种工程材料。各种压力加工方法都会使金属材料按预定的要求进行塑性变形而获得成品或半成品。其目的不仅是为了获得具有一定形状和尺寸的毛坯和零件，更重要的是使金属的组织和性能得到改善，所以塑性变形是强化金属材料力学性能的重要手段之一。研究金属塑性变形规律具有重要的理论与实际意义。分析讨论塑性变形与再结晶的问题，找出它的一般规律，为改进金属冷、热加工工艺，提高产品质量，充分发挥金属材料的潜力提供了依据。

1.3.1.1　单晶体塑性变形

从力学性能试验中可知，金属材料在外力作用下会发生一定的变形。金属变形包括塑性变形和弹性变形。当外力去除后能够完全恢复的变形称为弹性变形；当外力去除后不能完全恢复的变形称为塑性变形。通过塑性变形可以改善金属材料的各种性能，这和变形过程中其内部结构的变化是分不开的。

A　弹性变形与塑性变形的微观机理

如图 1-27 所示，金属受到外力作用后，将在其内部某一晶面上产生一定的正应力（σ_N）和切应力（τ）。在不受外力作用时，单晶体内晶格是规则的，而在应力作用下，晶格就会出现一系列的变化。

正应力 σ_N 的主要作用是使晶格沿其受力的方向进行拉长。如

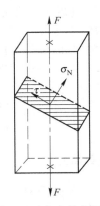

图 1-27　应力的分解图

图 1-28 所示。在正应力作用下，晶格中的原子偏离平衡位置，此时正应力的大小与原子间的作用力平衡。当外力消失以后，正应力消失，在原子间吸引力的作用下，原子回到原来的平衡位置，受拉长的晶格恢复原状，变形消失，表现为弹性变形。而当正应力大于原子间作用力时，晶体被拉断，表现为晶体的脆性断裂。所以正应力只能使晶体产生弹性变形和断裂。

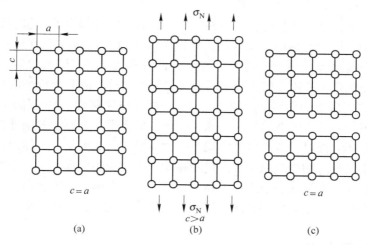

图 1-28　正应力作用下晶体变形示意图

（a）变形前；（b）弹性变形；（c）变形后

切应力 τ 的主要作用是可以使晶格在弹性歪扭的基础上，进一步滑移，产生塑性变形，如图 1-29 所示。具体情况如下：在产生的切应力很小时，原子移动的距离不超过一个原子间距，晶格发生弹性歪扭，若此时去除外力，切应力消失，则晶格恢复到原来的平衡状态，此种变形，就是弹性变形。若切应力继续增加并达到一定值，晶格歪扭超过一定程度，则晶体的一部分将会沿着某一晶面，相对于另一部分发生移动，通常称之为滑移。滑移的距离为原子间距的整数倍（图 1-29 中表示滑移了一个原子间距）。产生滑移后再去除外力时，晶格的弹性歪扭随之减小，但滑移到新位置的原子，已不能回到原来的位置，而在新的位置上重新处于平衡状态，于是晶格就产生了微量的塑性变形。

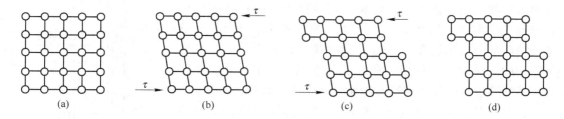

图 1-29　切应力作用下晶体变形示意图

（a）变形前；（b）弹性变形；（c）弹塑性变形；（d）变形后

B　单晶体的塑性变形方式

单晶体的塑性变形方式包括两种，即滑移与孪生。

（1）滑移。滑移是单晶体塑性变形最普遍的方式。在晶体在进行塑性变形时，出现的切应力将使晶体内部上下两部分的原子沿着某特定的晶面相对移动。滑移主要发生在原子排列最紧密或较紧密的晶面上，并沿着这些晶面上原子排列最紧密的方向进行，这是因为只有在最紧密晶面以及最紧密晶向之间的距离最大，原子结合力也最弱，所以引起它们之间的相对移动的切应力最小。晶格中发生滑移的面，称为滑移面，而发生滑移的方向则称为滑移方向。晶体中每个滑移面和该面上的一个滑移方向可以组成一个滑移系，晶体中的滑移系越多，则该晶体的塑性越好。

现代理论认为，晶体滑移时，并不是整个滑移面上的全部原子一起移动的刚性位移实际上滑移是借助于位错的移动来实现的，如图 1-30 所示。晶体中存在着一个正刃型位错（符号⊥）。在切应力 τ 作用下，这种位错比较容易移动。这是因为位错中心前进一个原子间距时，只是位错中心附近的少数原子进行微量的位移，故只需较小的切应力。这样位错中心（⊥）在切应力的作用下，便由左向右一格一格地移动，当位错到达晶体表面时，晶体的上半部就相对下半部滑移了一个原子间距，形成了一个原子的塑性变形量。而当大量的位错移出晶体表面时，就产生了宏观的塑性变形。由此可见，晶体通过位错移动产生滑移时，只需位错附近的少数原子作微量的移动，移动的距离远小于一个原子间距，所以实际滑移所需的切应力远远小于刚性位移的切应力。具有体心立方和面心立方晶体结构的金属，塑性变形基本上是以滑移方式进行的，例如铁、铜、铝、铅、金、银等。

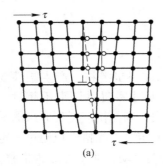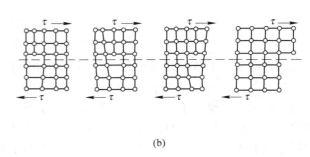

(a)　　　　　　　　　　　　　　　　　　　(b)

图 1-30　刃形位错运动形成滑移示意图

(a) 位错移动；(b) 位错移动过程

实际金属的滑移痕迹一般在显微镜下是观察不到的，这是因为试样在制备过程中已经将痕迹磨掉了。但若将试样预先经抛光后再进行塑性变形，就可以观察到试样表面的一条条台阶状平行的滑移痕迹。这种滑移痕迹称为滑移带，滑移带之间的区域称为滑移层。在电子显微镜下观察，可以发现每一条滑移带是由几条平行的滑移线组成，如图 1-31 所示。

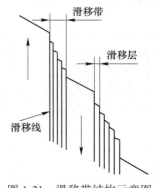

（2）孪生。孪生是指晶体中的一部分原子对应特定的晶面（孪生面）沿一定晶向（孪生方向）产生的剪切变形。产生孪生变形部分的晶体位向发生变化，并且以孪生面为对称面与未变形部分呈镜像关系。这种对称的两部分晶体称为孪晶。如图 1-32 所示，从结构上看，虽然孪生好像是晶体中的

图 1-31　滑移带结构示意图

一部分发生转动而改变了位向，但孪生时真实发生的是相邻面的切移运动。孪生部分的所

有原子面在同一方向移动，每个面的相对移动量只有一个原子间距的几分之一。这与滑移的相对移动量为原子间距的整数倍不同，并且移动量与该面到孪生面的距离成比例。和滑移一样，孪生也有临界切应力值，不达到此应力孪生不能发生。

孪生变形的特点：

（1）部分晶体发生了均匀的切变，位移量正比于至孪晶面的距离。切变时，原子移动的距离不是孪生方向原子间距的整数倍。

（2）引起晶体取向变化。

（3）不改变晶体的点阵类型。

（4）孪生所需的临界切应力比滑移大很多。

（5）孪晶为条状（可以是平直的、透镜状），可以平行，也可以相交成一定的角度。

（6）孪晶生长要求通过基体的其他塑性变形方式（滑移、扭折）进行协调。

（7）孪生对总变形量贡献不大（提供 7% ~ 10%）。但孪生是滑移补充，当滑移不能进行时，孪生改变晶体取向，使滑移继续。

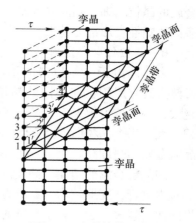

图 1-32　孪晶结构示意图

综上所述，孪生与滑移的主要区别见表 1-4。

表 1-4　孪生与滑移的主要区别

滑　移	孪　生
一部分晶体沿滑移面相对于另一部分晶体做切变，切变时原子移动的距离是滑移方向原子间距的整数倍；	一部分晶体沿孪晶面相对于另一部分晶体做切变，切变时原子移动的距离不是孪生方向原子间距的整数倍
滑移面两边晶体位向不变	孪晶面两边晶体位向不同，成镜面对称
滑移造成的台阶经抛光，即使再侵蚀也不会出现	由于孪生改变了晶体的取向，因此孪晶经抛光和侵蚀后仍能重现
滑移是一种不均匀的切变，它是集中在某一些晶面上大量进行，而各滑移带之间的晶体并未发生滑移	孪生是一种均匀的切变，即在切变区内与孪生晶面平行的每一层原子面均相对于毗邻晶面沿孪生方向移动一定的距离

1.3.1.2　多晶体塑性变形

工程上应用的金属，绝大多数是多晶体。多晶体是由形状、大小、位向都不相同的许多晶粒组成的。就其中每个晶粒来说，其塑性变形与单晶体大体相同。但是，多晶体中各个晶粒的晶格位向不同，并且有晶界的存在，使得各个晶粒的塑性变形受到阻碍与约束。因此多晶体的塑性变形比单晶体塑性变形复杂得多。

A　晶界的作用

晶界对塑性变形有较大的阻碍作用。图 1-33 是一个只包含两个晶粒的试样经受拉伸时的变形情况。从图中可以明显地看到，试样在晶界附近不易发生变形，晶粒内部则明显缩小，出现了"竹节现象"。这一变形特点说明晶界抵抗塑性变形的能力大于晶粒本身。

其原因是由晶界处的结构特点所决定的。因为晶界是相邻晶粒的过渡层，原子排列比较紊乱，而且往往杂质较多，处于高能状态，因而阻碍了滑移的进行。很显然，金属的晶粒越细，则晶界越多，塑性变形的阻力就越大，多晶体塑性变形抗力越大。

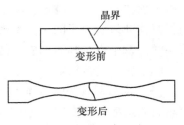

图1-33　竹节现象示意图

B　晶粒位向的影响

多晶体由于晶粒位向的不同，当某些晶粒滑移时，必然受到它周围位向不同的晶粒影响。相邻晶粒位向差越大，滑移抗力越大。可见，多晶体的塑性变形必须克服较大的阻力。晶粒越细，晶界面积越大，每个晶粒周围具有不同位向的晶粒数目越多，金属对塑性的抗力就越大，因此细晶粒金属的强度高。

细晶粒金属的塑性、韧性也较好。因为晶粒越细，金属的塑性变形就会分散在更多的晶粒内进行，变形较均匀，应力集中较小，这就是塑性较好的原因。另外，晶粒越细，晶界的曲折越多，越不利于裂纹的传播，同时在受冲击的条件下，变形均匀对金属的塑性变形能力有更大的影响。生产中获得细均匀的晶粒，是提高金属力学性能的有效途径之一。

C　多晶体的塑性变形过程

在多晶体金属中，由于每个晶粒的晶格位向都不同，其滑移面和滑移方向的分布也不同，所以在外力作用下，每个晶粒中不同滑移面和滑移方向上所受到的切应力也不同。从金属拉伸试验可知，试样中的切应力在与外力成45°的方向上最大，在与外力相平行或垂直的方向为最小。所以在多晶体中，凡滑移面和滑移方向处于与外力成45°附近的晶粒必将首先产生滑移，通常称这些位向的晶粒为"软位向晶粒"；在与外力相平行或垂直的方向的晶粒最难产生滑移，而称与外力平行或垂直位向的晶粒为"硬位向晶粒"。所以多晶体金属的塑性变形过程实际上是先从少量软位向晶粒开始的不均匀变形，然后逐步过渡到大量硬位向晶粒的均匀变形，这样分批次完成的。

由以上分析可知，金属的晶粒越细小，则单位体积内晶粒数目越多，晶界也越多，并且晶粒的位向差也越大，金属的强度和硬度越高。同时，晶粒越细，在总变形量相同的条件下，变形被分散在越多的晶粒内进行，因而比较均匀，从而使金属在断裂前能承受较大的塑性变形，表现出较好的塑性和韧性。反之，晶粒越粗，变形局限在少数晶粒内进行，容易过早断裂，因而塑性、韧性比较差。

由于细晶粒金属具有较好的强度、塑性与韧性，故在生产中通常总是设法使金属材料得到细小而均匀的晶粒。

1.3.2　冷塑性变形对金属组织和性能的影响

塑性变形包括冷塑性变形和热塑性变形。其中冷塑性变形可使金属的性能发生明显的变化。这种性能的变化，是由冷塑性变形时金属内部组织结构的变化引起的。

1.3.2.1　冷塑性变形对金属性能的影响

随着冷塑性变形程度的增加，金属的强度和硬度逐渐提高，而塑性、韧性下降，这种现象称为加工硬化或冷作硬化。图1-34所示为工业纯铁和低碳钢的强度和塑性随变形程度增加而变化的情况。

金属的加工硬化，在生产中具有
很大的实际意义，在工程技术上有广
泛的应用。首先，它是强化金属的重
要手段。对于纯金属以及不能用热处
理强化的合金来说，显得尤为重要。
如纯金属、某些铜合金、镍铬不锈钢
等主要是利用加工硬化使其强化的。
即使经过热处理的某些金属也可以通
过加工硬化来提高材料的强度。例如
热处理后的冷拉钢丝强度可以提高到

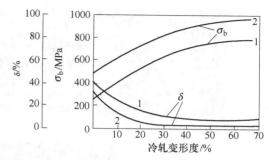

图 1-34　工业纯铁和低碳钢的强度和塑性与变形度关系
1—工业纯铁；2—低碳钢

3100MPa。此外，加工硬化也是工件能够用冷塑性变形方法成型的重要因素。例如在冷冲
压杯状制品的过程中，当冷塑性变形达到一定程度后，已变形金属产生加工硬化，不再变
形，而未变形的部分将继续变形，这样便可得到壁厚均匀的冲压制品。另外，加工硬化使
金属具有变形强化的能力，当零件万一超载时，也可防止突然断裂。

但是加工硬化也有它不利的一面。塑性的降低，给金属进一步冷塑性变形加工造成困
难。对设备和工具的强度、硬度、功率等提出了更高的要求。为使金属材料继续变形，必须
进行退火处理，以消除加工硬化现象。这就使工序增加、生产周期延长、产品成本增大。此
外，加工硬化也会使金属某些物理、化学性能显著变坏，如电阻增大、耐蚀性降低等。

1.3.2.2　塑性变形对金属组织的影响

塑性变形之所以引起金属性能的变化，是由于金属内部组织结构发生变化引起的。通
过显微分析，可以看到，金属在外力作用下，随着外形的变化，其内部的晶粒沿着变形的
方向伸长。当变形程度加大时，晶粒伸长成纤维状，并且晶界也变得模糊了，形成了
"纤维组织"，如图 1-35 所示。形成纤维组织后，金属的力学性能会有明显的方向性，其
纵向（沿纤维的方向）的力学性能高于横向（垂直纤维的方向）的力学性能。

随着变形量的增加，产生滑移的地带增多，此时晶粒逐渐"碎化"成许多位向略有
不同的小晶块，就像在原晶粒内又出现许多小晶粒，这种组织称为亚结构。每个小晶块称
为亚晶粒。随着塑性变形的加大，亚晶粒将进一步细化，并在亚晶粒的边界上产生严重的
晶格畸变，从而阻碍滑移的继续进行，显著提高金属的变形抗力。这是加工硬化产生的主
要原因。

塑性变形除了使晶粒的形状、大小和内部结构出现变化外，在变形量足够大的情况
下，还可以使晶粒转动，使晶粒从不同位向转动到与外力相近的方向，形成"形变织构"
现象。形变织构的产生使多晶体金属出现了明显的各向异性，在冲压复杂形状零件时有可
能由于各方向的不均匀变形而产生"制耳现象"，造成废品，如图 1-36 所示。但其在提高
硅钢片磁导率方面具有很大的作用。

1.3.2.3　内应力与冷塑性变形

实验证明，施加在金属上并使其变形的外力所消耗的机械功，大约 90% 以热能的形

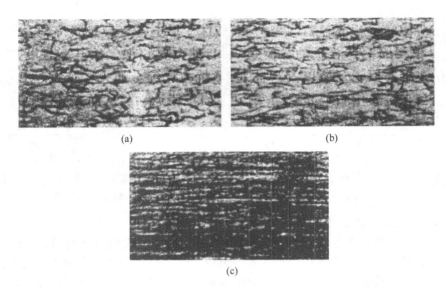

图 1-35　纯铜经不同程度冷轧变形后的显微组织（300×）

（a）30%压下量；（b）50%压下量；（c）99%压下量

式散失，只有 10%以位能的形式储存于金属内部，从而导致金属内能的升高。其表现为大量金属原子偏离了原来的平衡位置而处于不稳定的状态。这种不稳定状态在各种应力的作用下，有向稳定状态恢复的趋势。这些在外力消失后仍保留在金属内部的应力，称为残余内应力或形变内应力，简称内应力。内应力的产生是由于金属在外力作用下内部各部分变形不均匀而引起的。根据内部不均匀变形部位的不同，可以分为以下三种：

（1）宏观内应力（第一类内应力）。由于金属材料的各部分变形不均匀而造成的在宏观范围内互相平衡的内应力称为宏观内应力。如图 1-37 所示，因受外力而引起塑性弯曲的梁，当外力取消后，梁的顶侧在其邻近金属层因弹性伸长而力图回缩，就会产生残余压应力；而梁的底层在其邻近金属层因弹性收缩而力图伸直，就会产生残余拉应力。这两种残余应力对应于距离梁的中心层的间距大小相等，方向相反。

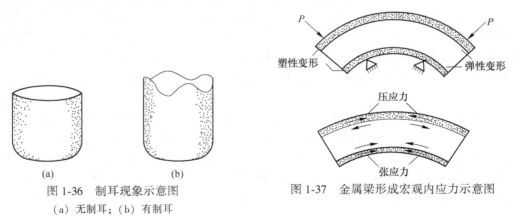

图 1-36　制耳现象示意图

（a）无制耳；（b）有制耳

图 1-37　金属梁形成宏观内应力示意图

（2）晶间内应力（第二类内应力）。晶间内应力是指由于晶粒或亚晶粒之间变形不均匀而在晶粒或亚晶粒之间所形成的内应力。例如，图 1-38 中 A、B、C 三颗晶粒，在外力作用下，因各晶粒取向不同，A 和 C 晶粒已发生了塑性伸长，B 晶粒发生弹性伸长。当外力取消后，B 晶粒力图恢复原来的形状，但受到相邻已永久伸长的 A、C 晶粒的牵制，B 晶粒便处于残余拉应力状态；而 A、C 晶粒在 B 晶粒弹性收缩的作用下，处于残余压应力状态。这些应力平衡于各晶粒或亚晶粒之间。

（3）晶格畸变内应力（第三类内应力）。晶格畸变内应力是在金属冷塑性变形后，由于在晶界、亚晶界、滑移面等晶粒内部所产生的

图 1-38　金属内部晶粒形成晶间内应力示意图

大量位错，使晶格畸变而形成的内应力。根据实验测定，宏观内应力仅占储存能的 0.1% 左右；晶间内应力占储存能的 2%~3% 左右；晶格畸变内应力占储存能的 97%~98%。所以晶格畸变内应力是残余内应力的主要形式。

残余内应力对金属的工艺性能和力学性能有很大的影响。它会导致工件的变形、开裂和抗蚀性的降低，使工件降低抗负荷能力。例如，残余内应力如在某部位表现为拉应力，则在与外加拉应力互相叠加时，可以使材料过早断裂。但如果控制得当，比如使内、外的拉、压应力相互叠加后减小或消失，就可以提高工件的抗负荷能力。例如，钢板弹簧经喷丸处理后，在表层造成压应力，可以提高弹簧的疲劳强度。

1.3.3　金属的再结晶

经过冷塑性变形的金属，其组织结构发生了变化，即晶格畸变严重、位错密度增加、晶粒碎化，并且由于金属各部分变形不均匀，形成了金属内部残余内应力，这些情况都表明冷变形金属处于不稳定状态，它具有恢复到原来稳定状态的自发趋势。但在常温下，由于金属晶体中原子的活动能力不够大，这种恢复过程很难进行，需要很长时间才能过渡到较稳定的状态。如果对冷变形的金属进行加热，使原子活动能力增强，它就会发生一系列组织与性能的变化，使金属恢复到变形前的稳定状态。随加热温度的升高，这种变化过程可分为回复、再结晶、晶粒长大三个阶段，如图 1-39 所示。各阶段性能变化如图 1-40 所示。

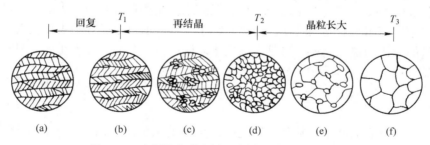

图 1-39　冷塑性变形金属退火时组织变化示意图
（a），（b）回复；（b）~（d）再结晶；（e），（f）晶粒长大

1.3.3.1　回复

当加热温度不太高时（低于后面讲到的再结晶温度），原子的扩散能力较低，这时从

组织上看不到任何变化，但由于原子已能作短距离扩散，晶格畸变程度大为减轻，从而使内应力大大下降，金属的强度、硬度略有下降，塑性略有升高，而导电性、耐蚀性等显著提高。这个变化阶段称为回复。如图 1-39、图 1-40 所示回复阶段。

工艺上常利用回复现象，将冷塑性变形后的金属加热到一定温度，保温一定时间，以消除其内应力。在这个过程中，金属的某些物理性能和工艺性能可以有所提高，但其力学性能，例如强度、硬度、塑性和韧性可以基本保持不变。这种工艺在热处理中被称为去应力退火。它基本保留了加工硬化的性能，又使内应力显著降低。如用冷拉钢丝卷制的弹簧，在卷制以后要进行一次 250~300℃ 的低温退火，以降低卷制时产生的内应力，并使其定型。

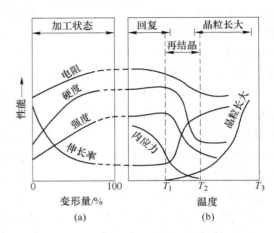

图 1-40　冷塑性变形金属加热时性能的变化
(a) 冷塑性变形状态；(b) 加热时性能的变化

（1）低温回复。低温回复是变形金属经低温加热时所产生的回复，主要与空位等点缺陷的运动有关。通过空位迁移至晶界或金属表面、空位与位错的交互作用、空位与间隙原子的重新结合等方式，使塑性变形时增加的大量空位不断消失，点缺陷密度明显下降。

（2）中温回复。加热温度稍高，会发生位错和重新分布，回复的机制主要与位错的滑移有关。在热激活的条件下，原受阻位错开始发生滑移，从而导致位错分布组态的改变。其中同一滑移面上异号位错可以相互吸引与抵消，位错偶极子的两根位错线相消等，这些都将使位错密度降低。

（3）高温回复。高温加热时，在热激活的作用下位错不但可以进行滑移，而且还可以进行攀移，发生多边形化（高温回复时，位错攀移与滑移后沿垂直于滑移面方向排列成具有一定取向差的位错墙以及由此产生的亚晶，即为多边形化结构）。

采用侵蚀法使晶体表面位错露头处产生蚀坑，可以显现多边形化的过程。某些金属在高温回复阶段中除发生多边形化之外，相邻亚晶之间还存在合并与长大过程。其中，亚晶的合并主要通过两相邻亚晶的转动，使取向趋于一致并通过亚晶界消失而实现。这种区域性的、大量的位错调整和消失，只是在高温下才能进行。高温回复发生的亚晶合并有可能成为再结晶的核心。

1.3.3.2　再结晶

当冷塑性变形后的金属加热到比回复阶段更高的温度时，由于原子活动能力的增大，金属的显微组织会发生明显的变化，由破碎的晶粒变为均匀整齐的晶粒，由拉长或压扁的晶粒变为细小的等轴晶粒，如图 1-39 所示再结晶阶段。此时金属的力学性能将全部恢复到它原来未加工的状态，即强度和硬度降低，而塑性和韧性提高，同时加工硬化和残余应力完全消除，如图 1-40 所示。这种冷塑性变形加工后的金属组织及性能在加热时全部恢复的过程称为再结晶。

A　再结晶过程

再结晶也是形核和核长大的过程。再结晶的晶核一般是在破碎晶粒的晶界处或滑移面上（即晶格畸变最严重的地方）形成无畸变的晶核，这些晶核通过消耗旧晶粒而长成为新晶粒，直至最后形成新的等轴晶粒代替变形及破碎晶粒为止。再结晶过程无晶格类型的变化，所以不是相变过程。

B　再结晶温度及影响因素

金属的再结晶过程不是恒温过程，而是在一定温度内进行的过程。它是随温度的升高而大致从某一温度开始进行的。再结晶温度是指再结晶开始的温度，即发生再结晶的最低温度。

（1）变形程度的影响。实验表明金属的最低再结晶温度与金属的熔点、成分、预先变形程度等因素有关。如图 1-41 所示，金属预先变形程度越大，它越处于不稳定状态，再结晶的倾向也越大，因此再结晶开始温度越低。大量实验表明，各种纯金属结晶温度（$T_{再}$）与其熔点（$T_{熔}$）间的关系，大致可用下式表示：

$$T_{再} = 0.4T_{熔}$$

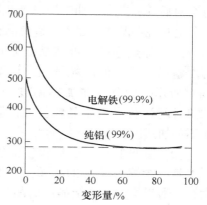

图 1-41　电解铁与纯铝再结晶温度与变形量关系

可见，金属熔点越高，在其他条件相同时，其再结晶温度也越高。

（2）原始晶粒尺寸。原始晶粒越细小，变形抗力越大，储存能越多，再结晶的形核率越大，长大速度越快，再结晶温度越低。原始晶粒尺寸对再结晶后晶粒大小的影响：原始晶粒越细小，储存能越多，N/v（结晶过程中生核率/长大速度）越大；再结晶的形核位置越多，造成再结晶后晶粒越细小。

（3）杂质与微量溶质原子。再结晶温度还与金属的纯度有关。金属中的杂质与微量溶质原子一般多倾于偏聚在位错和晶界周围，由于它们之间的交互作用，对位错的滑移与攀移和晶界的迁移均产生一定的阻碍作用，故不利于再结晶的形核和核的长大，阻碍再结晶过程，并引起再结晶温度的提高。例如纯铁的最低再结晶温度约为450℃，当加入少量碳元素成为钢后，其最低再结晶温度可提高到500~650℃。

（4）再结晶退火工艺参数。加热速度、加热温度与保温时间等退火工艺参数，对变形金属的再结晶温度有着不同的影响。加热速率慢，加热时间长，储存能在恢复阶段释放多，再结晶的驱动力降低，再结晶温度升高；加热速率过快，在各温度下停留时间过短，来不及形核与长大，再结晶温度升高。保温时间越长，再结晶温度越低；当变形量和退火保温时间一定，退火温度越高，再结晶后的晶粒越粗大。在实际生产中，为了消除加工硬化，以便进一步进行加工，常把冷塑性变形加工后的金属加热到再结晶温度以上，使其发生再结晶过程以恢复金属的塑性，这种工艺称为再结晶退火。而为了缩短再结晶退火时间，再结晶退火温度，一般比该金属的再结晶温度高100~200℃。

1.3.3.3　晶粒长大

冷塑性变形金属在刚刚完成再结晶过程时，一般都可以得到细小而均匀的等轴晶粒。

但是，如果加热温度过高或保温时间过长，再结晶后的晶粒又会以晶界迁移、互相吞并的方式长大，使晶粒变粗，如图 1-39 所示晶粒长大阶段。这主要是因为晶粒长大可以减少晶界面积，从而降低表面能。而能量的降低是一个自发的过程，所以只要温度足够高，原子具有足够的活动能力，晶粒就会迅速长大。这种晶粒长大的过程，又称为二次再结晶。随着晶粒的粗化，晶体的强度、塑性和韧性也相应降低，如图 1-40 所示。

1.3.3.4　影响再结晶晶粒大小的因素

二次再结晶所引起的晶粒粗化现象，会使金属材料的强度、塑性和韧性显著降低，并且会对后续的冷变形加工质量产生很大的影响。所以必须了解影响再结晶晶粒大小的因素，通过控制其影响因素，避免晶粒粗化现象。其影响因素主要有以下两个方面：

（1）加热温度。再结晶退火时加热温度越高，金属的晶粒越大，如图 1-42（a）所示。此外，在加热温度一定时，加热时间过长也会使晶粒长大，但其影响不如加热温度过高的影响大。

（2）变形程度。变形程度的影响实际上是一个变形均匀的问题。变形度越大，变形越均匀，再结晶后的晶粒越细，如图 1-42（b）所示。从图中可见，当变形度很小时，金属不发生再结晶，因而晶粒大小基本不变。当变形度在 2% ~

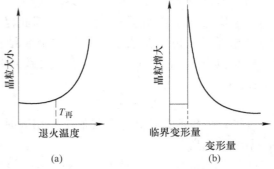

图 1-42　晶粒大小与加热温度变形量的关系
(a) 与加热温度关系；(b) 与变形量关系

10%范围内时，再结晶后的晶粒度比较粗大。因为在此情况下，金属中仅有部分晶粒发生变形，变形极不均匀，再结晶时的生核数目很少，再结晶后的晶粒度很不均匀，晶粒极易相互吞并长大。这个变形度称为临界变形度。生产中应尽量避免这一范围的加工变形，以免形成粗大晶粒而降低力学性能。大于临界变形度之后，随着变形度的增加，变形越来越均匀，再结晶时的生核率越来越大，再结晶后的晶粒越来越细、越来越均匀。

由此可见，为了获得优良的组织和性能，在制定压力加工工艺时，必须避免在临界变形程度附近进行加工。如工业上冷轧金属，一般多采用30% ~ 60%的变形量。但是当金属是不均匀变形时，这一现象很难避免，例如冲制薄板零件，其变形区与未变形区之间在再结晶退火后会出现粗晶粒区。

如果将加热温度、变形度和晶粒大小三者之间的关系表现在一个立体图中，就获得了再结晶全图。图 1-43 为低碳钢的再结晶全图。各种金属的再结晶全图是制定冷变形工艺及冷加工零件退火工艺的主要依据之一。

1.3.4　金属的热塑性变形

以上所讨论的都仅限于金属的冷塑性变形加工（冷加工），未涉及金属的热塑性变形加工

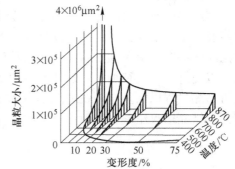

图 1-43　低碳钢再结晶全图

（热加工）。由于金属在高温下强度下降，塑性提高，所以在高温下对金属进行塑性变形加工比低温容易得多，因此金属热塑性变形加工在生产中得到极广泛的应用。

金属热塑性变形加工，就是指金属材料在其再结晶温度以上由外力作用而使金属产生塑性变形，从而获得具有一定形状、尺寸和力学性能的零件及毛坯的加工方法。

1.3.4.1　金属热变形加工与冷变形加工的比较

从金属学的观点来说，冷加工与热加工的区别，是以金属的再结晶温度为界限的。凡是在再结晶温度以下进行的变形加工，称为冷加工。冷加工时，必然产生加工硬化。反之，在再结晶温度以上进行的塑性变形加工称为热加工。热加工后不留有加工硬化。其实热加工过程中金属也会产生加工硬化，但由于热加工变形的温度远高于再结晶温度，变形所引起的加工硬化很快被同时发生的再结晶过程所消除。由此可见，冷变形加工与热变形加工并不是以具体的加工温度的高低来区分的。例如，钨的最低再结晶温度约为1200℃，故钨即使在1190℃的高温下进行的变形加工仍属冷加工，锡的再结晶温度约为-7℃，故锡即使在室温下进行变形加工仍属于热加工。对于钢铁来说，在600~700℃以上的变形加工为热加工，而在400℃左右的变形加工仍属冷加工。

金属在冷加工时，由于产生加工硬化，变形抗力增大。因此，对于那些要求变形量较大和截面尺寸较大的工件，冷变形加工将是十分困难的。所以冷加工变形一般适用于制造截面尺寸较小，材料塑性较好，加工精度与表面粗糙度要求较高的金属件。

金属在热加工时，随着加热温度的升高，原子间结合力减小，而且加工硬化被消除，故金属的强度、硬度降低，塑性和韧性增加，因此热加工可用较小的能量消耗，获得较大的变形量。因此，在一般情况下，热加工可应用于截面尺寸较大、变形量较大、材料在室温下硬脆性高的金属毛坯件。但在工艺上为了获得良好的塑性和加速再结晶过程，通常采用热加工温度远超过再结晶温度，所以有可能产生金属表面严重氧化、粗糙且精度差的情况。

1.3.4.2　热塑性变形对金属组织和性能的影响

热塑性变形加工虽然不使金属产生加工硬化，但它将使金属的组织和性能发生显著的改变。在一般情况下，正确地采用热塑性变形加工工艺可以改善金属材料的组织和性能，表现在以下几个方面。

（1）改善铸锭和坯料的组织和性能。经过热塑性变形加工（通常是热轧、热锻）后，金属毛坯中气孔和疏松焊合；部分消除某些偏析；将粗大的柱状晶粒与枝状晶粒变为细小均匀的等轴晶粒；改善夹杂物、碳化物的形态、大小与分布。可以使金属材料的致密程度与力学性能提高。表1-5为含碳量为0.3%（质量分数）的碳钢在铸态和锻态时的力学性能比较。从表中可以看出经热塑性变形后，钢的强度、塑性、冲击韧性均较铸态为高，因此在工程上受力复杂、载荷较大的工件（如齿轮、轴、刀具、模具等）大多数要通过热塑性变形加工来制造。

（2）形成热加工纤维组织（流线）。热塑性变形加工时，铸态金属毛坯中粗大枝晶及各种夹杂物，都要沿变形方向伸长，使铸态金属枝晶间密集的夹杂物，逐渐沿变形方向排列成纤维状。

表 1-5　$w(C)=0.3\%$的碳钢铸态和锻态时的力学性能

毛坯状态	σ_b/MPa	σ_s/MPa	$\delta/\%$	$\psi/\%$	$a_K/J \cdot cm^{-2}$
铸　　造	500	280	15	27	35
锻　　造	530	310	20	45	70

这些夹杂物在再结晶时不会再改变其纤维状。这样在坯料或工件的纵向宏观试样上，可见到沿变形方向的一条条细线，即热加工的纤维组织（流线）。形成纤维组织后，金属材料的力学性能呈现各向异性，即顺着纤维方向（纵向）的力学性能较好。表 1-6 列出 45 钢在不同纤维方向的力学性能。

表 1-6　45 钢在不同纤维方向的力学性能

性能\取样	σ_b/MPa	$\sigma_{0.2}/MPa$	$\delta/\%$	$\psi/\%$	$a_K/J \cdot cm^{-2}$
横向	675	440	10	31	30
纵向	715	470	17.5	62.8	62

因此，用热加工方法制造工件时，应考虑纤维分布状态，使纤维方向与工件工作时所受到的最大拉应力方向一致，与剪应力或冲击力方向相垂直。对重要的零件，纤维组织分布状态在图纸上应标明。必要时，应对锻件纤维组织分布状态做检验，一般情况下，流线如能沿工件外形轮廓连续分布，则最为理想。生产中，广泛采用模型锻造方法上制造齿轮及中小型曲轴，如图 1-44 所示。其优点之一就是使流线沿工件外形轮廓连续分布，并适应工件工作时的受力情况。如图 1-44（a）、（c）所示的锻造齿轮和曲轴，要比切削加工齿轮和曲轴的纤维组织分布更为合理，因此具有较高的力学性能。

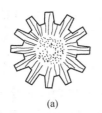 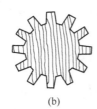

（a）　　　　　　（b）　　　　　　（c）　　　　　　（d）

图 1-44　锻造和切削加工齿轮和曲轴纤维组织
（a）锻造齿轮；（b）切削加工齿轮；（c）锻造曲轴；（d）切削加工曲轴

必须指出，热处理方法是不能消除或改变工件中的流线分布的，只能依靠适当的塑性变形来改善流线的分布。在某些情况下，是不希望金属材料中出现各向异性的，此时必须采用不同方向的变形（如锻造时采用镦粗与拔长交替进行）以打乱流线的方向性。

（3）形成带状组织。若钢在铸态下存在严重夹杂物偏析，或热塑性变形加工的温度过低时，不仅会引起加工硬化现象，在金属中造成残余应力，而且使钢中的铁素体和珠光体沿变形方向形成带状或层状分布的组织。这种带状或层状分布的组织称为带状组织，如图 1-45 所示。这种组织呈明显的层状特征，使钢的力学性能变坏，特别是使钢横向的塑性、韧性降低。热处理时易产生变形，且钢材的组织、硬度不均匀，从而影响材料的使用寿命。

此外，在工艺中必须严格控制热加工温度和变形度。这是因为如果金属在热加工临近终了时，由于变形量较小或加工终了温度过大，再结晶后晶粒有充分长大的机会，则冷却后将得到粗大的晶粒，使金属的力学性能降低。相反如果金属变形量大而加工温度又较低，则冷却后加工硬化便会保留下来，达不到力学性能所要求的全面指标。因此金属热塑性加工时，必须通过严格控制加工终了温度和最终变形度，并与冷却方式密切配合，才能够达到细化晶粒，提高力学性能的目的。

图 1-45　钢中的带状组织

【任务实施】

·实训　金属的塑性变形与再结晶

（1）实训目的：了解冷塑性变形对金属组织与性能的影响；了解经冷塑性变形对金属在加热时组织与性能的变化规律；了解变形程度对金属再结晶晶粒度的影响。

（2）实训设备：洛氏硬度计、金相显微镜、箱式电阻炉、砂轮机、预磨机、抛光机、吹风机。

（3）实训材料：退火状态低碳钢的试样若干、不同变形程度经再结晶后具有不同晶粒度的试样一套。

（4）实训步骤：

1）每组领取退火状态低碳钢试样。

2）在已经磨过的试样，测定试样的 HRC，并记下测量数据。

3）在各组试样中选取五个变形程度较大且变形程度值接近的分段试样，放入 300℃ 并保温时间在 30min、60min、90min 后出炉空冷。

4）把冷却后的试样制备金相试样，然后在金相显微镜下观察其显微组织，再根据其组织特征，绘出显微组织示意图，并记录观察试样所用的放大倍数及侵蚀剂。

5）分析冷变形金属在加热组织与硬度的变化规律。

（5）实训结果：填写工作页，并分析冷变形金属的结晶过程，绘出显微组织示意图。

【小结】

（1）金属的塑性变形。单晶体塑性变形滑移和孪生，多晶体的塑性变形晶粒和晶界。

（2）冷塑性变形对组织的影响。冷塑性变形使组织由等轴晶变成了纤维晶，亚晶界结构增多，引起加工硬化。

（3）金属的再结晶。金属材料经冷塑性变形后，晶粒被拉长、压扁或破碎、亚晶粒细化、位错密度增高，使晶格严重畸变，晶格内存储较高能量，其组织处于不稳状态。如果加热金属使其温度升高，便可增大原子活动能力，形成再结晶过程，组织晶粒变小，形核速度趋于均匀，金属材料获得良好的组织和性能。

【习题】

1-3-1　解释下列名词：滑移、滑移带、孪生、加工硬化、纤维组织、形变织构、残余内应力、宏观内应力、晶间内应力、晶格畸变内应力、回复、再结晶、临界变形度、流线、带状组织。

1-3-2　试比较孪生和滑移变形过程。

1-3-3　说明多晶体的塑性变形过程。

1-3-4　说明加工硬化对金属性能的影响。

1-3-5　试比较回复、再结晶、晶粒长大三个阶段的形成过程及各阶段对金属性能的影响。

1-3-6　试比较冷加工和热加工的不同。

1-3-7　低碳钢板冲零件前硬度 100HBS，而冲零件后硬度不均匀，有的部位为 100HBS，有的部位是 150HBS，说明其原因。

1-3-8　将三个低碳钢试样变形至 5%、15%、30%，如果将它们都加热至 800℃，指出哪个产生粗晶粒，并说明晶粒对性能的影响。

1-3-9　锡在室温下变形，钨在 1000℃变形，它们属于热变形还是冷变形？组织和性能会如何变化？

1-3-10　在制造长的精密丝杠或轴时，常在半精加工后将其吊挂起来，并用木锤沿全长轻击几遍，再吊挂 5~7 天，然后再精加工，试解释这样做的目的和原因。

1-3-11　说明下列现象产生的原因：

（1）滑移面是原子密度最大的晶面，滑移方向是原子密度最大的方向。

（2）晶界处滑移的阻力最大。

（3）实际测得的晶体滑移所需的临界切应力比理论计算的数值小得多。

（4）Zn、α-Fe、Cu 的塑性不同。

1-3-12　已知金属钨、铁、铅、锡的熔点分别为 3380℃、1538℃、327℃、232℃，试计算这些金属的最低再结晶温度，并分析钨和铁在 1100℃下的加工、铅和锡在室温（20℃）下的加工各为何种加工。

1-3-13　与冷加工比较，热加工给金属件带来的益处有哪些？

1-3-14　为什么细晶粒钢强度高，塑性，韧性也好？

1-3-15　划分冷加工和热加工的主要条件是什么？

任务 1.4　铁碳合金相图

【任务简介】

·任务内容

（1）班级学生自由组合为学习小组，各学习小组自行选出组长。

（2）组长召集组员利用课余时间认真预习铁碳合金相图的有关工作任务。

（3）完成任务工作页资讯、决策、计划部分。

（4）在完成以上任务的基础上根据情况制订实施方案。

（5）通过网络收集有关铁碳合金相图的资料。

·任务要求

（1）掌握相、组元、合金和组织等基本概念。

（2）掌握二元相图的建立过程以及二元相图中结晶过程。

（3）掌握铁碳合金相图的建立以及点、线、面和结晶过程。

（4）能分析二元合金相图结晶过程的变化。

（5）能利用铁碳合金相图分析不同碳钢和铸铁的结晶过程。

（6）能主动学习、查找资料，在完成任务过程中发现问题、分析问题和解决问题。

（7）能与小组成员协商、交流、配合完成本学习任务。

（8）严格遵守实训室安全规范。

·建议课时

4 课时

【相关知识】

一般来说，纯金属大多具有优良的塑性、韧性以及导电、导热性能，但它们的制备比较困难，成本较高、种类有限，并且综合力学性能较低，难以满足工程上对材料的要求。因此工程上大量使用的都是根据性能要求而配制的各种不同成分的合金。这是因为在生产中合金材料可以通过改变合金的化学成分（或组织结构）来进一步提高金属材料的力学性能，并获得某些特殊的物理性能和化学性能（耐蚀、耐热、耐磨、电磁性能等），以便满足各种机械零件和工程结构对材料的要求。

同时钢铁是现代工业中应用最广泛的金属材料。其基本组元是铁和碳两种元素，故统称为铁碳合金。普通碳钢和铸铁均属铁碳合金范畴。为了熟悉钢铁材料的组织与性能，以便在生产中合理使用，首先必须研究铁碳合金相图。

本情境通过对二元合金相图，特别是铁碳合金相图的讨论，进一步认识工程材料的内部组织、成分、温度之间的相互关系以及对材料性能所产生的影响。

1.4.1　合金和相的基本概念

1.4.1.1　主要名词的概念

（1）合金。合金是指由一种金属元素与一种或几种其他元素结合而形成的具有金属特性的新物质。绝大多数的合金都是通过熔化、精炼、浇注制成的，只有少数合金是在固态下通过制粉、混合、压制、烧结等工艺制成的。不同成分的合金可以显著地改变金属材料的结构、组织和性能，在强度、硬度、耐磨性等力学性能方面远远高于纯金属，并且在电、磁以及化学稳定性等方面也不逊于纯金属。所以工程上金属材料的应用大多以合金为主。特别是钢和铸铁这两种现代工业中最重要的金属材料就是由铁和碳为基本组元组成的铁碳合金。

（2）组元。组成合金所必需的并能独立存在的基本物质称为组元。由两个组元组成的合金称为"二元合金"，由三个或多个组元组成的合金称为三元或多元合金。例如普通黄铜是铜元素和锌元素为主的合金，组元就由铜元素与锌元素两种组成。锰钢是在以铁和碳两种元素为主的合金的基础上加入锰元素，所以由铁、碳、锰三种组元组成。另外合金中稳定化合物也可以作为组元，例如铁碳合金中的 Fe_3C 就是以铁碳合金中一个组元形式出现的。

（3）合金系。由给定组元配制的一系列的不同成分量的同类合金，组成了一个系统，称为合金系。由两种组元组成的合金就称为二元合金系。例如上述的黄铜。由三种组元组成的合金就称为三元合金系。如上述的锰钢。而只有一种组元组成的系统，在不同的温度下也会具有不同的形式，例如同一种金属具有不同的同素异构形态，这也组成了一个系统，称为单元系。

（4）相。在合金系统中，某一晶体结构相同、化学成分均匀，并有明显界面与其他部分区分开来的部分称为相。例如，从成分均匀的液相中合金中结晶出某种晶体过程中，此时合金系统是由两相——液相和固相组成；当全部凝固成一种晶体后，合金就由单一结构的晶体相组成。又如液体合金在结晶出两种结构各异的晶体过程中，合金是由三相，即液相和两种固体相组成；当全部凝固成上述两种晶体后，合金就由两种固体相组成。

铁在同素异构转变过程中，出现 α-Fe 和 γ-Fe 也是两种不同的相。因为 α-Fe 是体心立方晶格，γ-Fe 是面心立方晶格，它们的原子排列规律不同，且能以分界面分开，因此也是不同的相。合金的组织是由不同数量和形状的相所组成的。

1.4.1.2　合金相结构

合金相结构是指合金组织中相的晶体结构。根据各组元之间的物理化学性质不同和相互作用关系，固态合金主要有两大类晶体相：固溶体和金属化合物。

A　固溶体

一种组元均匀地溶解在另一组元中而形成的晶体相，称为固溶体。换句话也就是说，合金中的两组元在液态和固态下都互相溶解，共同形成均匀的固相。这种形成固相过程就像盐溶解在水中，液态时是盐水溶液，而固态是盐水冰固体，无论在液态还是固态都互相均匀溶解，因此盐溶解在水形成晶体相称为盐水固溶体。固溶体形成后，它的晶体结构就是在一种组元的晶格上分布着两种组元的原子。组成固溶体的组元也与溶液一样，有溶质和溶剂之分。其中晶格保持不变的组元称为溶剂，晶格消失的组元称为溶质。

a　固溶体分类

（1）按照溶质原子在溶剂晶格中所占位置可分为置换固溶体和间隙固溶体，如图1-46所示。

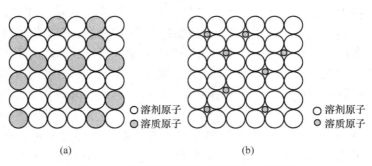

图 1-46　置换固溶体与间隙固溶体示意图
（a）置换固溶体；（b）间隙固溶体

1）置换固溶体。置换固溶体是指溶质原子分布于溶剂晶格的结点上而形成的晶体相。在置换固溶体中，溶质在溶剂中的溶解度主要取决于两者原子直径之差、晶格类型、在元素周期表中的相互位置等因素。一般说来，溶质原子和溶剂原子在元素周期表中的位置越接近，原子直径相差越小，那么这种固溶体的溶解度越大。如果上述条件都能够很好地满足，并且二者的晶格类型也相同，那么就有可能形成无限互溶的固溶体，也就是两种组元可以互为溶质、互为溶剂，可以以任何比例形成置换固溶体。例如铜与镍、铁与铬就可以形成无限固溶体。否则就会形成有限固溶体，即溶质在溶剂中有一定的限度，当超过该溶质的溶解度时，溶质就会以其他方式析出。例如铜与锌、铜与锡都会形成有限固溶体。

在置换固溶体中，溶质原子的分布大多处于无序状态。这种固溶体称为无序固溶体。而在一定条件下，溶质原子和溶剂原子也可以按一定方式作有规则的排列，形成有序固溶体。原子排列的无序状态可以在一定温度下向有序状态进行转变。这种转变称为固溶体的有序化。当转变发生时，固溶体的某些物理性能和力学性能会发生变化，主要表现在硬度和脆性上升而塑性和电阻率降低。

2）间隙固溶体。间隙固溶体是指溶质原子不占据晶格的结点，而分布于溶剂晶格的空隙处而形成的晶体相。一般当溶质原子的原子直径与溶剂原子直径之比小于 0.59 时，易于形成间隙固溶体。间隙固溶体都是无序固溶体，并且只能形成有限固溶体。其中最典型的例子就是碳溶于 α-Fe 中所形成的固溶体（铁素体）和碳溶于 γ-Fe 中所形成的固溶体（奥氏体）。

（2）按溶质原子在溶剂中的溶解度可分为有限固溶体和无限固溶体。有限固溶体是溶质在溶剂中的溶解度有一定的限度的固溶体，大部分固溶体都属于这一类。无限固溶体是溶质原子与溶剂原子能无限互溶的固溶体。能形成无限固溶体的合金系不多，Cu-Ni、Ag-Au、Ti-Zr 等合金系可形成无限固溶体。

溶质和溶剂的晶体结构是否相同，是它们能否形成无限固溶体的必要条件。如果溶质和溶剂的晶格类型不同，则组元间的固溶度只能是有限的，就只能形成有限固溶体。只有晶体结构类型相同，溶质原子才有可能连续不断地置换溶剂晶格中的原子，形成无限固溶体；即使不能形成无限固溶体，其溶解度也比晶格类型不同的组元间要大。在一定程度上，无限固溶体是置换固溶体，间隙固溶体是有限固溶体。

（3）按溶质原子与溶剂原子的相对分布可分为无序固溶体和有序固溶体。无序固溶体是溶质原子在溶剂晶体中的分布是随机的，它或占据与溶剂原子等同的一些位置，或位于溶剂原子间的间隙中，没有次序性或规律性。而有序固溶体是指溶质原子按适当比例并按一定顺序和一定方向，围绕着原子分布的固溶体。有序固溶体既可以是置换固溶体，也可以是间隙固溶体。

b　固溶体的结构

（1）晶格畸变。由于溶质原子和溶剂原子总存在着大小和电性上的差别，所以不论形成置换固溶体和间隙固溶体，其晶格常数必然会有胀缩的变化，从而导致晶格畸变，如图 1-47 所示。这种晶格畸变使合金的塑性变形抗力提高。因形成固溶体而引起合金强度、硬度升高的现象，称为固溶强化。这是提高金属材料强度的重要途径之一。但单纯的固溶强化对材料强度的提高毕竟是有限的，所以必须在固溶强化的基础上再补充其他的强化方法才能够满足人们对结构材料力学性能日益增长的需要。

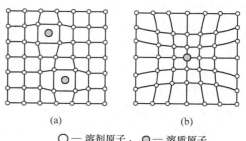

○ — 溶剂原子；　● — 溶质原子

图 1-47　固溶体晶格畸变示意图

（a）间隙固溶体晶格畸变；（b）置换固溶体晶格畸变

（2）偏聚与有序。经 X 射线研究表明，溶质原子在固溶体中的分布，总是在一定程度上偏离完全无序状态，存在着分布的不均匀性。当同种原子间的结合力大于异种原子结合力，溶质原子倾向于成群地聚集在一起，形成许多偏聚区；当异种原子间的结合力较大时，则溶质原子的近邻皆为溶剂原子，溶质原子倾向于按一定的规律呈有序分布，这种有序分布通常只在短距离、小范围内存在，称为短程有序。

（3）有序固溶体。具有短程有序的固溶体，当低于某一温度时，可能使溶质和溶剂原子在整个晶体中都按一定的顺序排列起来，即由短程有序转变为长程有序，这样的固溶体即为有序固溶体。

当有序固溶体加热到某一临界温度，将转变为无序固溶体，而在缓慢冷却至这一温度时，又可转变为有序固溶体。这一转变过程称为有序化，发生有序化的临界温度称为固溶体的有序化温度。

B　金属化合物

合金中各组元原子按一定数比结合而形成的具有金属性质的晶体相，称为金属化合物，如 Fe_3C、$CuAl_2$ 等。

在合金中，当溶质的含量超过该固溶体的溶解度时，将会出现新的相。如果新相的晶格结构与合金中的溶质原子的晶格结构相同，那么新相将是以原来溶质元素为溶剂，以原来溶剂元素为溶质的固溶体。而如果生成新相的晶格结构与任一组元都不同，那就是由组成元素相互作用而形成的化合物，这种化合物主要是由金属化合物组成。

金属化合物中各种原子的结合方式有金属键，也有金属键与离子键或金属键与共价键结合形成的混合型。一般都具有比较复杂的晶体结构。在力学性能上金属化合物一般都有比较高的硬度，例如，$\alpha\text{-}Fe$ 布氏硬度为 80HBS，石墨为 3HBS，而 Fe_3C 的硬度可达 800HV 以上，同时 Fe_3C 也表现出了比较大的脆性。所以一般不能单独使用，而是作为提高纯金属或合金强度、硬度以及耐磨性的强化相。所以金属化合物是各类合金钢、硬质合金和许多有色金属的重要组成相。

（1）正常价化合物。元素间严格而遵守化合价规律的化合物称为正常价化合物。它们由元素周期表中相距较远、电负相差较大的两元素组成，可用确定的化学式表示。如 Mg_2Si 这类化合物的特点是硬度高、脆性大。

（2）电子化合物。不遵守化合价规律但符合于一定电子浓度（化合物中价电子数与原子数之比）的化合物称为电子化合物。它们由ⅠB 族或过渡族元素与ⅡB 族、ⅢA 族、ⅣA 族、ⅤA 族元素所组成。一定电子浓度的化合物相应有确定的晶体结构，并且还可溶解其组元，形成以电子化合物为基的固溶体。常见电子化合物有 Cu_5Zn_3、$CuZn_3$ 等。

（3）间隙化合物。由原子半径较大的过渡族元素与原子半径较小的非金属形成的化合物称为间隙化合物。尺寸较大的过渡族元素原子占据晶格的节点位置，尺寸较小的非金属原子则有规则地嵌入晶格的间隙中。

当非金属元素原子半径较小时（非金属原子半径与金属原子半径之比小于 0.59），形成具有简单晶体结构的间隙化合物，称为间隙相。间隙相具有金属特性，有极高的熔点和硬度，非常稳定。间隙相的合理存在，可有效地提高钢的强度、热强性，是高合金钢和硬质合金中的重要相。

当非金属元素原子半径较大时（非金属原子半径与金属原子半径之比大于 0.59），形成具有复杂晶体结构的间隙化合物。钢中的 Fe_3C、合金钢中的 Cr_7C_3 等，均属于这类间隙化合物。复杂结构的间隙化合物也具有很高的熔点和硬度，但比间隙相稍低些，在钢中也起强化作用。铁原子也可以被锰、铬、钨等金属原子所置换，形成以间隙化合物为基的固溶体。

间隙化合物是钢中重要的组成和强化相。如在工具钢中加入少量的钒形成 VC，可以提高钢的耐磨性，在结构钢中加入少量的钛形成 TiC，可以在加热中阻碍奥氏体的长大。

1.4.1.3 合金的组织

合金的组织是指显微尺度，用肉眼、低倍放大镜或普通金相显微镜可观察到的金属和合金内部晶体形貌，尺度范围较大；而结构则指晶体中原子的排列方式，目前只能用 X 射线、电子探针才能确定，尺度范围较小。

合金组织在室温或高温下可以是一种或几种晶体结构，既可以是单相，也可以是两相甚至多相共存，因而比纯金属的组织要复杂很多。不同的相可以构成不同的组织。在两相或多相合金的组织中，数量较多的一相称为基本相，其余相可以是合金的另一组元为基体形成的固溶体或另一组元的纯金属，也可以是合金各组元形成的化合物或化合物的固溶体。由于组成工业合金的元素性能不同以及在合金中的含量不同，便会形成不同的相，从而使合金具有不同组织和性能。碳质量分数为 0.77% 的铁碳合金，室温平衡组织中含有片状的 Fe_3C 相，其硬度高达 800HBS。切削加工时，车刀要不断切断 Fe_3C，因此刀具磨损严重。但球化退火后，Fe_3C 相变为分散的颗粒状，切削时对刀具磨损较小，使切削性能得到提高。

金属的组织结构由材料的成分、工艺所决定。例如：成分不同的铁碳合金在平衡结晶后获得的室温组织不一样，共析钢室温组织是 P，而过共析钢室温组织是 P 和 Fe_3C。又如纯铁冷拔前的组织是等轴形状的铁素体晶粒，经冷拔后，其组织变成拉长了的铁素体晶粒，内部位错密度等晶体缺陷增多。

1.4.2 二元合金相图

二元合金相图是研究二元合金结晶过程的简明示意图，它反映不同成分的合金在不同温度下的组成相及相平衡关系，是研究合金相变过程、确定合金组织、判断合金性能的基础。由于二元合金相图能够表明合金系中不同成分的合金在不同温度（或压力）下相的组成以及相之间的平衡关系，所以相图也称为平衡图或状态图。下面首先了解相图的基本组成和建立过程。

1.4.2.1 二元合金相图的构成与建立

（1）二元相图的坐标。由于相图是表明合金的成分、温度和相之间的关系，所以这种图形必须采用如图 1-48 所示的坐标：纵坐标表示温度；横坐标表示成分。合金的成分用质量分数或原子分数来表示。两端各表示纯组元 A 和 B 的成分（100%），从 A 端到 B 端表示合金成分含 B 的质量分数或原子分数由 0 增加到 100%，含 A 的质量分数从 100% 下降到 0。成分轴上任一点表示合金

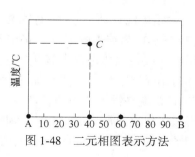

图 1-48　二元相图表示方法

的一种成分，如 C 点成分表示含有 60%A 和 40%B。

（2）二元合金相图的建立。合金相图大多是通过实验方法测定的，常用的方法包括热分析法、磁性分析法、膨胀分析、显微分析和 X 射线晶体结构分析法等，其中最常用的是热分析法。如图 1-49 所示，以铜镍合金为例说明用热分析法建立相图的基本步骤：

1）配置一系列不同成分的铜镍合金；

2）测定各成分合金的冷却曲线，并找到冷却曲线上的临界点（指转折点或平台）温度；

3）在二元合金相图坐标中标出各临界点（成分与温度）；

4）将坐标系中具有相同意义的点以光滑曲线连接，即得到铜镍合金相图。

相图中每一点、线都具有一定的物理意义，这些点、线称为特性点和特性线。

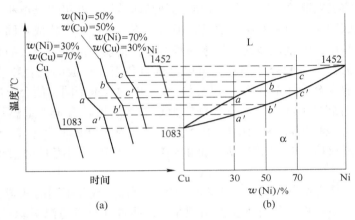

图 1-49　用热分析法建立 Cu-Ni 相图
(a) 冷却曲线；(b) 相图

不同的特性线把相图分为若干区域，每一个区域表示一个相区，每个相区由单相或多相构成。二元合金相图主要包括匀晶相图、共晶相图、包晶相图以及具有固态转变的几种相图。下面以匀晶相图、共晶相图和共析相图为例说明相图的具体构成和不同成分合金的结晶过程。

1.4.2.2　匀晶相图

匀晶相图是指在液态和固态下均能无限互溶时构成的合金组成的相图。铁镍相图和铜镍相图都属于此类相图。

A　相图分析

如图 1-50 所示，在铜镍相图中，A 点温度（1083℃）为纯铜的熔点，B 点温度（1455℃）为纯镍的熔点。ACB 为液相线，代表各种成分的铜镍合金在冷却时开始结晶的温度，或在加热过程中熔化终了的温度；ADB 为固相线，代表各种成分的铜镍合金在冷却时结晶终了温度，或在加热时开始熔化的温度。A、B 点就是铜镍相图的特性点，ACB 与 ADB 就是铜镍相图的特性线。需要说明的是，由于相图是代表各相之间平衡关系的图形，所以这里所说的加热与冷却过程是极其缓慢的，以达到平衡状态。液相线和固相线把相图分为了三个不同的相区，ACB 以上为液相区，其合金处于液相状态，以 L 表示；ADB

以下为固相区，为铜与镍组成的不同成分的固溶体，以 α 表示；*ACB* 与 *ADB* 之间是液相和固相共存的两相区，是结晶过程正在进行的区域，以 L+α 表示。

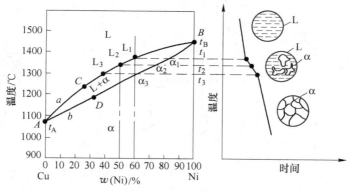

图 1-50　Cu-Ni 合金相图及典型合金平衡结晶过程

B　Cu-Ni 合金的结晶过程

以下以含 $w(Ni)=40\%$、$w(Cu)=60\%$ 的 Cu-Ni 合金说明其结晶过程。如图 1-50 所示，当液态合金缓慢冷却到与液相线相交的 t_1 温度时，开始从液相结晶出成分为 α_1 的固溶体。温度继续降低到 t_2 温度时，不论是新结晶出来的固溶体，还是以先前结晶的 α_1 固溶体为核心长大的固溶体，此时都是成分为 α_2 的固溶体，这是由于在结晶过程中缓慢冷却原子扩散的结果。随着温度的降低，结晶不断进行，液相的成分沿着液相线变化，固相的成分沿着固相线的变化。在温度 t_3 结晶终了，得到与原合金成分相同的 α_3（即 $w(Ni)=40\%$）固溶体。继续冷却到室温时，组织与成分不再发生变化。

如上所述，在结晶过程中，先结晶出的固溶体和后结晶出的固溶体的成分是不同的。在极缓慢冷却的条件下，可通过原子扩散使成分均匀化，固相成分才会沿着固相线均匀变化，最终获得与原合金成分相同的均匀 α 固溶体。若冷却速度较快，固态原子不能得到充分扩散，则成分不均匀的现象将会保留下来，每个晶粒内先结晶部分含高熔点的组元多，后结晶部分含低熔点的组元多，这种在一定范围内成分不均匀的现象称为偏析。这种偏析多呈树枝状，先结晶的枝轴与后结晶的枝间成分不同，所以又称为枝晶偏析，如图 1-51 所示。固相线与液相线的水平距离和垂直距离越大，枝晶偏析越严重。铸铁的成分越靠近共晶点，偏析越小，反之越大。

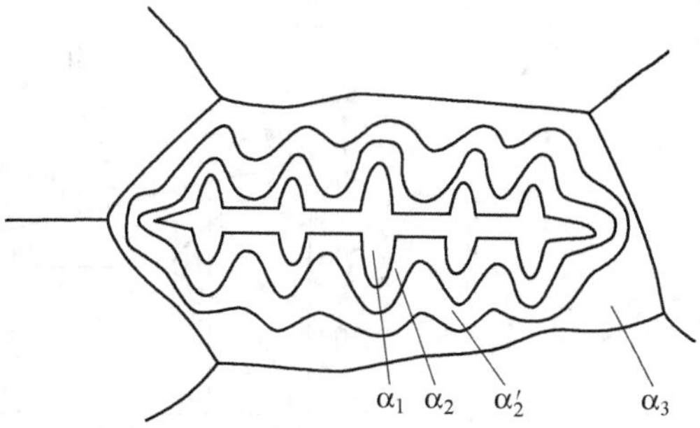

图 1-51　枝晶偏析形成过程示意图
α_1、α_2、α_2'、α_3—不同温度 t_1、t_2、t_2'、t_3 下的固溶体

C　相图中的杠杆定律

如要知道某一成分的合金 k 在 t_x 温度下固、液两相的相对质量，可以通过 k 含量横坐标做垂线，再由垂直线做 t_x 温度的水平线，此线与液固两相线的交点分别为 x'、x''（x'、x'' 分别代表 t_x 温度时液固两平衡液、固相含合金 k 的成分）。而液、固两相的相对质量则需要用下述的杠杆定律来计算。如图 1-52 所示。

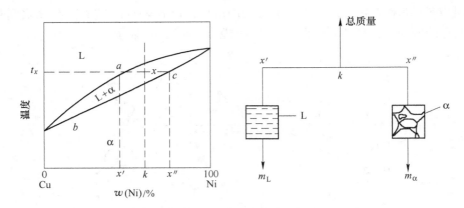

图 1-52　二元相图杠杆原理

假设合金 k 的总质量为 1，液相 L 质量为 m_L、固相 α 的质量为 $m_α$。则：

$$m_L + m_α = 1$$
$$m_α x'' + m_L x' = w(k)$$

所以得
$$m_L = (x'' - k / x'' - x') \times 100\%$$
$$m_α = (k - x' / x'' - x') \times 100\%$$

杠杆定律既可用于匀晶相图两相区中两平衡相的相对质量，也可用于计算其他类型合金相图两相区中两平衡相的相对质量，但是在单相区及三相区不能运用杠杆定律。

1.4.2.3　共晶相图

两组元在液态完全互溶，在固态下有限溶解或不相溶解但有共晶反应发生的合金相图为共晶相图。图 1-53 所示为固态下两组元有限溶解的 Pb-Sn 合金共晶相图。在铅锡合金中，铅中溶入锡原子可形成有限固溶体 α，锡中溶入铅原子可形成有限固溶体 β。α、β 的溶解度均随温度的降低而减小。

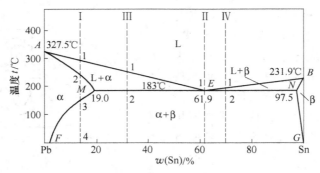

图 1-53　Pb-Sn 合金相图

A　相图分析

相图中的 t_A 和 t_B 分别为纯铅和纯锡的熔点；AEB 为液相线，由 AE 和 BE 构成；$AMENB$ 为固相线，由 AM、BN 和 MN 构成；MF 表示 α 固溶体的溶解度随温度的变化，称为溶解度曲线（或固溶线）；NG 则为固溶体 β 的溶解度曲线（或固溶线）。MEN 为 L、 α、β 三相共存的水平线。上述各特性线把相图分为 6 个区域，其中 AEB 以上为 L 液相单相区，AMF 左边为 α 相单相区，BNG 右边为 β 相单相区，AEM 包围的区域为 L+α 两相区，BEN 所包围的区域为 L+β 两相区，EMFGN 包围的区域为 α+β 两相区。

　　E 点成分的液态合金冷却到 t_E 时将同时结晶出 α 和 β 两种固溶体，这种由液态合金同时结晶出两种固相的混合物的过程称为共晶转变。共晶转变是在恒温下进行的，这个温度称为共晶温度。共晶转变时金属液体的成分称为共晶成分。共晶转变的产物称为共晶体。相图中的 E 点称为共晶点。共晶转变可以表示为：

$$L_E \rightarrow (\alpha_M + \beta_N)$$

　　M 点和 N 点在相图中也有特殊意义。M 点对应的成分为锡在 α 固溶体中的最大溶解度，N 点对应的成分为铅在 β 固溶体中的最大溶解度。F 和 G 点分别表示 α 和 β 在室温下的溶解度。

　　B　典型合金的结晶过程

　　（1）成分在 M 点以左的合金即图 1-53 中所示的合金 I。自液态缓慢冷却到 1 点温度开始结晶，到 2 点结晶完毕，得到单一的 α 固溶体。冷却到 3 点以下时由于 α 固溶体过饱和而以固溶体 β 的形式析出多余的溶质。析出的 β 固溶体以 β_{II}（二次 β 相）表示，到室温时合金的组织为 $\alpha+\beta_{II}$，具体过程如图 1-54 所示。

　　（2）图 1-53 所示的合金 II 为共晶成分的合金，其结晶过程在共晶转变时已介绍，具体过程如图 1-55 所示。

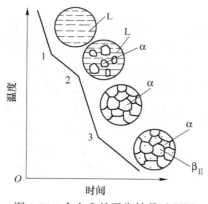

图 1-54　合金 I 的平衡结晶过程图

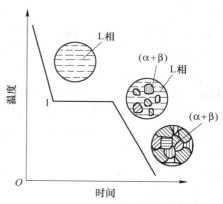

图 1-55　合金 II 的平衡结晶过程

　　（3）在 M 点、E 点之间的合金为亚共晶合金。先以合金 III 为例，介绍亚共晶合金的结晶过程。亚共晶合金的结晶过程如图 1-56 所示。液态合金冷却到 1 点温度开始结晶出 α，在 1 点至 2 点温度之间，随温度的降低，结晶出的 α 逐渐增多，剩余的液相逐渐减少，同时已结晶出的 α 相的成分沿 AM 线变化，剩余液相的成分沿 AE 线变化。冷却到 2 点温度时，剩余液相成分达到 E 点（即共晶成分）并发生共晶转变，得到共晶体(α+β)，先结晶出的 α 相达到 M 点成分。随着温度的继续降低，先结晶出的 α 相及共晶体（α+β）中的 α 相和 β 相都会因溶解度的降低而以 β_{II} 和 α_{II} 的形式析出多余的溶质。由于共晶体中的析出相与共晶体混合体在一起，难以区分，故常将其忽略。合金冷却到室温的组织为 $\alpha+\beta_{II}+(\alpha+\beta)$，具体过程如图 1-56 所示。

（4）在 E、N 点之间的合金为过共晶合金。先以合金Ⅳ为例，介绍过共晶合金的结晶过程。过共晶合金的结晶过程如图 1-57 所示。过共晶合金结晶过程的分析方法和步骤与上述亚共晶合金类似，过共晶合金结晶室温组织为 β+α$_{Ⅱ}$+(α+β)。

（5）成分在 N 点以右的合金可参照合金Ⅰ的结晶过程进行分析，其室温组织为 β+α$_{Ⅱ}$。

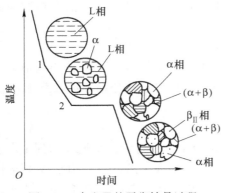 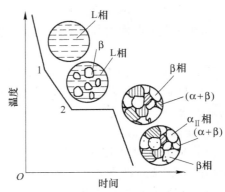

图 1-56　合金Ⅲ的平衡结晶过程　　　　　图 1-57　合金Ⅳ的平衡结晶过程

属于这一相图的合金，一般以共晶点 E 为准分为三类：E 点成分的合金为共晶合金，成分位于 E 点左边的合金为亚共晶合金，成分位于 E 点右边的合金为过共晶合金。MEN 线为共晶线。

在具有共晶转变的合金结晶过程中，如果先结晶的晶体密度与其余的液体密度相差较大，则这些先结晶出来的晶体就会产生上浮或下沉，使最后凝固的合金上、下的成分出现不同，这种现象称为密度偏析。在亚共晶和过共晶合金的结晶过程中，如果先共晶相和剩余液相的密度相差较大，则会出现密度偏析。密度偏析不能用热处理的方式进行消除或减轻，只能通过控制结晶成分或在凝固时采用加大冷却速度或进行搅拌的方法进行控制。

与共晶反应类似的是包晶反应。包晶反应是首先从液相中形成一种固相，然后这种固相与包围它的液相作用，形成一种新的固相的反应。例如铜锡合金、铜锌合金等合金系在结晶时都会发生包晶反应。但由于在铁碳合金相图中体现较少，在这里不做具体介绍。

1.4.2.4　共析相图

共析转变是指在较高温度下，经过液相结晶得到的单相固溶体在冷却到一定温度时，又发生析出两个成分、结构与母相完全不同的新的固相的过程。与共晶转变类似，共析反应也是一个恒温转变过程，也具有与共晶点和共晶线相似的共析点和共析线。而与共晶转变相比，由于共析转变的母相是固相而不是液相，所以原子的扩散比共晶转变中更加困难，因此共析转变需要更大的过冷度，这样所形成的共析体比共晶体更为细密，弥散程度也更高，共析转变引起内应力较大。共析相图是表示共析转变的相图。如图 1-58 所示。

图中 C 点成分的合金自液态冷却，并通过匀晶结晶过程得到单一的固溶体 γ 相，继续冷却到 C 点温度又发生了共析转变，即由 γ 相中同时析出两个成分与结构均与原固相不同的新相 α 和 β 的混合物，这种混合物称为共析体，可表示为 (α+β)，共析转变可以表示为

$$\gamma_C \longrightarrow (\alpha_D + \beta_E)$$

与共晶相图类似，C 点成分为共析成分，DC
之间的成分为亚共析成分，CE 点之间的成分为
过共析成分。发生共析转变的温度为共析温度，
C 点为共析点。DCE 线称为共析线。

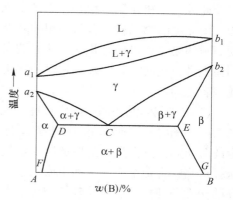

图 1-58　共析转变相图

1.4.2.5　二元合金相图与合金性能的关系

A　二元合金相图与力学性能的关系

根据二元合金相图可知，合金的组织是由合
金的成分决定的，而合金的组织又决定了合金的
性能，因此合金的性能与相图必然具有一定关
系。图 1-59 所示为二元共晶相图和二元匀晶相
图与合金力学性能中强度、硬度之间的关系。图
1-59（a）所示为二元共晶相图与强度、硬度的关系，图 1-59（b）所示为二元匀晶相图
与强度、硬度的关系，图 1-59（c）所示力学性能与状态图之间的关系，实际上是上述两
种情况的综合。

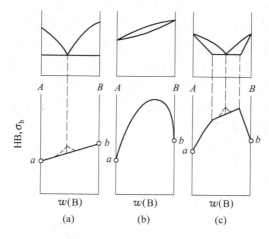

图 1-59　二元共晶相图和二元匀晶相图与强度、硬度的关系
（a）二元共晶相图；（b）二元匀晶相图；（c）力学性能与状态图的关系

（1）二元共晶或共析相图与力学性能的关系。如图 1-59 所示，当合金形成共晶组织
或者共析组织这样的两相机械混合物时，合金的强度和硬度大约是两种组织性能的平均
值，即性能与成分呈直线关系。但合金的性能并不仅取决于合金的成分，也取决于合金组
成相的形状和组织的细密程度。例如铁碳合金中的共析体（珠光体），它是一种固溶体
（铁素体）与一种具有复杂晶格结构的金属化合物（渗碳体）所组成的机械混合物。当作
为强化相的渗碳体呈粒状分布时比呈片层状分布具有更高的韧性和综合力学性能。组织如
果越细密，合金的强度、硬度以及电阻率等性能的提高越大。

这里必须指出，当合金为晶粒较粗且均匀分布的两相时，性能才符合直线关系；如果
形成细小的共晶组织，即是片间距离越小或层片越细时，合金的强度、硬度就越高，如图
1-59（a）中虚线所示。

此外，一相在另一相基体上的分布状况，也显著影响机械混合物的强度和塑性。例如，硬而脆的第二相若在第一相的晶界呈网状分布时，合金脆性较大，强度显著下降；当硬而脆的第二相以颗粒状均匀地分散在基体金属上时，则其塑性较前者大为增加，强度也明显上升；当硬而脆的第二相以针状或片层状分布在基体上时，强度、塑性和韧性介于上述两者之间。

（2）二元匀晶相图与力学性能的关系。如图 1-59（b）所示，当合金形成单相固溶体的匀晶相图时，溶质原子促使溶剂基体晶格产生畸变，提高了合金的强度和硬度。对于一定的溶质和溶剂而言，溶质的溶入量越多，合金的强度、硬度提高的幅度越大。显然通过选择适当的合金组成元素和组成关系，可以获得比纯金属高得多的强度和硬度，并保持较高的塑性和韧性，也就是较好的综合力学性能。

而图 1-59（c）所示力学性能状态之间的关系，实际是上述两种情况的综合。

B　二元合金相图与工艺性能的关系

（1）二元合金相图与铸造性能的关系。合金的铸造性能主要表现在流动性、偏析、缩孔等方面，这主要取决于液相线与固相线之间距离。固溶体合金的成分与流动性的关系如图 1-60 所示。

固相线与液相线的距离越大，在结晶过程中树枝状晶体越发达，越阻碍液体流动，因此流动性越差。此外，结晶范围大的固溶体合金，由于结晶时析出的固相与液相的浓度差阻碍液体流动，流动性也会越差。此外，结晶范围大的固溶体合金，结晶时析出的固相与液相的浓度差也大，在快冷时，由于不能进行充分扩散，因此，偏析也严重。

固溶体合金的成分与缩孔的关系如图 1-61 所示。结晶温度范围大时，树枝状晶体发达，各枝晶所包围的空间较多，所以容易形成较多的分散缩孔；结晶范围小时，枝晶不发达，金属液易补充收缩而使缩孔集中。

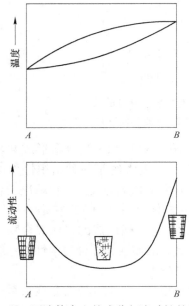

图 1-60　固溶体合金的成分与流动性的关系

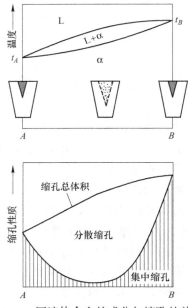

图 1-61　固溶体合金的成分与缩孔的关系

共晶合金相图与铸造性能的关系，如图 1-62 所示。在恒温下结晶的合金，具有最好的流动性，分散缩孔越少，越容易铸成致密件。共晶点两侧的合金，由于树枝晶发达，流动性逐渐变差，结晶间隔越大，流动性越差，易形成较多的分散缩孔。所以偏离共晶点成分越远，铸造效果越不理想。当然，合金的流动性还决定于合金的熔点。共晶点在整个共晶合金成分中熔点最低，所以流动性最好，铸件性能最出色。

（2）二元合金相图与压力加工性能的关系。完全由固溶体组成的合金，因为保持其单相组织，在不出现严重偏析的情况下，各部分的变形特征是基本相同的，所以具有良好塑性，压力加工性能良好，可以进行锻、轧、拉拔、冲压等。所以在进行压力加工时一般都采用某些工艺，使材料形成单相组织然后进行。例如对于具有共析

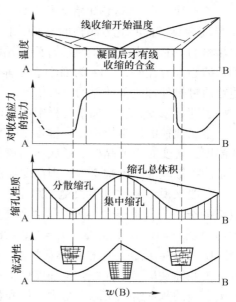

图 1-62　共晶合金成分与铸造性能的关系

成分的钢进行轧制时都是通过加热，使钢处于单相的奥氏体状态。而由两相机械混合物组成的合金，由于是混合物，各相的变形能力不同，造成一相阻碍另一相的变形，使塑性变形阻力增加，其压力加工性能不如单相固溶体。因而共晶体的压力加工性最差。例如对接近共晶成分的铸铁在不经过特殊处理的情况下，一般不能采用压力加工工艺。

1.4.3　铁碳合金相图

钢和铸铁是工业生产中应用最为广泛的金属材料。钢铁材料主要是由铁和碳两种元素组成，故称为铁碳合金。不同成分的铁碳合金在不同温度下具有不同的组织，因此表现出不同的性能。表示铁碳合金成分、温度和组织三者之间关系的相图称为铁碳合金相图。在铁碳合金中，铁和碳可以形成 Fe_3C、Fe_2C、FeC 等各种化合物。所以整个铁碳合金相图应由 Fe-Fe_3C、Fe_3C-Fe_2C、Fe_2C-FeC 等多个二元合金相图组成。但由于实际使用的铁碳合金的含碳量基本在 5%（质量分数）以下，所以把含碳量为 6.69%（质量分数）的 Fe_3C 作为一个基本组元。因此讨论的铁碳合金相图实际上是 Fe-Fe_3C 相图。

1.4.3.1　铁碳合金基本相与组织

A　纯铁及其同素异构转变

大多数金属在结晶终了之后以及继续冷却过程中，其晶体结构不再发生变化，但也有些金属，如 Fe、Co 等，在结晶之后继续冷却时，还会出现晶体结构变化，从一种晶格转变为另一种晶格。金属在固态下随着温度的改变由一种晶格转变为另一种晶格的变化称为同素异构（晶）转变。纯铁的同素异构转变可概括如下：

$$（液态）Fe \xrightleftharpoons{1538℃} \delta - Fe \xrightleftharpoons{1394℃} \gamma - Fe \xrightleftharpoons{912℃} \alpha - Fe$$

液态纯铁在 1538℃ 开始结晶出具有体心立方晶格的 δ-Fe；继续缓冷却到 1394℃，δ-Fe 转变为具有面心立方晶格的 γ-Fe；再冷却到 912℃，又由 γ-Fe 开始转变为具有体心立方晶格的 α-Fe；如果再继续冷却到室温时，α-Fe 的晶格类型不再发生变化。α-Fe 和 δ-Fe 都是体心立方晶格，γ-Fe 为面心立方晶格。纯铁具有同素异构转变的特征，是钢铁材料能够通过热处理改善性能的重要依据。纯铁在发生同素异构转变时，由于晶格结构变化，体积也随之改变，这是加工过程中产生内应力的主要原因。

金属纯铁的同素异构转变过程是一个重结晶过程，遵循结晶的一般规律：有一定的转变温度，转变时需要晶核的形成和晶核长大来完成。但是，这种转变时在固态下发生的，原子的扩散较液态困难得多，因而比液态境界需要更大的过冷度。

一般来说，纯铁也不很纯，总是含有一些杂质。工业纯铁含有 0.1%～2%（质量分数）的杂质，含量很低，所以强度和硬度都很低，在工程上很少使用，其力学性能指标大约为 $\sigma_{0.2} = 100 \sim 170\text{MPa}$，$\sigma_b = 180 \sim 280\text{MPa}$，硬度 50～80HBS。

B　Fe-Fe₃C 合金的相结构及其性能

工业纯铁虽然塑性好，但强度低，所以很少用它制造机械零件，常用的是铁碳合金。铁碳合金的基本组织实际上是固溶体和金属化合物两种基本相以不同的数量、大小和形状互相搭配构成的。不同含碳量的铁碳合金，在平衡冷却至固态时基本组织包括铁素体、奥氏体、渗碳体、珠光体、莱氏体 5 种。

（1）铁素体（F）。碳溶解在 α-Fe 中形成的固溶体称为铁素体，以 F 表示。它存在于 912℃以下，具有体心立方晶格。铁素体是间隙固溶体，溶解碳的能力很低，在室温下仅能溶解约 0.0008%（质量分数）的碳；当温度达到 727℃ 时，含碳量为最大，达 0.0218%（质量分数）。实际上，碳是以原子的形式存在于 α-Fe 中的错位、空位，晶界等缺陷处。铁素体的组织和性能与纯铁没有明显的区别，它的强度和硬度低而塑性和韧性好。图 1-63 所示为铁素体的显微组织。

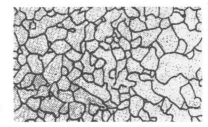

图 1-63　铁素体的显微组织

（2）奥氏体（A）。碳溶解在 γ-Fe 铁中形成的固溶体称为奥氏体，以 A 表示。奥氏体具有面心立方晶格，其间隙较大，所以 γ-Fe 溶碳能力较 α-Fe 大，在 727℃ 时为 0.77%（碳的质量分数），随着温度的升高，溶碳量不断增加，到 1148℃ 时其溶碳量最大为 2.11%（质量分数）。在没有其他合金元素作用的情况下，铁碳合金中的奥氏体，只有在 727℃ 以上才存在。

奥氏体的力学性能与其溶碳量及晶粒度大小有关。一般情况下，奥氏体的硬度为 170～220HBS 左右，延伸率为 40%～50%，具有良好的塑性变形能力和低的变形抗力，是绝大多数钢种在高温进行压力加工时需要的组织，也是钢和生铁在进行某些热处理时所需要的晶体相。除某些高合金钢外，一般钢材在正常室温下是不会得到奥氏体的。图 1-64 所示为奥氏体的显微组织。

图 1-64　奥氏体显微组织

（3）渗碳体（Fe₃C）。渗碳体是铁与碳形成的化合物，以其分子式 Fe₃C 表示。其含碳量为 6.69%（质量分数），熔点约为 1227℃。当含碳量超过铁素体或奥氏体的最大溶解度时，多余的碳即从上述固溶体中析出并与铁形成渗碳体。如果将碳在铁素体里的溶解度忽略的话，则每 1% 的碳能形成 15% 的渗碳体。

渗碳体是一种晶体结构较为复杂的间隙化合物。它的性能特点是硬而脆，硬度为 800HV，熔点高，塑性和韧性几乎为零，不能单独使用。

渗碳体在铁碳合金中是一种主要的强化相，其数量、形状与分布情况对铁碳合金的性能都有很大影响。

（4）珠光体（P）。珠光体是铁素体和渗碳体两个相组成的机械混合物，其含碳量为 0.77%（质量分数），以 P 表示。利用高倍显微镜观察时，能清楚看到铁素体和渗碳体间隔分布、交错排列的片状组织。由于珠光体是由强度和硬度低，塑性和韧性好的铁素体与硬而脆的渗碳体所组成的两相混合组织，所以它的性能介于上述两者之间，缓冷时硬度为 180~220HBS。图 1-65 所示为珠光体的显微组织。

（5）莱氏体（Ld）。含碳量为 4.3%（质量分数）的液态铁碳合金，冷却到 1148℃ 时，可以同时结晶出奥氏体和渗碳体的共晶体。该共晶体称为高温莱氏体。以 Ld 表示。在温度低于 727℃ 时，组织发生转变，形成渗碳体和铁素体组成的机械混合物。该共晶体称为低温莱氏体。以 Ld′ 表示。莱氏体中存在着大量的渗碳体，性能硬又脆，是白口铸铁的基本组织。图 1-66 所示为低温莱氏体的显微组织。

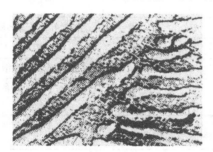
图 1-65　珠光体显微组织

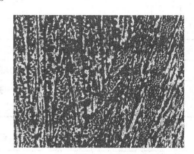
图 1-66　低温莱氏体的显微组织

1.4.3.2　铁碳合金相图分析

图 1-67 所示为简化的铁碳合金相图。状态图的纵坐标表示温度，横坐标表示碳的质量分数。相图中各主要特性点的温度、成分及物理意义见表 1-7，各主要特性线及物理意义见表 1-8。

表 1-8 中的特性线把铁碳合金相图分为 9 个相区，其中包括 4 个单相区和 5 个双相区。各相区组成如图 1-67 所示。

A　铁碳合金主要转变

铁碳合金相图包含以下三个主要转变：

（1）共晶转变。共晶转变发生于 1148℃，其转变式为 $L_C \rightarrow A_E + Fe_3C$。铁碳合金共晶转变的产物为奥氏体与渗碳体组成的共晶体（A+Fe₃C），即高温莱氏体。在继续降温过程中，莱氏体还会进行变化，形成低温莱氏体。凡 $w(C) > 2.11\%$ 的铁碳合金冷却到

1148℃时，都会发生共晶转变。

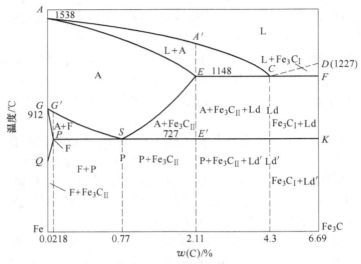

图 1-67　简化的铁碳合金相图

表 1-7　Fe-Fe₃C 相图主要特性点的温度、成分及物理意义

符号	温度 /℃	$w(C)/\%$	物理意义	符号	温度 /℃	$w(C)/\%$	物理意义
A	1538	0	纯铁的熔点	G	912	0	同素异构转变温度
C	1148	4.3	共晶点	S	727	0.77	共析点
D	1227	6.69	渗碳体的熔点	P	727	0.0218	C 在 α 铁中的最大溶解度
E	1148	2.11	C 在 γ 铁中的最大溶解度	Q	室温	0.0008	室温下 C 在 α 铁中的最大溶解度

表 1-8　Fe-Fe₃C 相图中的主要特性线的物理意义

特性线	特性线的物理意义	特性线	特性线的物理意义
ACD	液相线	ES	奥氏体的溶解度曲线
$AECF$	固相线	PQ	铁素体的溶解度曲线
ECF	共晶线	GS	奥氏体中析出铁素体开始开始温度线
PSK	共析线	GP	奥氏体中析出铁素体开始终了温度线

（2）共析转变。共析转变发生在 727℃，其转变式为 $A_S \rightarrow F_P + Fe_3C$。铁碳合金共析转变的产物为铁素体与渗碳体组成的共析体（F+Fe₃C），即珠光体。凡 $w(C)>0.0218\%$ 的铁碳合金冷却到 727℃时，奥氏体都会发生共析转变。

（3）渗碳体的析出。随温度的变化，奥氏体与铁素体的溶碳量都会随着 ES 线和 PQ 线变化。凡是 $w(C)>2.11\%$ 的铁碳合金自 1148℃冷却到的 727℃过程中，都会从奥氏体中析出渗碳体，通常称为二次渗碳体（Fe₃C_II）。凡是 $w(C)=0.0008\% \sim 0.0218\%$ 的铁碳合金自 727℃冷却到室温的过程中，都会从铁素体中析出渗碳体，通常称为三次渗碳体（Fe₃C_III）。但由于三次渗碳体的数量极少，所以通常忽略不计。

B　典型铁碳合金的结晶过程

根据 Fe-Fe$_3$C 相图的结构，通常把铁碳合金分为工业纯铁（$w(C)<0.0218\%$）、钢（$w(C)=0.0218\%\sim2.11\%$）和白口铸铁（$w(C)>2.11\%$）三类。在钢中把 $w(C)=0.77\%$ 的称为共析钢，把 $w(C)<0.77\%$ 的称为亚共析钢，把 $w(C)>0.77\%$ 的称为过共析钢。在白口铸铁中，把 $w(C)=4.3\%$ 的称为共晶白口铸铁，把 $w(C)<4.3\%$ 的称为亚共晶白口铸铁；把 $w(C)>4.3\%$ 称为过共晶白口铸铁。下面以图 1-68 所示的几种典型的铁碳合金为例讨论其结晶过程及室温组织。

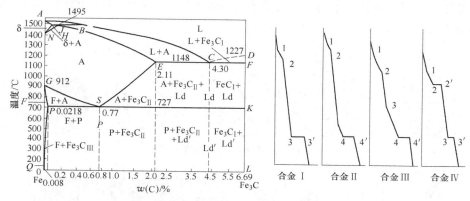

图 1-68　典型的铁碳合金结晶过程及室温组织

（1）共析钢。共析钢（图 1-68 中的合金 I）自高温液态冷却到 1 点开始结晶出奥氏体，到 2 点全部结晶为奥氏体。此时奥氏体为合金 I 的成分，当奥氏体冷却至 3 点时发生共析转变，形成完全的珠光体组织并保留到室温。珠光体是铁素体和渗碳体组成的片状共析体，其中铁素体的体积约占 88%，渗碳体的体积约占 12%，呈层片状分布。共析钢冷却时的组织转变如图 1-69 所示，其显微组织如图 1-70 所示。

$$ L \xrightarrow{1} L+A \xrightarrow{2} A \xrightarrow{3} P(F+Fe_3C) $$

图 1-69　共析钢组织转变示意图

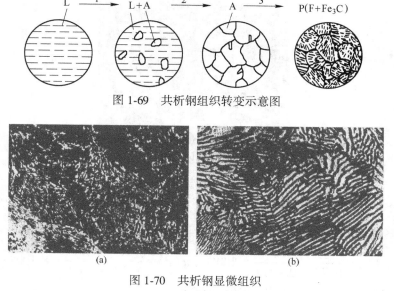

图 1-70　共析钢显微组织

(a) 500×；(b) 800×

　　共析钢的组织组成物为 100% 珠光体, 其相组成物是铁素体和渗碳体, 相对含量用杠杆定律计算得:

$$w(\mathrm{F}) = \frac{6.69 - 0.77}{6.69 - 0.0218} \times 100\% = 88.8\%, \quad w(\mathrm{Fe_3C}) = \frac{0.77 - 0.0218}{6.69 - 0.0218} \times 100\% = 11.2\%$$

　　(2) 亚共析钢。亚共析钢 (图 1-68 中的合金 Ⅱ) 自高温液态冷却至 3 点前与共析钢相同, 得到单相的奥氏体。奥氏体冷却到 3 点开始析出铁素体, 同时由于铁素体的不断析出使奥氏体的成分沿 *GS* 线变化, 向 *S* 点靠近。冷却到 4 点, 剩余的奥氏体发生共析转变, 形成珠光体。室温下亚共析钢的组织为铁素体和珠光体。亚共析钢冷却时的组织转变过程如图 1-71 所示, 其显微组织如图 1-72 所示。

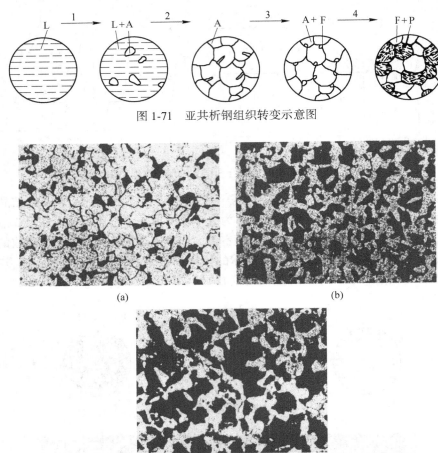

图 1-71　亚共析钢组织转变示意图

图 1-72　亚共析钢显微组织

(a) $w(\mathrm{C}) = 0.20\%$ (200×); (b) $w(\mathrm{C}) = 0.40\%$ (250×); (c) $w(\mathrm{C}) = 0.60\%$ (250×)

　　亚共析钢的相对量也可用杠杆定律计算:

$$w(\mathrm{F}) = \frac{0.77 - x}{0.77 - 0.0218} \times 100\%, \quad w(\mathrm{P}) = \frac{x - 0.0218}{0.77 - 0.0218} \times 100\%$$

式中, x 为铁碳合金中的亚共析钢的 $w(\mathrm{C})$。

（3）过共析钢。过共析钢（图1-68中的合金Ⅲ）自高温液态冷却至3点前与共析钢相同，奥氏体冷却到3点开始析出二次渗碳体，同时由于二次渗碳体的不断析出使奥氏体的成分沿 ES 线变化，向 S 点靠近。冷却到4点，剩余的奥氏体发生共析转变，形成珠光体。室温下过共析钢的组织为二次渗碳体和珠光体。过共析钢冷却时的组织转变过程如图1-73所示，其显微组织如图1-74所示。

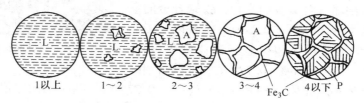

图 1-73 过共析钢组织转变示意图得到单相的奥氏体

（4）亚共晶铸铁。亚共晶铸铁（图1-68中的合金Ⅳ）自高温液态冷却至1点时开始结晶出奥氏体。在1点到2点之间冷却时，随着结晶出的奥氏体不断增加，剩余液相L的成分沿 AC 线变化而向 C 点（共晶点）靠近。冷却到2点时，剩余的液相发生共晶转变，形成高温莱氏体。继续冷却时，先结晶的奥氏体与高温莱氏体中的奥氏体由于溶解度的下降而析出二次渗碳体，成分沿 ES 线变化。到3点时，剩余的奥氏体发生共析转变形成珠光体。此时莱氏体组织由珠光体+二次渗碳体+共晶渗碳体组成，称为低温莱氏体。而亚共晶白口铸铁的室温组织由珠光体+二次渗碳体+低温莱氏体组成。亚共晶铸铁冷却时的组织转变过程如图1-75所示，其室温组织如图1-76所示。

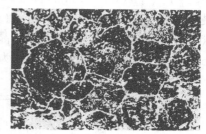

图 1-74 过共析钢显微组织（500×）

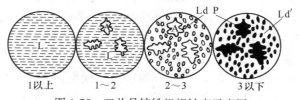

图 1-75 亚共晶铸铁组织转变示意图

共晶铸铁和过共晶铸铁的结晶过程可参照亚共晶铸铁的结晶过程进行分析。共晶铸铁的室温组织为低温莱氏体组织，过共晶铸铁的室温组织由低温莱氏体和一次渗碳体组成，一次渗碳体为从液相中先结晶出来的渗碳体，其显微组织如图1-77所示。

1.4.3.3 铁碳合金相图的应用

A 铁碳合金的成分、组织和性能的关系

铁碳合金相图反映了铁碳合金在不同温度下各相

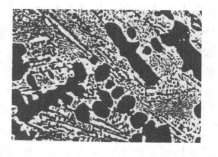

图 1-76 亚共晶铸铁显微组织

之间的平衡关系，比较明确地说明了铁碳合金的相变过程与组织转变规律。表示出铁碳合金的成分、温度与组织、性能之间的关系，因此它可以作为材料的选用和工艺制定的可靠依据。

图1-77　过共晶铸铁显微组织

　　（1）含碳量对铁碳合金组织的影响。根据铁碳合金相图，可以看到随着含碳量的变化，铁碳合金的室温组织也随之发生变化。当$w(C)<0.0218\%$时，工业纯铁的室温组织是铁素体和少量三次渗碳体（F+$Fe_3C_{Ⅲ}$）；当$w(C)=0.0218\%~0.77\%$时，亚共析钢的室温组织是铁素体和珠光体（F+P）；当$w(C)=0.77\%$时，共析钢的室温组织是珠光体（P）；当$w(C)=0.77\%~2.11\%$时，过共析钢的室温组织是珠光体和二次渗碳体（P+$Fe_3C_{Ⅱ}$）；当$w(C)=2.11\%~4.3\%$时，亚共晶铸铁的室温组织是珠光体和二次渗碳体和低温莱氏体（P+$Fe_3C_{Ⅱ}$+Ld′）；当$w(C)=4.3\%$时，共晶铸铁的室温组织是低温莱氏体（Ld′）；当$w(C)>4.3\%$时，过共晶铸铁的室温组织是低温莱氏体和一次渗碳体（Ld′+$Fe_3C_{Ⅰ}$）。$w(C)=6.69\%$时，组织为单相的渗碳体。上述组织的变化如图1-78所示。

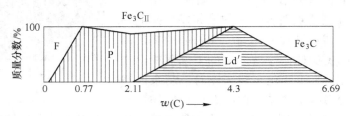

图1-78　含碳量与铁碳合金组织变化的关系

　　由图1-78可见，当含碳量增大时，组织中的渗碳体数量增多，但不仅是数量发生变化，而且其形态也在发生变化。由三次渗碳体的点状结构到珠光体的片层状结构，再到二次渗碳体的网状结构，最后到一次渗碳体的块状结构。渗碳体的数量、分布及形态是影响铁碳合金力学性能的主要因素之一。

　　（2）含碳量对铁碳合金力学性能的影响。铁碳合金的力学性能与含碳量的关系如图1-79所示。当$w(C)<0.90\%$时，随着含碳量的增加，碳钢的强度、硬度呈直线上升，而塑性、韧性不断下降。这是因为随着含碳量的增加，组织中作为强化相的渗碳体的数量不断增加，而引起强度、硬度的上升，塑性、韧性的下降。当$w(C)>0.90\%$时，渗碳体将以网状分布于晶界处或以粗大的片状存在于基体上，这不仅使钢的塑性和韧性进一步下降，而且使钢的强度明显下降。所以为了保证工业用钢具有足够的强度和塑性、韧性，一般钢中$w(C)$不超过$1.3\%~1.4\%$。而对于$w(C)>2.11\%$的白口铸铁，由于组织中存在着较多的渗碳体，力学性能硬而脆，并且难以切削加工，所以一般在机械制造工业应用不大。

　　B　铁碳合金相图的应用

　　铁碳合金相图对工业生产具有重要的指导意义，它不仅是合理选用材料的理论基础，而且是制定铸造、压力加工、焊接和热处理等工艺规范的重要依据。

　　（1）在选材方面的应用。铁碳合金相图提供了合金的相与组织随成分变化的规律，

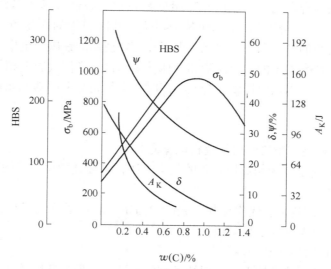

图 1-79　含碳量与铁碳合金力学性能关系

进而可以通过相与组织的变化判断其性能。这就便于根据制造产品的力学性能要求选择合适的材料。如果需要材料具有较高的塑性和韧性，应选择低碳钢（$w(C)<0.25\%$）；如果需要材料的强度、塑性和韧性都较好，应选择中碳钢（$w(C)=0.25\sim0.55\%$）；如果需要材料具有较高的硬度和耐磨性，应选择高碳钢（$w(C)>0.55\%$）。其中低碳钢一般应用于建筑结构和型材用钢；中碳钢一般应用于机械零部件的制造；高碳钢一般应用于工具和耐磨用钢。白口铸铁由于其耐磨性好，铸造性能优良，适用于制造耐磨，但不受冲击且形状复杂的铸件。

（2）在制定工艺方面的应用。

1）在铸造工艺方面的应用。根据铁碳合金相图，可以确定比较合适的浇注温度。由相图可知，共晶成分合金的凝固温度间隔最小，所以流动性最好，缩孔及疏松产生可能性较低，可以得到比较致密的铸件。并且共晶成分合金的熔点最低，所以可以使用温度要求较低的简易加热设备，因此在铸造生产中，接近共晶成分的铸铁被广泛应用。

2）在压力加工方面的应用。钢在室温时的组织为两相混合物，因而其塑性较差，只有将其加热到单相奥氏体状态，才能有较好的塑性，因此钢材的热加工温度应选在单相奥氏体组织的温度范围内进行。其选择的原则是热加工开始温度应控制在固相线以下 $200\sim300℃$ 范围内，温度不易太高，以免钢材氧化严重甚至产生晶界熔化；而热加工终了温度不能过低，以免钢材塑性下降而产生裂纹。

3）在焊接工艺方面的应用。焊接时，焊缝到母材各区域的受热温度是不同的。由铁碳合金相图可知，由于热影响区加热温度不同，则该区的组织及性能必然有所不同，在随后的冷却过程中得到的组织和性能也不尽相同。所以焊接之后都需要用一定的热处理方法进行改善。

4）在热处理工艺方面的应用。各种热处理工艺与铁碳合金相图具有密切的联系。热处理中退火、正火和淬火的加热温度都应当参考铁碳合金相图。具体的温度选择原则将在"钢的热处理"一节中介绍。

　　必须说明，铁碳合金相图各相的相变温度是在平衡条件（即极其缓慢的加热或冷却状态）下得到的，所以不能反映实际快速加热或冷却时组织的变化情况。铁碳合金相图也不能反映各种组织的形状和分布状况。由于在通常使用的铁碳合金中，除了含有铁、碳两种元素之外，还含有许多的杂质元素和其他合金元素，它们会影响相图中各点、各线和各区的位置和形状，所以在应用铁碳合金相图时，必须充分考虑其他元素对相图的影响。

【任务实施】

· 实训 1　金相显微镜的使用及金相试样的制备

　　（1）实训目的：掌握金相试样制备的基本方法；掌握金相显微镜的使用方法。

　　（2）原理概述。

　　1）金相显微镜的构造：光学金相显微镜的构造一般包括放大系统、光路系统和机械系统三部分，其中放大系统是显微镜的关键部分。

　　2）使用显微镜时应注意的事项：

　　①操作者的手必须洗净擦干，并保持环境的清洁、并保持环境的清洁、干燥。

　　②用低压钨丝灯泡作光源时，接通电源必须通过变压器，切不可误接在 220V 电源上。

　　③更换物镜、目镜时要格外小心，严防失手落地。

　　④调节物体和物镜前透镜间轴向距离（以下简称聚焦）时，必须首先弄清粗调旋钮转向与载物台升降方向的关系。初学者应该先用粗调旋钮将物镜调至尽量靠近物体，但绝不可接触。然后仔细观察视场内的亮度并同时用粗调旋钮缓慢将物镜向远离物体方向调节。待视场内忽然变得明亮甚至出现映象时，换用微调旋钮调至映象最清晰为止。

　　⑤用油系物镜时，滴油量不宜过多，用完后必须立即用二甲苯洗净、擦干。

　　⑥待观察的试样必须完全吹干，用氢氟酸浸蚀过的试样吹干时间要长些，因氢氟酸对镜片有严重腐蚀作用。

　　3）金相试样制备：随着科学技术的发展，研究金属材料内部组织的手段也在不断增加。然而光学金相显微分析仍然是最基本的方法。

　　光学金相显微分析的第一步是制备试样，将待观察的试样表面磨制成光亮无痕的镜面，然后经过浸蚀才能分析组织形态。如因制备不当，在观察面上出现划痕、凹坑、水迹、变形层或浸蚀过深过浅都会影响正确的分析。因此制备出高质量的试样对组织分析是很重要的。

　　金相试样制备过程一般包括取样、粗磨、细磨、抛光和浸蚀 5 个步骤。

　　①取样。从需要检测的金属材料和零件上截取试样称为"取样"。取样的部位和磨面的选择必须根据分析要求而定。截取方法有多种，对于软材料可以用锯、车、刨等方法；对于硬材料可以用砂轮切片机或线切割机等切割的方法；对于硬而脆的材料可以用锤击的方法。无论用哪种方法都应注意，尽量避免和减轻因塑性变形或受热引起的组织失真现象。试样的尺寸并无统一规定，从便于握持和磨制角度考虑，一般直径或边长为 15 ~ 20mm，高为 12 ~ 18mm 比较适宜。对那些尺寸过小、形状不规则和需要保护边缘的试样，可以采取镶嵌或机械夹持的办法。

　　金相试样的镶嵌，是利用热塑性塑料（如聚氯乙烯），热凝性塑料（如胶木粉）以及冷凝性塑料（如环氧树脂+固化剂）作为填料进行的。前两种属于热镶填料，热镶必须在专用设备—镶嵌机上进行。第三种属于冷镶填料，冷镶方法不需要专用设备，只将适宜尺寸（约 $\phi15\sim20$mm）的钢管、塑料管或纸壳管放在平滑的塑料（或玻璃）板上，试样置于管内待磨面朝下倒入填料，放置一段时间凝固硬化即可。

②粗磨。粗磨的目的主要有以下三点：

修整。有些试样，例如用锤击法敲下来的试样，形状很不规则，必须经过粗磨，修整为规则形状的试样。

磨平。无论用什么方法取样，切口往往不十分平滑，为了将观察面磨平，同时去掉切割时产生的变形层，必须进行粗磨。

倒角。在不影响观察目的的前提下，需将试样上的棱角磨掉，以免划破砂纸和抛光织物。

黑色金属材料的粗磨在砂轮机上进行，具体操作方法是将试样牢牢地捏住，用砂轮的侧面磨制。在试样与砂轮接触的一瞬间，尽量使磨面与砂轮面平行，用力不可过大。由于磨削力的作用往往出现试样磨面的上半部分磨削量偏大，故需人为地进行调整，尽量加大试样下半部分的压力，以求整个磨面均匀受力。另外在磨制过程中，试样必须沿砂轮的径向往复缓慢移动，防止砂轮表面形成凹沟。必须指出的是，磨削过程会使试样表面温度骤然升高，只有不断地将试样浸水冷却，才能防止组织发生变化。

砂轮机转速比较快，一般为 2850r/min，工作者不应站在砂轮的正前方，以防被飞出物击伤。操作时严禁戴手套，以免手被卷入砂轮机。

③细磨。粗磨后的试样，磨面上仍有较粗较深的磨痕，为了消除这些磨痕必须进行细磨。细磨，可分为手工磨和机械磨两种。

手工磨是将砂纸铺在玻璃板上，左手按住砂纸，右手握住试样在砂纸上作单向推磨。金相砂纸由粗到细分许多种，其规格可参考表 1-9。

表 1-9　常用金相砂纸的规格

金相砂纸编号①	01	02	03	04	05	06
粒度序号	M28	M20	M14	M10	M7	M5
砂粒尺寸/μm	28~20	20~14	14~10	10~7	7~5	5~3.5

① 表中为多数厂家所用编号，目前没有统一规格。

用砂轮粗磨后的试样，要依次由 01 号磨至 05 号（或 06 号）。操作时必须注意：加在试样上的力要均匀，使整个磨面都能磨到；在同一张砂纸上磨痕方向要一致，并与前一道砂纸磨痕方向垂直，待前一道砂纸磨痕完全消失时才能换用下一道砂纸；每次更换砂纸时，必须将试样、玻璃板清理干净，以防将粗砂粒带到细砂纸上；磨制时不可用力过大，否则一方面磨痕过深会增加下一道磨制的困难，另一方面因表面变形严重影响组织真实性。砂纸的砂粒变钝磨削作用明显下降时，不宜继续使用，否则砂粒在金属表面产生的滚压会增加表面变形。磨制铜、铝及其合金等软材料时，用力更要轻，可同时在砂纸上滴些煤油，以防脱落砂粒嵌入金属表面。

机械磨目前普遍使用的设备是预磨机。电动机带动铺着水砂纸的圆盘转动，磨制时，将试样沿盘的径向来回移动，用力要均匀，边磨边用水冲。水流既起到冷却试样的作用，又可以借助离心力将脱落砂粒、磨屑等不断地冲到转盘边缘。机械磨的磨削速度比手工磨制快得多，但平整度不够好，表面变形层也比较严重。因此要求较高的或材质较软的试样应该采用手工磨制。

④抛光。抛光的目的是去除细磨后遗留在磨面上的细微磨痕，得到光亮无痕的镜面。抛光的方法有机械抛光、电解抛光和化学抛光三种，其中最常用的是机械抛光。

机械抛光在抛光机上进行，将抛光织物（粗抛常用帆布，精抛常用毛呢）用水浸湿、铺平、绷紧并固定在抛光盘上。启动开关使抛光盘逆时针转动，将适量的抛光液（氧化铝、氧化铬或氧化铁抛光粉加水的悬浮液）滴洒在盘上即可进行抛光，抛光时应注意：试样沿盘的径向往返缓慢移动，同时逆抛光盘转向自转，待抛光快结束时作短时定位轻抛；在抛光过程中，要经常滴加适量的抛光液或清水，以保持抛光盘的湿度，如发现抛光盘过脏或带有粗大颗粒时，必须将其冲刷干净后再继续使用；抛光时间应尽量缩短，不可过长，为满足这一要求可分粗抛和精抛两步进行；抛有色金属（如铜、铝及其合金等）时，最好在抛光盘上涂少许肥皂或滴加适量的肥皂水。

机械抛光与细磨本质上都是借助磨料尖角锐利的刃部，切去试样表面隆起的部分。抛光时，抛光织物纤维带动稀疏分布的极微细的磨料颗粒产生磨削作用，将试样抛光。

目前，人造金刚石研磨膏（最常用的有 W0.5、W1.0、W15、W25、W3.5 五种规格的溶水性研磨膏）代替抛光液，正得到日益广泛的应用。用极少的研磨膏均匀涂在抛光织物上进行抛光，抛光速度快，质量也好。

⑤浸蚀。抛光后的试样在金相显微镜下观察，只能看到光亮的磨面，如果有划痕、水迹或材料中的非金属夹杂物、石墨以及裂纹等也可以看出来，但是要分析金相，组织还必须进行浸蚀。

浸蚀的方法有多种，最常用的是化学浸蚀法，利用浸蚀剂对试样的化学溶解和电化学浸蚀作用将组织显露出来。

纯金属（或单相均匀固溶体）的浸蚀基本上为化学溶解过程。位于晶界处的原子和晶粒内部原子相比，自由能较高，稳定性较差，故易受浸蚀形成凹沟。晶粒内部被浸蚀程度较轻，大体上仍保持原抛光平面。在明场下观察，可以看到一个个晶粒被晶界（黑色网络）隔开。

两相合金的浸蚀与单相合金不同，它主要是一个电化学浸没过程，在相同的浸蚀条件下，具有较高负电位的相（微电池阳极）被迅速溶解凹陷下去；具有较高正电位的相（微电池阴极）在正常电化学作用下不被浸蚀，保持原有的光滑平面。结果产生了两相之间的高度差。

以共析碳钢层状珠光体浸蚀为例，层状珠光体是铁素体与渗碳体相间隔的层状组织浸蚀过程中，因铁素体具有较高的负电位而被溶解，渗碳体因具有较高的正电位而被保护，另外在两相交界处铁素体一侧因被严重浸蚀形成凹沟。这样在显微镜下可以看到渗碳体周围有一黑圈，显示出两相的存在。

多相合金的浸蚀，同样也是一个电化学溶解过程，原理与两相合金相同。但多相合金的组成相比较复杂，用一种浸蚀剂来显示多种相是难以做到的，只有采用选择浸蚀法及薄膜浸蚀法等专门方法才行。

化学浸蚀的方法虽然很简单，但是只有认真对待才能制备出高质量的试样。将抛光后的试样用水冲洗同时用脱脂棉擦净磨面，然后用滤纸吸去磨面上过多的水，吹干后用显微镜检查磨面上是否有道痕、水迹等。同时证明未经过浸蚀的试样是无法分析组织的。经检查后合格的试样可以放在浸蚀剂中，抛光面朝上，不断观察表面颜色的变化，这是浸蚀法。也可以用沾有浸蚀剂的棉花轻轻擦拭抛光面，观察表面颜色的变化，此为擦拭法。待试样表面被浸蚀得略显灰暗时即刻取出，用流动水冲洗后在浸蚀面上滴些酒精，再用滤纸吸去过多的水和酒精，迅速用吹风机吹干，完成整个制备试样的过程。

（3）实训材料及设备：金相显微镜构造与光路图；作为教具的可拆显微镜 1~2 台；练习操作的金相显微镜（至少配备 2 个物镜和 2 个目镜）10~15 台；备有暗场照明装置的金相显微镜 2~3 台；配备测微目镜和物镜测微器的金相显微镜 2~3 台；供观察的金相试样；待磨试样、砂轮机、金相砂纸及玻璃板、抛光机、抛光液、吹风机、金相显微镜、浸蚀剂、酒精、夹子、脱脂棉、吸水纸。

（4）实训步骤：

1）利用挂图、教具讲解金相显微镜的原理、构造、使用与维护。

2）在具体了解了某台显微镜构造和光路的基础上反复练习聚焦，直到熟练掌握。

3）反复改变孔径光阑、视场光阑的大小，加或不加滤光片，观察同一视场映像的清晰程度。

4）将同一试样分别放在明场照明和暗场照明显微镜上进行对比观察，并画出所观察的组织图。

5）借助物镜测微器确定目镜测微器的格值，并按要求对组织进行实地测量。

6）领取待磨试样，用砂轮机粗磨，用金相砂纸细磨，进行机械抛光。

7）对抛光后洗净，吹干的试样进行浸蚀前的检查。

8）将抛光合格的试样置于浸蚀剂中浸蚀。

9）对浸蚀后的试样进行观察，联系化学浸蚀原理对组织形态进行分析。如浸蚀程度过浅，可重新浸蚀；若过深，待重新抛光后才能浸蚀；若变形层严重，反复抛光—浸蚀1~2 次后再观察组织清晰度的变化。

10）在显微镜下选择各种材料的显微组织的典型区域，并根据组织特征，绘出其显微组织示意图。

11）记录所观察的各种材料的牌号或名称、显微组织、放大倍数及侵蚀剂。并将显微组织示意图中组织组成物用箭头标出其名称。

（5）实训结果：填写工作页，总结实训过程。

· 实训 2　铁碳合金平衡组织的显微分析

（1）实训目的：认识铁碳合金平衡组织的特征，初步认识各种铁碳合金在新平衡状态下的显微组织；分析碳钢的含碳量与其平衡组织间的关系；巩固对平衡状态下碳钢的成分、组织、性能之间关系的认识。

（2）实训设备及试样：金相显微镜、铁碳合金的平衡状态金相试样一套。

（3）实训方法及步骤：

1）在显微镜下选择各种材料的显微组织的典型区域，并根据组织特征，绘出其显微组织。

2）记录所观察的各种材料的牌号或名称、显微组织、放大倍数及侵蚀剂。并将显微组织示意图中组织组成物用箭头标出其名称。

3）估算所观察的各亚共析钢显微组织中各组织组成物的相对量。

（4）实训结果：填写工作页，并分析冷变形金属的结晶过程，绘出显微组织示意图。

·**实训 3　碳钢的成分、组织、性能分析**

（1）实训目的：认识铁碳合金平衡组织的特征，初步识别各种铁碳合金在平衡状态下的显微组织；分析不同含碳量的碳钢在平衡状态下组织和性能，从而加深对其成分、组织、性能三者间关系的认识；进一步熟悉金属材料的硬度试验及显微分析方法。

（2）实训设备、用品及试样：金相显微镜、洛氏硬度计、冲击试验机；不同粗细的金相砂纸一套、抛光磨料、侵蚀剂；测量试样尺寸用的游标卡尺；退火状态下低碳钢、试样若干。

（3）实训步骤：

1）认真观察各种材料的显微组织，识别各显微组织的特征。

2）记录所观察的各种材料的名称、显微组织、放大倍数及侵蚀剂。

3）进一步熟悉金属材料的硬度试验及显微分析方法。

（4）实训结果：填写工作页，并分析碳钢的显微组织，绘出显微组织示意图。

·**实训 4　铁碳合金相图讨论**

（1）实训目的：进一步了解铁碳合金相图中各特性点、特性线所代表的含义；加深对典型合金结晶过程的理解，熟悉钢在室温下的平衡组织及其性能特点；进一步理解铁碳合金相图的应用，能够初步将所学理论知识与工程实际问题联系起来。

（2）实训内容：

1）思考在铁碳合金相图中有哪些相、哪些组织，它们各自的性能如何？

2）说明共晶线与共析线的含义，写出共晶转变式和共析转变式。

3）过共析钢在结晶过程中，当温度由 1143℃下降到 727℃时，为何会有二次渗碳体析出？二次渗碳体对过共析钢的性能有什么影响，它和一次渗碳体有何不同，二次渗碳体的数量和什么因素有关？

4）分析工业纯铁和碳的质量分数分别为 0.45%、0.77%、1.2%、3.5%、4.3%、5% 的铁碳合金的结晶过程。

5）现有一块白口铸铁和 4 块碳的质量分数分别为 0.1%、0.45%、0.8%、1.2% 的碳钢，试问用什么方法能迅速地将其区分出来？它们之中，哪一块合金的切削加工性能最好？如果制作锉刀的话，用哪一种合金较为合适？

6）在钢的结晶过程中，都要经历共析转变，形成共析组织（珠光体）。试分析共析转变发生的原因及条件。

（3）实训方法及要求：

1）提前将讨论题目交给学生，讨论前，每人写出发言提纲。

2）讨论开始时，教师先检查学生准备的稿。

3）讨论时，每组先选一人发言，同组其他人可做补充；然后，其他组可提疑问，或提出反驳意见。

4）教师随时掌握讨论进程，及时评价，并做总结讨论后按教师要求写出总结。

5）课后学生再重新整理讨论稿，交上来教师评阅，结合讨论时的表现综合打分。

【小结】

（1）合金相结构包括固溶体和金属化合物两种。

（2）二元合金相图的分类及特点。

1）二元匀晶相图特点：L、S 状态下是无限互溶的；在结晶过程中液相成分沿液相线变化，固相成分沿固相线变化；结晶在一定的温度范围内进行；在实际结晶过程中，容易形成枝晶偏析。

2）二元共晶相图的特点：在 L 状态下是无限互溶的，S 状态下是有限互溶；在共晶点发生了共晶反应；随温度下降，溶解度发生了变化伴随着第二种固态组元的析出。

3）杠杆定律及其应用：杠杆定律表示平衡状态下两平衡相的化学成分与相对质量之间的关系。可用来定量计算两平衡相分别占总合金的质量分数，即各相的相对质量，也可用它来确定组织总各组织组成物的相对质量。

（3）铁碳合金相图特点。铁碳合金相图特征点有共晶点 C、共析点 S，沿左边纵轴按铁的同素异构转变标出 G 点及 A 点，沿右边纵轴标出 D 点等特征点。各相组成物或组织组成物特点可以用如下文字叙述：铁碳相图二四五，二十共晶和共析；铁奥液渗四单相，两单相间是五双；铁碳组织分四七，不同之处在晶析；共晶下面分四区，共析之下成七区。

【习题】

1-4-1　解释下列名词：合金、组元、系、相、固溶体、置换固溶体、间隙固溶体、固溶体的有序化、固溶强化、金属化合物、枝晶偏析、密度偏析、铁素体、奥氏体、渗碳体、珠光体、莱氏体。

1-4-2　试比较置换固溶体和间隙固溶体结构的不同。

1-4-3　说明金属化合物的性能及主要作用。

1-4-4　举例说明二元合金相图绘制的基本过程。

1-4-5　铋和锑在液态和固态时均可以无限互溶，铋熔点是 274℃，锑熔点是 630℃，$w(Bi)=50\%$ 在 520℃ 开始凝固出成分中固相是 $w(Sb)=87\%$，$w(Bi)=80\%$ 在 400℃ 开始凝固成 $w(Sb)=64\%$ 的固相。根据上述条件，要求：

（1）绘制 Bi-Sb 相图，并标出各线和各相区的名称；

（2）从相图上确定 $w(Sb)=40\%$ 的合金开始结晶和终了温度，并求出它在 400℃ 时的平衡温度及其液体和固体质量各是多少。

1-4-6　试比较枝晶偏析和密度偏析形成过程的不同。

1-4-7　说明二元共晶合金组织形态与力学性能的关系。

1-4-8　说明二元共晶合金相图与铸造性能的关系。

1-4-9　为什么共晶成分的铸铁在不经过特殊处理的情况下，一般不能采用压力加工工艺？

1-4-10　对 Cu-Ni 合金什么样的成分硬度最高？硬度最高的合金流动性好不好，为什么？

1-4-11　今有两个形状相同的铜镍合金铸件，一个 $w(Ni)=90\%$，一个 $w(Ni)=50\%$，铸后自然冷却，凝固后哪个铸件的偏析较为严重？

1-4-12　试述固溶强化、加工硬化和沉淀硬化原理，并说明它们的区别。

1-4-13　根据铁碳合金相图填写表 1-10，并说明相组成物和组织组成物的区别。

表 1-10 题 1-4-13 表

材料	纯铁	工业纯铁	亚共析钢	共析钢	过共析钢	亚共晶白口铸铁	共晶白口铸铁	过共晶白口铸铁
碳的质量分数/%								
室温组织								
室温相组分								

1-4-14 退火状态下，比较 45 钢、T8 钢、T12 钢的强度、硬度、塑性、韧性的大小，说明其变化原因。

1-4-15 说明 $w(C)=0.4\%$、$w(C)=0.8\%$、$w(C)=3\%$ 的铁碳合金的具体结晶过程。

1-4-16 说明含碳量对铁碳合金组织及力学性能的影响。

1-4-17 一块低碳钢和一块白口铸铁，形状大小都一样，如何迅速区分开来？

1-4-18 利用杠杆定律计算 $w(C)=0.45\%$ 在 727℃时：（1）相组成物（$F+Fe_3C$）；（2）组织组成物（$F+P$）相对量。

1-4-19 已知 A（熔点 600℃）与 B（熔点 500℃）在液态无限固溶，在 300℃时 A 溶于 B 的最大溶解度为 30%，室温时为 10%，但 B 不溶于 A；在 300℃时 B 的质量分数为 40% 的液态合金发生共晶反应，现要求：（1）绘制 A-B 合金相图；（2）分析 20%A、45%A、80%A 合金的结晶过程，并确定室温下的组织组成物和相组成物的相对量。

1-4-20 画出 $Fe-Fe_3C$ 相图，要求：（1）标出主要点的温度及含碳量；（2）写出共析反应式，写出共晶反应式；（3）画出 $w(C)=0.77\%$、$w(C)=2.11\%$ 的 Fe-C 合金从高温缓冷到室温的冷却转变曲线及室温组织示意图；（4）计算 $w(C)=0.77\%$ 的 Fe-C 合金室温下组织中渗碳体的质量分数；$w(C)=2.11\%$ 的 Fe-C 合金室温下组织中二次渗碳体的质量分数。

1-4-21 某工厂仓库积压了许多碳钢（退火状态），由于钢材混杂，不知道钢的化学成分，现找出其中一根，经金相分析后，发现其组织为珠光体+铁素体，其中铁素体占 80%，此钢材的含碳量大约是多少？

1-4-22 对某退火碳素钢进行金相分析，其组织的相组成物为铁素体+渗碳体（粒状），其中渗碳体占 18%，此碳钢的含碳量大约是多少？

1-4-23 对某退火碳素钢进行金相分析，其组织为珠光体+渗碳体（网状），其中珠光体占 93%，此碳钢的含碳量大约为多少？

1-4-24 根据 $Fe-Fe_3C$ 相图，说明产生下列现象的原因：

（1）$w(C)1.0\%$ 的钢比 $w(C)0.5\%$ 的钢硬度高；

（2）在室温下，$w(C)0.8\%$ 的钢比 $w(C)1.2\%$ 的钢强度高；

（3）在 1100℃，$w(C)0.4\%$ 的钢能进行锻造，$w(C)4.0\%$ 的生铁不能锻造；

（4）绑轧物件一般用铁丝（镀锌低碳钢丝），而起重机吊重物却用钢丝绳（用 60、65、70、75 等钢制成）；

（5）钳工锯 T8、T10、T12 等钢料时比锯 10 钢、20 钢费力，锯条容易磨钝；

（6）钢适宜于通过压力加工成型，而铸铁适宜于通过铸造成型。

情境2 金属材料

任务 2.1 钢的热处理

【任务简介】

· 任务内容

（1）班级学生自由组合为学习小组，各学习小组自行选出组长。

（2）组长召集组员利用课余时间认真预习钢的热处理的有关工作任务。

（3）完成任务工作页资讯、决策、计划部分。

（4）在完成以上任务的基础上根据情况制订实施方案。

（5）通过网络收集有关钢的热处理的资料。

· 任务要求

（1）掌握普通退火中退火、正火、淬火、回火等基本概念。

（2）掌握普通热处理工艺操作过程。

（3）掌握表面热处理的工艺特点及操作过程。

（4）能分析钢热处理工艺的特点。

（5）能利用热处理工艺分析不同碳钢的热处理过程。

（6）能主动学习、查找资料，在完成任务过程中发现问题、分析问题和解决问题。

（7）能与小组成员协商、交流、配合完成本学习任务。

（8）严格遵守实训室安全规范。

· 建议课时

4 课时

【相关知识】

2.1.1 热处理概述

2.1.1.1 热处理的作用

热处理是改善金属材料性能的一种重要加工工艺。它是将钢在固态下加热到预定的温度，保温一定的时间，然后以预定的方式冷却到室温，从而改变钢的组织结构，获得所需的性能。其工艺曲线如图 2-1 所示。

热处理不仅可以改变钢的内部组织结构，改善其工艺性能和使用性能，使材料得到强化，延长零件和刀具的使用寿命，提高产品质量，节约材料和资源，而且还是降低成本的主要措施。

正确的热处理工艺还可以消除钢材经铸造、锻造、焊接等热处理工艺造成的各种缺陷，细化晶粒、消除偏析、降低内应力，使组织和性能更加均匀。

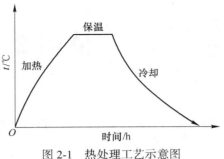

图 2-1　热处理工艺示意图

热处理是一种非常重要的金属加工工艺，所以在机械制造工业中被广泛地应用。例如：汽车、拖拉机工业中需要进行热处理的零件占 70%~80%，机床工业中占 60%~70%，而轴承及各种工模具则达 100%。总之，凡是重要的机械零件，几乎都需要进行热处理后才能使用。

2.1.1.2　热处理的基本类型

根据加热和冷却方式的不同，可把热处理分为以下几类：

（1）普通热处理。包括退火、正火、淬火和回火等。

（2）表面热处理。包括表面淬火和化学热处理。表面淬火包括感应加热表面淬火、火焰加热表面淬火、电接触加热表面淬火等；化学热处理包括渗碳、渗氮、碳氮共渗、多元共渗等。

（3）其他热处理。包括可控气氛热处理、真空热处理、形变热处理等。

根据热处理在零件加工过程中所处工序位置和作用不同，热处理还可分为预备热处理和最终热处理。预备热处理是零件加工过程中的一道中间工序，目的是改善锻、铸毛坯件的组织、消除应力，为后续的机械加工或最终热处理作准备。最终热处理是零件加工的最后一道工序，目的是使经过成形加工后得到最终形状和尺寸的零件达到所需使用性能的要求。

2.1.1.3　钢的临界温度

钢之所以能进行热处理，是由于钢在固态下具有相变，在固态下不发生相变的纯金属或某些合金则不能用热处理的方法强化。

根据 Fe-Fe_3C 相图可知，共析钢在加热和冷却过程中经过 PSK 线（A_1）时，发生珠光体与奥氏体之间的相互转变，亚共析钢经过 GS 线（A_3）时，发生铁素体与奥氏体之间的相互转变，过共析钢经过 ES 线（A_{cm}）时，发生渗碳体与奥氏体之间的相互转变。A_1、A_3、A_{cm} 称为碳素钢加热或冷却过程中组织转变的临界温度。

但是，Fe-Fe_3C 相图上反映出的临界温度 A_1、A_3、A_{cm} 是平衡临界温度，即在非常缓慢加热或冷却条件下钢发生组织转变的温度。

实际上，钢进行热处理时，组织转变并不在平衡临界温度发生，大多数都有不同程度的滞后现象。实际转变温度与平衡临界温度之差称为过热度（加热时）或过冷度（冷却时）。过热度或过冷度随加热或冷却速度的增大而增大。通常把加热时的实际临界温度加注下标"c"，如 A_{c1}、A_{c3}、A_{ccm}，而把冷却时的实际临界温度加注下标"r"，如 A_{r1}、A_{r3}、A_{rcm}。图 2-2 所示为加热和冷却速度均为 0.125℃/min 时对临界温度的影响。

2.1.1.4　钢在加热时的转变

对钢进行热处理时，为了使钢在热处理后获得所需要的组织和性能，大多数热处理工艺都必须先将钢加热至临界温度以上，获得奥氏体组织，然后再以适当方式（或速度）冷却，以获得所需要的组织和性能。通常把钢加热获得奥氏体的转变过程称为奥氏体化过程。

钢在加热时形成的奥氏体的化学成分、均匀性、晶粒大小以及加热后未溶入奥氏体中的碳化物、氮化物等过剩相的数量、分布状况等都对钢的冷却转变过程及转变产物的组织和性能产生重要的影响。因此，研究钢在加热时奥氏体的形成过程具有重要的意义。

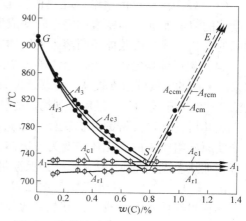

图 2-2　加热和冷却速度均为 0.125℃/min
时对临界温度的影响

A　奥氏体的形成过程

碳钢在室温下的组织基本上是由铁素体和渗碳体两个相构成的。铁素体、渗碳体与奥氏体相比，不仅晶格类型不同，而且含碳量的差别也大。因此，铁素体、渗碳体转变为均匀的奥氏体必须进行晶格改组和铁原子、碳原子的扩散。这是一个结晶过程，遵循形核和核长大的基本规律。

以共析钢为例说明奥氏体的形成过程。共析钢由珠光体到奥氏体的转变包括以下 4 个阶段：奥氏体形核、奥氏体长大、残余渗碳体溶解和奥氏体均匀化。如图 2-3 所示。

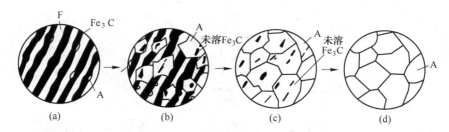

图 2-3　珠光体向奥氏体转变过程示意图
（a）奥氏体形核；（b）奥氏体长大；（c）剩余 Fe_3C 溶解；（d）奥氏体均匀化

（1）奥氏体的形核。当共析钢被加热到 A_1 线以上温度，就会发生珠光体向奥氏体转变。奥氏体晶核首先在铁素体和渗碳体的相界面上形成。这是因为在相界面上碳浓度分布不均匀，位错密度较高、原子排列不规则，处于能量较高的状态，有利于晶格改组，这些都为奥氏体形核在结构和能量上提供了有利条件。

珠光体群边界也可能成为奥氏体的形核部位。在快速加热时，由于过热度大，奥氏体临界晶核半径小，相变所需的浓度起伏小，这时，也可能在铁素体亚晶界上形核。

（2）奥氏体长大。奥氏体晶核形成后，出现了奥氏体与铁素体和奥氏体与渗碳体的相平衡，但与渗碳体接触的奥氏体的碳浓度（含碳高）高于铁素体接触的奥氏体的碳浓度，因此在奥氏体内部发生了碳原子的扩散，使奥氏体同渗碳体和铁素体两边相界面上的碳的平衡浓度遭到破坏，为了维持浓度的平衡关系，渗碳体必须不断溶解而铁素体必须不断转变为奥氏体。这样，奥氏体晶核就分别向两边长大了。

（3）残余渗碳体的溶解。在奥氏体形成过程中，铁素体转变为奥氏体的速度定高于渗碳体的溶解速度，当铁素体完全转变成奥氏体后，仍有部分渗碳体尚未溶解，随着保温时间的延长，残余渗碳体不断溶入奥氏体中，直至完全消失。

（4）奥氏体均匀化。当残余渗碳体全部溶解时，奥氏体中的碳浓度仍是不均匀的。在原来渗碳体的区域碳浓度较高，继续延长保温时间或继续升温，使碳原子继续扩散，奥氏体碳浓度逐渐趋于均匀化。最后得到均匀的单相奥氏体。至此，奥氏体形成过程全部完成。

亚共析钢和过共析钢的奥氏体形成过程与共析钢基本相同，当加热温度超过 A_{c1} 时，只能使原始组织中的珠光体转变为奥氏体，仍保留一部分先共析铁素体或先共析渗碳体。只有当加热温度超过 A_{c3} 或 A_{ccm}，并保温足够的时间，才能获得均匀的单相奥氏体。

　　B　奥氏体晶粒的大小及其影响因素

钢在奥氏体化刚完成时，其晶粒比较细小，如果继续升高加热温度或延长保温时间，奥氏体晶粒会自发长大。而奥氏体晶粒的大小直接影响到冷却后的组织和性能，奥氏体晶粒细小时，其强度、塑性、韧性比较好。反之，则其性能较差。

　　a　奥氏体的晶粒度

晶粒度是表示晶粒大小的一种尺度。奥氏体的晶粒大小可用晶粒平均直径或晶粒级别两种方式表示，生产上常根据标准的晶粒大小级别图，用比较的方法确定晶粒大小的级别，晶粒大小按《金属平均晶粒度测定法》（GB 6394—2017）规定，标准晶粒度分为 10级，如图 2-4 所示，其中 1~4 级为粗晶粒，5~8 级为细晶粒，9 级以上为超细晶粒。此外，为了研究钢在热处理时奥氏体晶粒度的变化，必须了解以下三种不同晶粒度的概念。

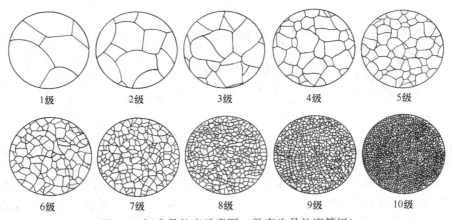

图 2-4　标准晶粒度示意图（数字为晶粒度等级）

（1）起始晶粒度。奥氏体转变刚刚完成，其晶粒边界刚刚相互接触时奥氏体晶粒的大小称为奥氏体起始晶粒度。一般起始晶粒度总是十分细小，均匀的。

（2）实际晶粒度。钢在某一具体的热处理或加热工条件下获得的奥氏体实际晶粒大小称为奥氏体的实际晶粒度。它取决于具体的加热温度和保温时间。实际晶粒度总比起始晶粒度大，实际晶粒度对钢热处理后获得的性能有直接的影响。

（3）本质晶粒度。本质晶粒度是表示钢在一定的条件下奥氏体晶粒长大的倾向性。

凡随着奥氏体化温度升高，奥氏体晶粒迅速长大的称为本质粗晶粒钢。相反，随着奥氏体化温度升高，在 930℃ 以下时，奥氏体晶粒长大速度缓慢的称为本质细晶粒钢。超过 930℃ 以上，本质细晶粒钢的奥氏体晶粒也可能迅速长大，有时其晶粒尺寸甚至会超过本质粗晶粒钢。显示方法包括渗碳法、氧化法、网状铁素体法、网状珠光体法、晶界腐蚀法、真空法、高温金相法等。

b　奥氏体长大及其影响因素

（1）加热温度和保温时间的影响。奥氏体形成后，随着加热温度的升高，晶粒急剧长大，在一定温度下，保温时间越长，则晶粒长大越明显。

（2）加热速度的影响。采用高温快速加热的方法可使奥氏体形核率越高，起始晶粒越细。快速加热，保温时间短，有利于获得细晶粒奥氏体。

（3）钢中成分对奥氏体长大的影响。碳是促进奥氏体晶粒长大的元素。随着奥氏体含碳量的增加，晶粒长大的倾向也越明显，但当碳以未溶碳化物形式存在时，则会阻碍晶粒的长大。

钢中加入能生成稳定碳化物的元素（如铌、钒、钛、锆等）和能生成氧化物及氮化物的元素（如铝），都会不同程度地阻止奥氏体晶粒长大，而锰和磷是促进奥氏体长大的元素。

C　钢的加热工艺相关内容

a　钢加热过程中不同的加热方式

钢的加热工艺通常可以采用 5 种不同的加热方式：

（1）工件随炉升温。这种方法所需的加热时间最长，速率最慢。但是，加热过程中工件表面与中心的温差最小。

（2）工件放入预先已加热到要求温度的炉子中进行加热，简称到温加热。其加热速率快于方式（1），工件表面与心部温差也大于方式（1）。

（3）装炉时炉温高于所要求的温度，装炉后炉温逐渐降至所要求的加热温度，简称超温装料。其加热速率更快些，工件表面与心部温差也更大些。

（4）在炉温始终高于规定的加热温度的情况下加热，简称超温加热。其加热速率最快，但必须严格控制加热时间，以防止工件过热。这种加热方式工件表面与心部温差也最大。

（5）先将工件在某一个中间温度进行预热，然后再放入到要求温度的炉子中加热，简称分段预热。这种加热方式加热时间要比第一种加热方式短，而工件表面与心部温差也不大。

b　加热方式的选用

选用加热方式要根据工件的材料成分、截面的大小、形状的复杂程度来确定。

（1）一般较大的铸件，由于存在铸造应力，宜选用随炉升温方式加热。

（2）大截面工件内部易存在偏析、夹杂物及组织不均等缺陷，内应力也大，宜选用分段预热方式加热。

（3）高碳钢及高合金钢由于导热性较差，所以加热速率不宜过快，生产中常采用一次或二次预热的加热方式。

（4）厚薄相差悬殊及形状复杂的工件，容易产生应力集中而造成开裂，所以也应严格控制加热速率,多数采用分段预热的加热方法。

(5) 对于一般低碳钢及中碳钢工件均可采用较快的速率加热。

c　钢件加热火色与温度的关系

钢件加热火色与温度的关系见表 2-1。

表 2-1　钢件加热火色与温度的关系

火　色	温度/℃	火　色	温度/℃
暗褐色	520~580	橘黄微红色	830~850
暗红色	580~650	淡橘黄色	850~1050
暗樱红色	650~750	黄色	1050~1150
樱红色	750~780	淡黄色	1150~1250
淡樱红色	780~800	黄白色	1250~1300
淡红色	800~830	亮白色	1300~1350

d　肉眼目测炉温

关于用肉眼目测炉温,一般经验如下:

(1) 与热处理生产车间现场的采光情况有关。采光好的现场,光度大,这时肉眼观察炉温显示的颜色就较淡;采光不好,光度小,这时观察炉温,炉温显示的颜色较深。

(2) 与热处理炉设备安置位置有关。热处理设备安置在采光较暗的地方,在用肉眼观察炉温情况时,炉温显示的颜色就较深;热处理炉设备安置在采光较好、光度大的地方,肉眼观察炉温情况时,炉温显示的颜色就较淡。

(3) 与白天或夜间有关。白天光度充足,肉眼观察炉温时,炉温显示的颜色就较淡;而在夜间没有阳光的亮度,在观察炉温时,炉温显示的颜色就较深。

(4) 与加热炉内工件装炉情况、热电偶与工件的距离有关。当热电偶与工件距离较远时,炉温显示就较深;当热电偶与工件距离较近时,炉温显示的颜色就较浅。

(5) 炉温应与工件温度相结合。炉温显示情况和肉眼观察情况相结合,这还不够全面,重要的是工件加热情况,工件是否透热要根据工件有效尺寸来计算保温时间,只有内外温度均匀一致,相变均匀一致才能全面达到加热温度的要求。

2.1.1.5　钢在冷却时的转变

将钢件加热、经保温后,能获得细小、成分均匀的奥氏体,然后再以不同的速度冷却,冷至 A_{r1} 以下时奥氏体发生分解,分解的产物决定于分解转变的温度。转变温度与冷却的方式和速度有关。在热处理工艺中,奥氏体化后的冷却方式通常有两种,即等温冷却和连续冷却。

等温冷却是将已奥氏体化的钢迅速冷却到临界点以下的某一温度进行保温,使其在该温度发生组织转变,这种冷却方式称为等温冷却,如图 2-5 中曲线 1 所示。连续冷却是将已奥氏体化的钢,以某种速度连续冷却,使其组织在临界点以下的不同温度上转变。这种冷却方式称为连续冷却,如图 2-5 中曲线 2 所示。

A　过冷奥氏体的等温转变

过冷奥氏体是指在相变温度 A_1 以下,未发生转变而处于不稳定状态的奥氏体。温度

低于 A_1 的差值称为过冷度。过冷奥氏体处于不稳定状态，总是要自发地转变为稳定的新相。过冷奥氏体等温转变曲线是研究过冷奥氏体等温转变的重要工具，它是通过试验方法测定的。下面以共析钢为例，分析过冷奥氏体等温转变的规律。

a 过冷奥氏体等温转变曲线分析

图 2-6 所示为共析钢过冷奥氏体等温转变曲线。因曲线呈 C 字形，通常又称 C 曲线。根据英语名称缩写，也称 TTT 曲线。

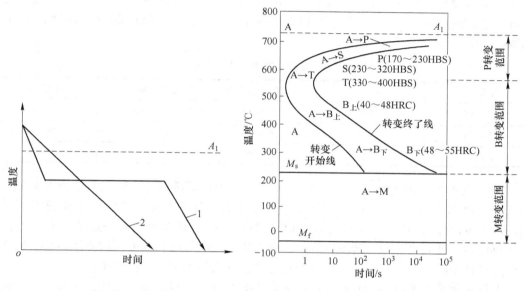

图 2-5 冷却方式示意图
1—等温冷却曲线；2—连续冷却曲线

图 2-6 共析钢过冷奥氏体等温转变图

在 C 曲线中，左边的一条曲线为过冷奥氏体等温转变开始线，右边的一条为等温转变终了线。在转变开始线的左方是过冷奥氏体区，在转变终了线的右方是转变产物区，两条曲线之间是转变区，在 C 曲线下部有两条水平线，一条是马氏体转变开始线（以 M_s 表示），一条是马氏体转变终了线（以 M_f 表示）。由共析钢的 C 曲线可以看出：

（1）在 A_1 温度以上，为奥氏体区处于稳定状态。

（2）在 A_1 温度以下，过冷奥氏体在各个温度下的等温转变并非瞬时就开始，而是经过一段孕育期（以转变开始线与纵坐标之间的距离表示）。孕育期越长，表示过冷奥氏体就越稳定；反之，就越不稳定。孕育期的长短随过冷度的不同而变化，在靠近 A_1 线处，过冷度较小，孕育期较长。随着过冷度增大，孕育期缩短，约在 550℃ 时孕育期最短。此后，孕育期又随过冷度的增大而增长。孕育期最短处，即 C 曲线的"鼻尖"处，过冷奥氏体最不稳定，转变最快。

（3）过冷奥氏体在 A_1 温度以下不同温度范围内，可发生三种不同类型的转变：高温珠光体型转变、中温贝氏体型转变和低温马氏体型转变。

（4）低于 M_s（230℃）时，过冷奥氏体将发生马氏体转变。这种转变没有孕育期，转变速度快，转变量随温度降低而增加，直到 M_f 点才停止转变。

b　过冷奥氏体等温转变的组织和性能

（1）珠光体型转变。当温度在 A_1～550℃温度范围内时，过冷奥氏体的转变产物是珠光体。在转变过程中，铁、碳原子都进行扩散，故珠光体转变是扩散型转变。珠光体转变是以形核和长大方式进行的，在 A_1～550℃温度范围内，奥氏体等温分解为层片状的珠光体组织。珠光体片层间距随过冷度的增大而减小。按其片层间距的大小，高温转变的产物可分为珠光体、索氏体（细珠光体）和托氏体（极细珠光体）三种。实际上这三种组织都是珠光体没有本质的区别，也没有严格的界限，只是因片间距大小不同，而引起性能的差异。它们的表示符号、形成温度和性能见表 2-2。它们的硬度随片层间距的减小而增高。

表 2-2　珠光体型组织的符号及性能

组织名称	符号	形成温度范围/℃	大致片层间距/μm	硬度 HRC
珠光体	P	A_1～680	0.6～0.8	<25
索氏体	S	680～600	0.1～0.3	25～35
托氏体	T	600～550	～0.1	35～40

（2）贝氏体型转变。过冷奥氏体在 550℃～M_s 温度范围内的转变，形成的组织是贝氏体（用字母 B 表示），称贝氏体型转变，这种组织仍是铁素体和渗碳体组成的机械混合物。由于贝氏体的转变温度较低，铁原子扩散困难，而碳原子则有一定的扩散能力，所以，贝氏体转变是半扩散型转变。因此，贝氏体的组织形态和性能与珠光体不同，根据组织形态和转变温度的不同，贝氏体一般可分为上贝氏体和下贝氏体两类。

上贝氏体是在 550～350℃温度范围内形成的，其显微组织呈羽毛状，它是由许多成束的铁素体条和断续分布在条间的细小渗碳体组成的，如图 2-7 所示。

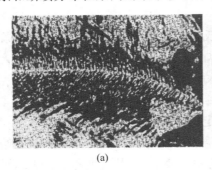　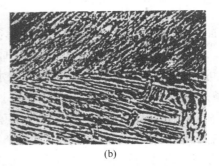

（a）　　　　　　　　　　　　　　（b）

图 2-7　上贝氏体组织的形态
（a）光镜下；（b）电镜下

下贝氏体是在 350℃～M_s 点温度范围内形成的，其显微组织是黑色针叶状，所以它由针叶状铁素体和分布在针叶内的细小渗碳体粒子组成，如图 2-8 所示。

贝氏体的性能主要决定于贝氏体的组织形态，上贝氏体的硬度为 40～45HRC，下贝氏体的硬度为 45～55HRC。二者比较，下贝氏体不仅硬度、强度较高，而且塑性和韧性也较好，具有良好的综合力学性能。因此，在生产中常用等温淬火来获得下贝氏体组织。而上贝氏体虽然硬度较高，但脆性大，生产上很少应用。

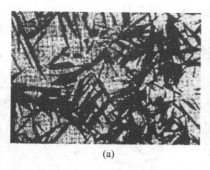 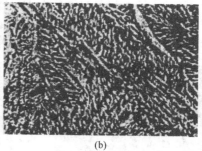

(a) (b)

图 2-8 下贝氏体组织的形态
(a) 光镜下；(b) 电镜下

（3）马氏体型转变。当奥氏体被迅速过冷至马氏体点 M_s 以下时，则发生马氏体转变。与前两种转变不同，马氏体转变是在一定温度范围内（$M_s \sim M_f$ 之间）连续冷却时完成的。马氏体的转变特点在研究连续冷却转变时再进行分析。马氏体转变在低温（M_s 点以下）下进行。由于过冷度很大，奥氏体向马氏体转变时难以进行铁、碳原子的扩散，只发生 γ-Fe 向 α-Fe 的晶格转变。固溶在奥氏体中的碳全部保留在 α-Fe 晶格中，形成碳在 α-Fe 中的过饱和固溶体，称为马氏体，以符号 M 表示。

1）马氏体转变特点。马氏体转变属无扩散型转变，马氏体转变前后的碳浓度没有变化。由于过饱和的碳原子被强制地固溶在体心立方晶格中，所以晶格严重畸变，成为具有一定正方度的体心正方晶格。马氏体含碳量越高，则晶格畸变越严重。α-Fe 的晶格致密度比 γ-Fe 的小，而马氏体是碳在 α-Fe 中的过饱和固溶体，比容更大。因此，当奥氏体向马氏体转变时，体积要增大。含碳量越高，体积增大越多，这是工件淬火时产生淬火内应力、导致工件淬火变形和开裂的主要原因。

马氏体转变速度极快。马氏体随温度的不断降低而增多，一直到 M_f 点为止。马氏体转变一般不能进行到底，总有一部分奥氏体未能转变而残留下来，这部分奥氏体称为残余奥氏体。残余奥氏体的存在有两个原因：一是由于马氏体形成时伴随着体积的膨胀，对尚未转变的奥氏体产生了多向压应力，抑制奥氏体转变；二是因为钢的 M_f 点大多低于室温，在正常淬火冷却条件下，必然存在较多的残余奥氏体。钢中残余奥氏体的数量随 M_f 和 M_s 点的降低而增加。残余奥氏体的存在，不仅降低淬火钢的硬度和耐磨性，而且在工件长期使用过程中，残余奥氏体会继续成为马氏体，使工件尺寸发生变化。因此，生产中对一些高精度工件常采用冷处理的方法，将淬火钢件冷至低于 0℃ 的某一温度，以减少残余奥氏体量。

2）马氏体的组织和性能。马氏体的组织类型主要与奥氏体的含碳量有关，主要有板条状和片状两种。含碳量较低的钢淬火时几乎全部转变为板条状马氏体组织，而含碳量高的钢转变为片状马氏体组织，含碳量介于中间的钢则转变为两种马氏体的混合组织。应该指出，马氏体形态变化没有严格的含碳量界限。图 2-9、图 2-10 是两种马氏体的显微组织。

板条状马氏体显微组织呈相互平行的细板条束状，束与束之间具有较大的位相差。片状马氏体呈针片状，在正常淬火条件下，马氏体针片十分细小，在光学显微镜下不易分辨其形态。板条状马氏体不仅具有较高的强度和硬度,而且具有较好的塑性和韧性。片状马氏体的强度、硬度很高,但塑性和韧性较差。表 2-3 为 $w(C)=0.10\%\sim0.2\%$ 的碳钢淬火形成的板条状马氏体与 $w(C)=0.77\%$ 的碳钢淬火形成的片状马氏体的性能比较。

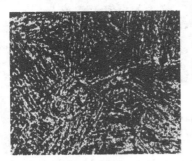

图 2-9　板条状马氏体的形态

图 2-10　片状马氏体的形态

表 2-3　板条状马氏体和片状马氏体的性能比较

淬火钢含碳量 $w(C)/\%$	马氏体形态	σ_b/MPa	σ_s/MPa	HRC	$\delta/\%$	$\psi/\%$	a_{KU}/J·cm^{-2}
0.10~0.25	板条状	1020~1330	820~1330	30~50	9~17	40~65	60~80
0.77	片状	2350	2040	65	≈1	30	10

马氏体的硬度主要决定于含碳量。$w(C)<0.60\%$ 时,随含碳量的增加,马氏体硬度升高,当 $w(C)>0.60\%$ 后,硬度升高不明显。马氏体的塑性和韧性与其含碳量及形态有着密切的关系。低碳板条状马氏体具有高的强韧性,在生产中得到了广泛的应用。

c　影响奥氏体等温转变的因素

C 曲线揭示了过冷奥氏体在不同温度下等温转变的规律,因此,从 C 曲线形状、位置的变化,可反映各种因素对奥氏体等温转变的影响。其主要影响因素有以下三个方面:

(1) 含碳量的影响。在正常加热条件下,亚共析钢的 C 曲线随含碳量的增加向右移,过共析钢的 C 曲线随含碳量的增加向左移,所以,碳钢中以共析钢的过冷奥氏体最为稳定。与共析钢的 C 曲线相比,如图 2-11 所示,在鼻尖温度以上,亚共析钢的 C 曲线多出一条先共析铁素体析出线,过共析钢的 C 曲线多出一条二次渗碳体的析出线。这表明,在发生珠光体转变之前,亚共析钢先析出铁素体,过共析钢先析出渗碳体。

(2) 合金元素的影响。除钴以外,所有溶入奥氏体的合金元素都能使过冷奥氏体的稳定性增加,使 C 曲线右移并使 M_s 点降低。当奥氏体中溶入较多碳化物形成元素(铬、钼、钒、钨、钛等)时,不仅 C 曲线的位置会改变,而且曲线的形状也会改变,C 曲线可以出现两个鼻尖。图 2-12 所示为不同含铬量的合金钢的 C 曲线。

(3) 加热温度和时间的影响。随着奥氏体化的温度提高和保温时间延长,奥氏体成分就越均匀,同时晶粒粗大,晶界面积减少。这样,会降低过冷奥氏体转变的形核率,不利于过冷奥氏体的分解,使其稳定性增大,C 曲线右移。因此,应用 C 曲线时,需要注意其奥氏体化条件的影响。

(4) 应力和塑性变形的影响。在奥氏体状态下承受拉应力将加速奥氏体的等温转变,而加等向压应力则会阻碍这种转变。因此,对奥氏体进行塑性变形也有加速奥氏体转变的作用。

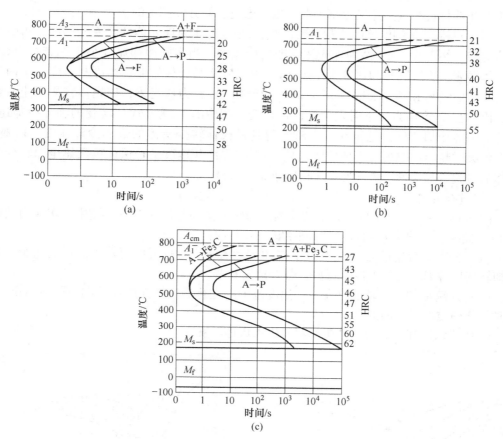

图 2-11　亚共析钢、共析钢及过共析钢的 C 曲线比较

（a）亚共析钢；（b）共析钢；（c）过共析钢

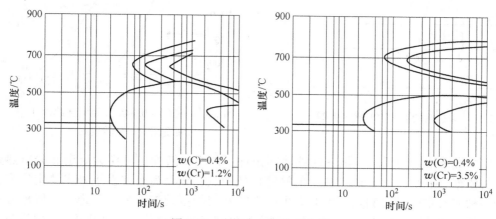

图 2-12　含铬合金钢的 C 曲线

B　过冷奥氏体的连续冷却转变

在实际生产中，过冷奥氏体一般都是在连续冷却过程中进行的。因此，需要应用钢的连续冷却转变曲线（CCT 曲线）了解过冷奥氏体连续冷却转变的规律。这对于确定热处

理工艺和选材具有重要意义。CCT曲线也是通过实验方法测定的。

图2-13是共析钢的连续冷却转变曲线，图中 P_s 线为珠光体的转变开始线，P_f 线为珠光体的转变终了线，KK′线为珠光体转变的中止线。当实际冷却速度小于 V_K 时，只发生珠光体转变；当实际冷却速度大于 V_K 时，则只发生马氏体转变；当冷却速度介于两者之间，冷却曲线与K线相交时，有一部分奥氏体已转变为珠光体，珠光体转变中止，剩余的奥氏体在冷至 M_s 点以下时发生马氏体转变。图中的 V_K 为马氏体转变的临界冷却速度，又称上临界冷却速度，是钢在淬火时为得到马氏体转变所需的最小冷却速度。V_K 越小，钢在淬火时越容易获得马氏体组织。$V_{K'}$ 为下临界冷却速度，是保证奥氏体全部转变为珠光体的最大冷却速度。$V_{K'}$ 越小，则退火所需时间越长。

C 连续冷却转变图与等温冷却转变图的比较和应用

图2-14为 $w(C) = 0.84\%$ 碳钢的连续冷却转变图与等温转变图。图中，实线为共析钢的CCT曲线，虚线为C曲线，两种曲线的不同点有：

（1）同一成分钢的CCT曲线位于C曲线的右下方。这说明要获得同样的组织，连续冷却转变比等温转变的温度要低些，孕育期要长些。

（2）连续冷却时，转变是在一个温度范围内进行的，转变产物的类型可能不止一种，有时是几种类型组织的混合。

（3）连续冷却转变时，共析钢不发生贝氏体转变。

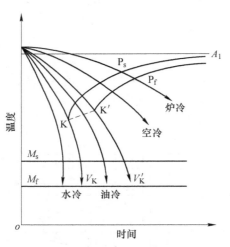

图2-13 共析钢的连续冷却转变曲线

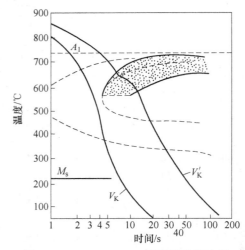

图2-14 $w(C) = 0.84\%$ 碳钢的连续冷却
转变图与等温转变图

CCT曲线准确地反映了钢在连续冷却条件下的组织转变，可作为制定和分析热处理工艺的依据。但是，由于CCT曲线的测定比较困难，至今尚有许多钢种未测定出来，而各种钢种的C曲线都已测定。因此，生产中常利用等温转变图来定性地、近似地分析连续冷却转变的情况，分析的结果可作为制定热处理工艺的参考。由此可见，C曲线与CCT曲线虽有区别，但本质上还是一致的：

（1）用来制定合理的热处理工艺，选择等温热处理和形变热处理的温度与等温时间。

（2）用来分析钢热处理后的组织和性能，以便合理选用钢中。

（3）用来估计钢的淬透性和选择适当的淬火介质。

（4）用来比较各合金元素对钢的淬透层深度和 M_s 点的影响。

2.1.2　钢的退火和正火

退火和正火是生产中应用很广泛的预备热处理工艺。对于一些受力不大、性能要求不高的机器零件，也可以做最终热处理，铸件退火或正火通常就是最终热处理。

退火是将钢加热到适当的温度，保温一定时间，然后缓慢冷却，以获得接近平衡状态组织的热处理工艺。

钢的退火工艺种类很多，根据工艺特点和目的不同，可分为完全退火、不完全退火、等温退火、球化退火、扩散退火、再结晶退火及去应力退火等。各种退火方法的加热温度与 Fe-Fe₃C 相图的关系如图 2-15 所示。正火可以看成是退火的一种特殊形式。

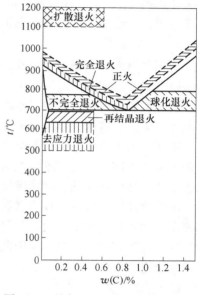

图 2-15　退火、正火加热温度示意图

2.1.2.1　钢的退火

A　完全退火

完全退火是将钢加热到 A_{c3} 温度以上 20 ~ 30℃，保温一定的时间，使组织完全奥氏体化后缓慢冷却，（随炉或埋在砂中、石灰中冷却）至 500℃ 以下，再在空气中冷却，以获得接近平衡组织的热处理工艺。

完全退火的目的是为了细化晶粒、均匀组织、消除内应力和热加工缺陷、降低硬度、改善切削加工性能和冷塑性变形性能，或作为某些重要零件的预备热处理。

在中碳结构钢铸件和锻、轧件中，常见的缺陷组织有魏氏组织、晶粒粗大的过热组织和带状组织等，在焊接工件中焊缝处的组织也不均匀，热影响区具有过热组织和魏氏组织，存在很大的内应力，这些组织使钢的性能变坏。经过完全退火后，组织发生重结晶，使晶粒细化，组织均匀，魏氏组织及带状组织得以消除。

对于锻、轧件，完全退火工序安排在工件热锻、热轧之后，切削加工之前进行；对于焊接件和铸钢件，一般安排在焊接、浇注后（或扩散退火后）进行。

退火保温时间不仅取决于工件热透（即工件心部达到所要求的温度）所需要的时间，而且还取决于组织转变所需要的时间。完全退火保温时间与钢材的化学成分、工件的形状和尺寸、加热设备类型、装炉量以及装炉方式等因素有关。通常加热时间以工件的有效厚度来计算，一般碳素钢或低合金钢工件，当装炉量不大时，在箱式炉中的保温时间可按下式计算：

$$t = KD$$

式中，t 为保温时间，min；D 为工件有效厚度，mm；K 为加热系数，一般 K 取 1.5 ~ 2.0min/mm。

若装炉量过大，则根据情况延长保温时间。对于亚共析钢锻、轧件，一般可用下列经验公式计算保温时间（h）：

$$t = (3 \sim 4) + (0.2 \sim 0.5)Q$$

式中，Q 为装炉量，t。

退火后的冷却速度应缓慢，以保证奥氏体在 A_{r1} 温度以下不大的过冷条件下进行珠光体转变，避免硬度过高。一般碳钢的冷却速度应小于 200℃/h，低合金钢的冷却速度应为 100℃/h，高合金钢的冷却速度更小，一般为 50℃/h。出炉温度在 600℃ 以下。

完全退火主要用于亚共析钢，一般是中碳钢及低、中碳合金结构钢的锻件、铸件及热轧型材，有时也用于它们的焊接构件。完全退火不适用于过共析钢，因为过共析钢完全退火需加热到 A_{cm} 以上，在缓慢冷却时，渗碳体会沿奥氏体晶界析出，呈网状分布，导致材料脆性增大，给最终热处理留下隐患。

B　不完全退火

不完全退火是将钢加热至 $A_{c1} \sim A_{c3}$（亚共析钢）或 $A_{c1} \sim A_{ccm}$（过共析钢）之间，保温后缓慢冷却，以获得接近平衡组织的热处理工艺。

由于加热到两相区温度，组织没有完全奥氏体化，仅使珠光体发生相变重结晶转变为奥氏体，因此，基本上不改变先共析铁素体或渗碳体的形态及分布。

不完全退火应用于大批量生产，晶粒未粗化的中、高碳钢和低合金钢锻、轧件。主要应用于过共析钢。在进行不完全退火时，加热到 $A_{c1} \sim A_{cm}$ 之间，这是保留了一部分未溶二次渗碳体，这些片状的二次渗碳体在长期的保温时间过程中，会自发球化，保温后缓慢冷却，新的渗碳体析出后，使珠光体中的渗碳体球化成球化珠光体。不完全退火的目的是降低硬度，改善切削加工性能，消除内应力。优点是加热温度比完全退火低，消耗热能少，降低工艺成本，提高生产率。因此，对锻造工艺正常的亚共析钢锻件，可采用不完全退火替代完全退火。

C　等温退火

等温退火是将钢件加热到 A_{c3} 或 A_{c1} 以上温度，保温一定时间后，较快地冷却到稍低于 A_{r1} 的某一温度进行等温转变，使奥氏体转变为珠光体后再空冷的工艺方法。

a　加热与保温操作及注意事项

（1）等温退火的加热温度、加热速率以及在加热温度下的保温时间与完全退火一样。

（2）应该注意，大型或形状复杂工件应当比小型或形状简单工件的加热速率慢，含碳量高的应比含碳量低的钢加热速率慢，合金钢比碳钢加热速率慢，只有这样，才能避免加热速率过快带来的组织缺陷。

（3）对所有进行等温退火的钢，不论装炉情况如何，其加热速率都不宜超过每小时 200℃/h。

（4）工件加热到最高温度后，需要保温一个时期，其目的是表面和中心温度达到一致，并使原来的组织结构转变为奥氏体组织。但是保温时间不宜过长，否则不但有引起晶粒长大的可能，还可能造成工件的表面氧化与脱碳。

（5）等温退火的保温时间可按下列经验数据计算：每 1cm 直径或厚度不少于 20 ~ 30min，合金钢的保温时间，要根据合金元素的多少，酌情增加 25% ~ 40%。

b　冷却方法及操作

工件在退火温度保温后，就要开始降温冷却，等温退火时，工件的冷却可分为三个阶段进行。

（1）第一次冷却阶段。工件自退火温度冷却至等温温度的冷却速率，一般说来可以是任意的，但最好能保持在 150℃/h。故注意冷却阶段通常都在密封炉内进行，这样就可以保证工件各部分的冷却速率基本一致。

（2）等温阶段。等温过程中首先是决定等温温度，也就是应当冷却到什么温度。各种钢的等温温度，一般都是在该钢的 A_{r1} 以下 10 ~ 30℃。等温过程可以在原来的加热炉子里进行，小型工件也可在盐浴炉内进行。等温温度越低，得到的珠光体越细，硬度也就越高。

c　等温退火的优缺点

（1）操作时间短、缩短了退火周期，这样就提高了生产效率和设备利用率，同时也节约了控制缓慢冷却时所需要的电能。这时因为从退火温度到等温温度之间可以尽快冷却，而且等温温度转变结束后稍事缓冷，即出炉空冷，因而大大缩短了冷却时间。

（2）由于奥氏体在等温条件下进行转变，其组织和性能比较均匀一致。

（3）可以使合金钢工件退火后得到在普通退火时不易得到的较低硬度，等温退火适用于亚共析钢、共析钢，尤其使用于合金钢退火。此外，还适用于处理小批量生产的碳钢及合金钢的中型工件、重型铸件和锻件。

d　高速钢等温退火方法及操作

高速钢等温退火应先将钢加热到 870 ~ 890℃ 后，保温以 40 ~ 50℃/h 的速率停留 2 ~ 4h，最后取出空冷，可得到球状珠光体组织，硬度为 240HB 左右。操作中使用两个炉子，一个炉子也可以。

e　等温退火的目的

（1）可以得到组织均匀、力学性能均匀的珠光体。

（2）采用等温退火可以使采用一般退火方法得不到珠光体组织的钢能够得到珠光体组织，以利于切削加工。

（3）在等温退火时，降低保温温度，增加奥氏体过冷度，可得组织均匀而晶粒细小的细密珠光体。

D　球化退火

球化退火是将钢加热到 A_{c1} 以上 20 ~ 30℃，保温一定时间后随炉缓冷到 600℃ 以下，再出炉空冷的一种热处理工艺。

a　球化退火的目的

共析钢、过共析钢和合金工具钢经轧制、锻造后空冷组织是片状珠光体与网状渗碳体，这样的组织硬而脆，不仅难以切削加工，而且以后淬火过程中也溶液变形和开裂。过共析钢锻件锻后的组织一般为细片状珠光体，如果锻后冷却不当，还存在网状渗碳体，不仅硬度高，难以进行切削加工，而且增大钢的脆性，淬火时容易产生变形或开裂。因此，锻后必须进行球化退火，使碳化物球化，获得粒状珠光体组织。球化退火目的是使渗碳体球化，降低硬度、改善切削加工性能，以及获得均匀的组织，为以后的淬火作组织准备。在淬火时，奥氏体晶粒不易粗化，冷却时工件变形和开裂倾向性小。对于一些需要改善冷塑性变形的亚共析钢有时也可用球化退火。

b　常用的球化退火工艺

常用的球化退火工艺主要有以下三种，如图 2-16 所示。

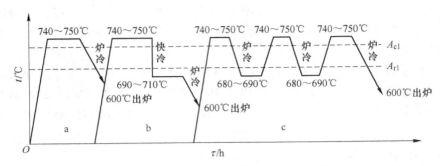

图 2-16　碳素工具钢的几种球化退火工艺
a——一次球化退火；b—等温球化退火；c—往复球化退火

（1）一次球化退火。一次球化退火的工艺曲线如图 2-16 中 a 所示。将钢加热到 A_{c1} 以上 20~30℃，保温一定时间后，缓慢冷却（20~60℃/h），待炉温降至 600℃ 以下出炉空冷。

（2）等温球化退火。等温球化退火的工艺曲线如图 2-16 中 b 所示。将钢加热到 A_{c1} 以上 20~30℃，保温 2~4h 后，快冷至 A_{r1} 以下 20℃ 左右，等温 3~6h，再随炉降至 600℃ 以下出炉空冷。等温球化退火工艺是目前生产中广泛应用的球化退火工艺。

（3）往复球化退火。往复球化退火的工艺曲线如图 2-16 中 c 所示。将钢加热至略高于 A_{c1} 的温度，保温一定时间后，随炉冷至略低于 A_{r1} 的温度等温处理。如此多次反复加热和冷却，最后冷至室温，以获得球化效应更好的粒状珠光体组织。这种工艺特别适用于前两种工艺难于球化的钢种，但在操作和控制上比较繁琐。

球化退火前，钢的原始组织中，如果有严重的网状渗碳体存在时，应该事先进行正火，消除网状渗碳体，然后再进行球化退火。否则，球化效果不好。

c　球化退火的加热温度的选择

加热温度的高低关系到所得到是片状珠光体还是球状珠光体。球化退火的关键如下：

（1）加热温度过高，则由于碳化物溶解过久及奥氏体成分较均匀，使之球化困难，易得片状珠光体。

（2）加热温度过低，则仍保留原始的细片状。

（3）等温温度的高低，关系到碳化物颗粒的大小。等温温度较低，则粒度细，硬度高；等温温度较高，则粒度粗，硬度低。

（4）球化退火之所以能形成珠光体，是因为钢在加热到略高于 A_{c1} 温度时，呈现不均匀的组织状态，除了奥氏体的浓度不均匀外，还有大量未溶解的渗碳体质点存在，这些质点可以作为球化的核心。

在适当的条件下，任何物体都有使自己的外形成为球状的趋势。这是因为球状的表面能量最小的缘故。渗碳体在较长时间的保温过程中也会自发地趋于球状，这就是球化退火的简单原理。

球化退火的保温时间，应该根据炉型、装炉量、钢料尺寸来确定。

d　球化退火注意事项

（1）严格控制加热温度和保温时间。首先，严格控制球化退火的加热温度是保证得到球状珠光体的主要条件。对任何钢种来说，球化退火加热温度只能是该钢种 A_{c1} 以上

$20\sim30℃$。其次，严格控制球化退火的保温时间也是非常重要的。球化退火的保温时间一般较长，根据经验数据，大约每厘米厚度（cm）或直径需要 $0.5\sim1.0h$。冷却方式通常采用炉冷，或在 A_{c1} 以下 $20℃$ 左右进行较长时间的等温处理。球化退火的关键在于使奥氏体中保留大量未溶的碳化物质点，并造成奥氏体中碳浓度分布的不均匀性。如果加热温度过高或保温时间过长，则使大部分碳化物溶解，并形成均匀的奥氏体，在随后冷却时球化核心减少，使球化不完全。渗碳体颗粒大小取决于冷却速度或等温温度，冷却速度快或等温温度低，珠光体在较低温度下形成，碳化物聚集作用小，容易形成片状碳化物，从而使硬度偏高。

（2）严格控制冷却速率。速率越快，所得到的组织强度和硬度越高，组织也就越细。如果冷却速率太低，形成的组织太粗，也不一定符合要求，且不经济。球化退火多采用 $20\sim50℃/h$ 的速率，降温到等温温度下，停留一段较长的时间，生产实践中一般的停留时间约为加热、保温时间的 1.5 倍。等温停留后，再随炉冷到 $450\sim550℃$ 出炉，最后在空气中冷却。

（3）必须消除工件中的网状碳化物。

1）过共析钢在球化退火前，如果有网状碳化物存在时，将阻止球化进行。对具有这种组织的钢球化退火后，网状碳化物便呈链条状沿晶界分布，这种组织对钢的性能来说，是十分不利的。

2）为了消除这种缺陷，在球化退火前，必须对这类钢施以正火处理，以便消除网状碳化物。

E　扩散退火

扩散退火是将钢加热到略低于固相线温度（A_{c3} 或 A_{ccm} 以上 $150\sim300℃$），长时间保温（$10\sim15h$），然后随炉缓冷的热处理工艺。高温下原子的扩散作用，使钢的化学成分和组织均匀化，因此称均匀化退火。扩散退火温度高、时间长，因此能耗高，易使晶粒粗大。为了细化晶粒，扩散退火后应进行完全退火或正火。这种工艺主要用于质量要求高的合金钢铸锭、铸件或锻坯。

F　去应力退火

去应力退火又称低温退火，是将钢加热到 A_{c1} 以下某一温度（一般为 $500\sim600℃$），保温一定时间，然后随炉冷却至 $200℃$ 以下出炉空冷的退火工艺。去应力退火过程中不发生组织的转变，目的是为了消除铸、锻、焊件和冷冲压件的残余应力。

工件中存在的内应力是十分有害的，如不及时消除，影响工件的精度。此外，内应力与外加载荷叠加一起还会引起材料发生意外断裂。此外，内应力与外加载荷叠加在一起还会引起材料发生意外断裂。因此，锻造、铸造、焊接以及切削加工后的工件应进行内应力退火，以消除加工过程中产生的内应力。

钢的去应力退火加热温度较宽，但不超过 A_{c1} 点。因此，在整个处理过程中不会发生组织转变。内应力主要是通过工件在保温和缓冷过程消除的。

为了使工件内应力彻底消除，在加热时应控制加热速率，一般是低温进炉，然后以 $100℃/h$ 左右的加热速率加热到规定温度，以免产生新的内应力。

焊接件的加热温度应略高于 $600℃$，保温时间视情况而定，通常为 $2\sim6h$；铸件加热温度一般为 $500\sim550℃$，超过 $550℃$ 容易造成珠光体的石墨化。对切削加工量大、形状复杂而要求严格的刀具、模具等，淬火之前常进行加热到 600 ~ 700℃、保温 2 ~ 4h 去应力退火。

去应力退火的目的是：（1）消除铸件、锻件、焊接件等在加工过程中工件的残余内应力；（2）提高工件尺寸的稳定性，防止淬火变形开裂；（3）在精加工前或者淬火前，一般要进行一次去应力退火以降低硬度，改善切削加工性能，恢复塑性和消除冷作硬化。

G　再结晶退火

再结晶退火主要用于处理冷变形钢。将经过冷变形的钢件加热到再结晶温度以上 150 ~ 250℃，保温适当时间后缓慢冷却，使冷变形后被拉长、破碎的晶粒重新形核、长大成均匀的等轴晶粒，从而消除加工硬化和残余应力。

a　再结晶退火方法

把钢加热到再结晶温度以上，在这个温度保持一段时间，然后缓慢冷却下来，具体来说，再结晶退火是将钢加热到再结晶温度以上 100 ~ 200℃。

b　再结晶退火的目的

（1）钢铁等金属在冷家工过程中随变形量增加，冷加工后，晶格会发生歪扭，晶粒被破坏、破碎或拉长，晶格间发生相对滑移，同时产生加工硬化现象，使其硬度、强度增加，而延展性和塑性降低，难以继续加工，需要利用退火过程中的再结晶来消除。

（2）再结晶退火可以消除冷作硬化，提高塑性，改善切削加工性能及压延成型性能，恢复塑变能力，以利于进一步变形加工。

c　影响退火的因素

（1）加热速率。加热速率是由化学成分、工件大小和形状等因素所决定的。

1）钢中的含碳量越高或元素越多，钢的导热性就越低，钢的加热就应缓慢。

2）工件的尺寸很大或截面尺寸变化比较剧烈，加热应缓慢。这样做主要是为了避免钢在过快的加热时，产生很大的内应力，致使工件变形或严重时形成裂纹。

（2）加热温度。加热温度是由钢中含碳量、合金元素以及退火的具体目的来决定的。如果仅为了细化钢的晶粒，改善钢的力学性能，则亚共析钢加热温度应该为 A_{c3} 以上 30 ~ 50℃，共析钢和过共析钢加热温度为 A_{c1} 以上 30 ~ 50℃。

（3）保温时间。钢在高温停留的目的是透热工件整个截面，并使工件各处结构组织都发生转变。

1）工件尺寸较小，加热温度较高，保温时间应缩短；工件尺寸如果粗大，加热温度较低，保温时间应当延长。

2）一般保温时间为加热时间的 1/5 ~ 1/4。

3）合金钢的保温时间比碳钢的保温时间长 20% ~ 40%。

（4）冷却速率。冷却速率应视钢的化学成分而定。

1）含碳量低的钢，可以加速冷却，为 100 ~ 200℃/h；

2）含碳量高的钢，应缓慢冷却，为 30 ~ 50℃/h；

3）高合金钢的冷却速率则为 20 ~ 30℃/h。

必须指出，为了缩短退火时间，充分发挥提货炉的效率，可采用上述冷却，至低于 A_1 温度后（约从 600℃ 起）就从炉中取出工件，然后让其在空气中冷却到室温。

2.1.2.2　钢的正火

正火是将钢加热到 A_{c3}（对于亚共析钢）或 A_{ccm}（对于过共析钢）以上适当的温度，保温一定时间，使之完全奥氏体化，然后在空气中冷却，以得到珠光体类型的组织的热处理工艺。

正火与完全退火相比，正火的冷却速度较快，转变温度较低。因此，对于亚共析钢来说，相同钢正火后组织中析出的铁素体数量较少，珠光体数量较多，且珠光体的片间距较小，对于过共析钢来说，正火可以抑制先共析网状渗碳体的析出。钢的强度、硬度和韧性也比较高。

正火工艺的实质是完全奥氏体化加伪共析转变。当钢的含碳量为 $w(C)=0.6\%\sim1.4\%$ 时，在正火组织中不出现先共析相，只存在伪共析珠光体和索氏体，在 $w(C)<0.6\%$ 的钢中，正火组织中还会出现少量铁素体。

正火的加热温度通常在 A_{c3} 或 A_{ccm} 以上 $30\sim50℃$，高于一般退火加热温度。保温时间和完全退火相同，应以工件热透为准，即以心部达到所要求的加热温度为准，冷却方式通常是将工件从炉中取出，放在空气中自然冷却，对于大件也可采用鼓风或喷雾等方法冷却。

正火只适用于碳钢和中、低合金钢的热处理。其目的是，改善钢的切削加工性；消除网状碳化物，为球化退火做准备；作为中碳钢和低合金结构钢淬火前的预先热处理；作为要求不高的普通结构件的最终热处理；消除热加工缺陷。

2.1.2.3　退火与正火的选择依据

退火与正火应当根据钢种，冷、热加工工艺，零件的使用性能及经济性进行综合考虑。

（1）$w(C)<0.25\%$ 的低碳钢，通常采用正火代替退火，因为较快的冷却速率可以防止低碳钢沿晶界析出游离三次渗碳体，从而提高了冷变形性能。

（2）用正火可以提高钢的硬度，改善低碳钢的切削加工性能。

（3）在没有其他热处理工序时，用正火可以细化晶粒，提高低碳钢的强度。

（4）$w(C)=0.25\%\sim0.5\%$ 的中碳钢也可以用正火代替退火，虽然接近上限碳量的中碳钢正火后硬度偏高，但尚能进行切削加工，而且正火成本低，生产效率高。

（5）$w(C)=0.5\%\sim0.75\%$ 的钢，因含碳量较高，正火后的硬度明显高于退火的硬度，难以进行切削加工，故一般采用完全退火，以降低硬度，改善切削加工性能。

（6）$w(C)=0.75\%$ 以上的高碳钢或工具钢一般采用球化退火作为预备热处理。如果一次渗碳体存在，则应先进行正火消除之。

2.1.3　钢的淬火

将钢加热到 A_{c1} 或 A_{c3} 以上，保温一定时间后，以大于临界冷却速度 V_K 的冷却速度冷却，获得马氏体或贝氏体组织的热处理工艺称为淬火。淬火是强化钢的最有效手段之一。

2.1.3.1　淬火加热温度的选择

钢的淬火温度主要根据钢的相变临界点来确定。一般情况下，亚共析钢的淬火加热温度为 A_{c3} 以上 $30\sim50℃$，共析钢和过共析钢的淬火温度为 A_{c1} 以上 $30\sim50℃$。碳钢淬火的加热温度范围如图 2-17 所示。在这样的温度范围内加热，奥氏体晶粒不会显著长大，并溶有足够的碳。淬火后可以得到细晶粒、高强度和高硬度的马氏体组织。

亚共析钢加热到 A_{c3} 以下时，淬火组织中会出现自由铁素体，使钢的硬度降低。过共析钢加热到 A_{c1} 以上时，有少量的二次渗碳体未溶到奥氏体中，这有利于提高钢的硬度和耐磨性。而且，适当控制奥氏体中的含碳量，还可

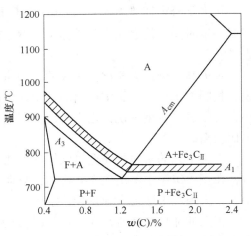

图 2-17　碳钢的淬火加热温度范围

以控制马氏体的形态，从而降低马氏体的脆性，并减少淬火后的残余奥氏体量。

淬火温度太高时，形成粗大的马氏体，使力学性能恶化，同时也增加淬火应力，使变形和开裂的倾向增大。

对于含有阻碍奥氏体晶粒长大的强碳化物形成元素（如钛、锆、铌等）的合金钢，淬火加热温度可以高一些，以加速其碳化物的溶解，获得较好的淬火效果。而对于含促进奥氏体长大元素（如锰）等较多的合金钢，淬火加热温度则应低一些，以防晶粒长大。

2.1.3.2　加热时间的确定

加热时间包括加热钢件所需的升温时间和保温时间。通常把钢件入炉后，炉温升至淬火温度的时间作为升温时间，并以此作为保温时间的开始；保温阶段是指钢件热透并完成奥氏体化所需的时间。

A　按经验公式计算

加热时间受钢的化学成分、工件尺寸、形状、装炉量、加热类型、炉温和加热介质等因素的影响，可根据热处理手册中介绍的经验公式来估算，也可由实验来确定。

$$\tau = aKD$$

式中，τ 为加热保温时间，min；a 为加热保温时间系数，min/mm，参照表 2-4 选取；K 为工件装炉方式修正系数，通常取 $1.0\sim1.5$；D 为工件有效厚度，mm。

表 2-4　加热保温时间系数 a　　　　　　　　　　　　　　　（min/mm）

钢种	工件直径/mm	<600℃	800～900℃	750～850℃盐浴炉中加热或预热	1100～1300℃盐浴炉内加热
碳素钢	≤50	—	1.0～1.2	0.3～0.4	—
	>50	—	1.2～1.5	0.4～0.5	—

钢种	工件直径/mm	<600℃	800~900℃	750~850℃盐浴炉中加热或预热	1100~1300℃盐浴炉内加热
低合金钢	≤50	—	1.2~1.5	0.45~0.5	—
	>50		1.5~1.8	0.5~0.55	
高合金钢	—	0.35~0.4	—	0.3~0.35	0.17~0.2
高速工具钢	—		0.65~0.85	0.3~0.35	0.16~0.18

工件有效厚度按下述原则计算：轴类工件以直径为有效厚度；板状工件以板厚为有效厚度；套筒类工件内孔小于壁厚者以外径作为有效厚度，内孔大于壁厚者则以壁厚作为有效厚度；圆锥形工件以距离小头 2/3 处直径作为有效厚度；复杂工件以其主要工件部分作为有效厚度。

B　容易变形工件的加热和保温时间

容易变形即开裂的工件，淬火加热保温时间应短些，而预热时间应长些；工件成批加热时，其淬火保温时间及预热时间应适当长些。

C　经预热的工件及合金钢工件的加热和保温时间

经预热的工件，淬火保温时间应短些。合金钢工件的淬火加热保温时间和预热时间应适当长些。这是因为：合金钢的导热性差；合金元素均阻碍碳原子的扩散，使碳原子的均匀化不易进行；合金元素的扩散比碳更为困难，因而合金元素的均匀化时间更长。

2.1.3.3　淬火冷却介质选择

冷却是淬火的关键工序。既要保证淬火钢件获得马氏体组织，又要保证钢件不开裂和尽量减小变形。因此，选择适宜的冷却方式非常关键。理想的淬火冷却曲线如图 2-18 所示，由图可见，在 C 曲线"鼻尖"附近快速冷却，使冷却曲线避开 C 曲线"鼻尖"（不碰上），就可以获得马氏体组织。而在"鼻尖"以上及以下温度范围可以放慢冷却速度，以减小热应力。但是迄今为止，还没有完全满足理想冷却速度的冷却介质。最常用的冷却介质有水、盐水、碱水和油等。

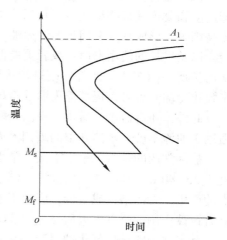

图 2-18　淬火时的理想冷却曲线示意图

水是最廉价而冷却能力又强的一种冷却介质。但水淬时工件表面易形成蒸汽膜，降低冷却速度，淬火变形和开裂倾向较大，它仅适用于形状简单、尺寸不大的碳钢淬火。水温对水的冷却特性影响很大，水温升高，高温区的冷却速度显著下降，而低温区的冷却速度仍然很高。因此淬火时水温不应超过 30℃，加强水循环和工件的搅拌可以加速工件在高温区的冷却速度。所以一般认为，自来水的主要缺点是低温冷却速度过快，使很多工件在其中淬火开裂。除了这个缺点外，用水做冷却介质，还会遇到其他的问题。例如，多个工件采取比较密集的方式同时入水，淬火后会有显著的硬度差异；又如，像大型圆锯片之类的大薄件，在自来水中淬火后，往往会出现特别大的变形翘曲。引起这些问题的原因是水的冷却特性对水温变化太敏感。由此可见，水温对冷却特性的影响很大，所以用水做冷却介质的另一个缺点是冷却特性对液温变化太敏感。

　　油也是一种常用的淬火冷却介质。目前主要采用矿物油，如锭子油、机油、柴油等。它的主要优点是在低温区的冷却速度比水小很多，从而可以显著降低淬火工件的应力，减小工件变形和开裂倾向。缺点是在高温区的冷却速度也比较小。油的温度通常应保持在20~60℃，为了减少工件产生变形淬裂的危险，有时也常在80~100℃的热油中冷却，因为油温在80~100℃时冷却能力变化不大。所以，它适用于过冷奥氏体化比较稳定的合金钢淬火。另外，油也应注意保持清洁，经常清除杂质，不能使油脂变浓而降低冷却能力。油使用时间过长（2~3年）应进行过滤或更换新油。油温升高，黏度降低，冷却能力稍有增加，故生产中一般温度在20~80℃为宜。若在冬天，应对油进行预热。油号越高，则黏度越大，冷却能力就越低，可以通过提高油温，降低油的黏度来增加其冷却能力，这一点与水不同。但是油温不能过高，否则容易着火，发生危险。工件入油切不可露出油面，以免高热工件表面的油液发生燃烧。油应黏度小，闪亮要高。

　　由于传统淬火介质的使用效果多不理想，已越来越难以满足热处理生产的需要，所以有必要对传统的淬火介质进行改进。

　　（1）在水中加入无机盐和有机聚合物。这种方法这样可以不同程度地降低工件淬火的低温冷却速度，因而能有效地防止工件的淬裂和变形，或者获得更高的淬火硬度和更深的淬硬层深度，从而提高工件淬火质量。

　　（2）在淬火油中加入添加剂。对于淬火油，在保留其原有优点的基础上，提高其冷却速度和改善其某些特性后，其仍然是很有前途的淬火介质。如在淬火油中添加催冷剂、光亮剂等，形成高效多用新型淬火油，这样可以获得更强的冷却能力和更合理的冷却速度分布以及更长的使用寿命；或者更能保持工件表面的光亮性，更能减少工件变形和开裂，从而实现一油多用。此外，改进淬火装置，使用物理的方法（搅拌、喷淋、超声波等）来强化冷却，也可以提高淬火油的冷却速度，满足淬火工艺要求。

　　此外，还有盐水、碱水、聚乙烯醇水等冷却介质，它们的冷却能力介于水和油之间，适用于油淬不硬而水淬开裂的碳钢淬火。

　　盐水常用的是氯化钠水溶液。常用的质量分数为10%~15%的氯化钠水溶液，盐水温度为20~40℃。其冷却均匀性好，淬透能力强，淬火硬度高，能减少淬火裂纹、变形和软点的产生，无污染，成本低，广泛用于碳素工具钢及部分结构钢工件的淬火。但盐水对工件有锈蚀作用，所以淬火后要进行清洗。

　　碱水常用的是氢氧化钠溶液。常用质量分数为10%和50%的两种。当采用质量分数是10%的氢氧化钠水溶液时，在高温区的冷却速度比纯水和盐水都高，而在低温区的冷却速度比纯水和盐水稍低，因而工件淬火后硬度且均匀，不易产生裂纹和变形，工件表面光亮美观，适用于淬透性较低的钢的淬火；当质量分数为50%时，在高温区和低温区的冷却速度都显著降低，适用于易产生变形和裂纹钢的淬火。但氢氧化钠水溶液腐蚀性较强，使用时要注意防护。

　　目前，我国已研制成功了一些新品种的无机物水溶液淬火剂，并在热处理生产中获得了一定程度的应用。例如，氯化钙、氯化锌水溶淬火剂，具有良好的淬硬淬透冷却能力，工件淬火开裂小，变形小，且无毒无害，可用于45钢、T10钢、40Cr钢等钢材的淬火，是值得推广的新型无机物水溶液淬火剂。

2.1.3.4　常用的淬火方法

为了取得满意的淬火效果，除选择适当的淬火介质外，还要选择正确的淬火方法，常用的淬火方法有以下几种。

（1）单液淬火。单液淬火是将加热至奥氏体状态的工件淬入到一种淬火介质中连续冷却至室温的淬火工艺，如图 2-19 中曲线 1 所示。单液淬火选择冷却介质时，必须保证工件在该冷却介质中冷却速度大于此工件钢种的临界冷却速度，并应保证工件不会淬裂。单液淬火介质有水、盐水、碱水以及一些专门配置的淬火剂。例如，碳钢在水中淬火，合金钢在油中淬火。这种方法操作简单，易于实现机械化和自动化，不足之处是易产生淬火缺陷。水中淬火易出现变形和开裂，油中淬火易出现硬度不足或硬度不均匀等现象。因此，单液淬火对碳钢而言只适用于形状简单的工件。

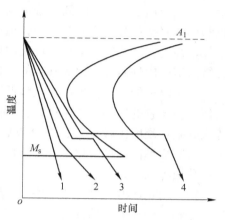

图 2-19　不同淬火方法示意图
1—单液淬火；2—双液淬火；
3—分级淬火；4—等温淬火

（2）双液淬火。双液淬火是将加热至奥氏体状态的工件先淬入到一种冷却能力较强的介质中快速冷却，冷至接近 M_s 点温度时，然后再淬入冷却能力较弱的另一种介质中冷却的淬火工艺，如图 2-19 中曲线 2 所示。双液淬火法一般是先水后油，以减少淬火应力，防止变形和开裂。在水淬油淬的双液淬火中，关键是控制工件在水中的停留时间。例如，形状复杂的碳钢工件采用水淬油冷，合金钢工件采用油淬空冷等。双液淬火可使低温转变时的内应力减少，从而有效防止工件的变形与开裂。能否准确地控制工件从一种介质转到第二种介质时的温度，是双介质淬火的关键，需要一定的实践经验。

生产中一般靠经验估计来确定工件在第一种淬火介质中的停留时间。下面以水-油双液淬火为例说明在水中停留时间的控制方法。

1）经验公式法。水中冷却时间按 3~5mm/s 计算。中碳钢一般取下限 5mm/s，高碳钢则取上限 3mm/s。另外，可根据工件尺寸略做微调，大尺寸的时间略长一些，小尺寸的时间略短一些。

2）水声判断法。工件淬入水以后会发出"丝丝"的响声，随工件温度降低，声音逐渐变弱，具体操作可在声音消失之前瞬间出水入油。

3）振动判断法。将工件淬入水中，通过淬火的吊挂工具如吊钩等，手上会感到明显振动，随温度下降，振动逐渐减弱，到振动大为减弱时，立即出水入油，但此方法只适用于静止水槽。

双液淬火法的优点：可以减少工件内应力以及因此引起的变形和开裂。

双液淬火的缺点：不易掌握工件在水中冷却时的时间，若转换过早，容易淬不硬，过迟则容易淬裂；在水中冷却时间过长，奥氏体在水中转成马氏体，就会失去双液淬火的作用；时间过短，可能变成索氏体或珠光体，而使硬度降低。

　　(3) 分级淬火。分级淬火是将加热至奥氏体状态的工件先淬入温度稍高于 M_s 点的盐浴或碱浴中，稍加停留 (2~5min)，等工件整体温度趋于均匀时，再取出空冷以获得马氏体的淬火工艺，如图 2-19 中曲线 3 所示。分级淬火能有效地避免变形和裂纹的产生，而且比双液淬火易于操作，一般适用于处理形状较复杂、尺寸较小的工件。分级淬火操作方法简便，只需将加热好的工件从加热炉中取出放入分级炉中就行了。其冷却时的主要工艺参数是分级温度和保温时间。分级温度是依据钢的奥氏体等温转变图来选择的。对于合金钢和形状复杂、截面尺寸较小的碳钢一般选择略高于 M_s 点的某一温度作为分级温度；对于淬透性差且尺寸较大工件，可选用略低于 M_s 点温度来分级。分级保温时间是以工件在分级热浴中内外温度一致为标准的，在成批生产中，常等于工件淬火加热时间。

　　分级淬火的优点：可以大大降低工件的内应力，减少和避免工件的变形和开裂；操作简便；由于它的冷却分两段进行，所以产生的组织应力与热应力都比较小，可以大大减少淬火缺陷；硬度比较均匀；在分级后，取出工件急冷，则称为变异的 M_s 点以下分级淬火，可减少奥氏体稳定化，有利于尺寸稳定。

　　分级淬火的缺点：

　　1) 工件在 200℃ 左右的浴炉中冷却速度较小，对淬透性较低的钢，过冷奥氏体容易发生分解，例如形成珠光体。故一般只适用于截面尺寸不大、形状复杂的碳钢及合金钢件。例如，尺寸为 10~15mm 的出碳钢件，以及直径和厚度为 20~30mm 的碳钢件，超过这个尺寸，其心部可能因冷速转慢变成索氏体组织。

　　2) 对于高淬透性的合金钢，则可不受此限制。

　　3) 对于截面尺寸较大 (直径大于等于 30mm) 的碳钢，硝盐浴淬火已不能淬硬，则改用碱浴，碱浴温度常控制在 160~200℃。

　　(4) 等温淬火。等温淬火是将加热至奥氏体状态的工件淬入稍高于 M_s 点温度的盐浴或碱浴中保温足够的时间，使其发生下贝氏体组织转变后取出空冷的淬火方法，如图 2-19 中曲线 4 所示。等温淬火的内应力很小，工件不易变形与开裂，而且具有良好的综合力学性能。等温淬火常用于处理形状复杂、尺寸要求精确，并且硬度和韧性都要求较高的工件，如各种冷、热冲模，成型刀具和弹簧等。

　　等温淬火的优点：等温淬火后一般可以不进行回火；在得到相同硬度的情况下，下贝氏体的强度和冲击韧性较马氏体高；下贝氏体的比容比马氏体小，经等温淬火后又有较多的残余奥氏体，因此，可以有效地减少应力变形。

　　等温淬火的缺点：等温淬火冷却速度较慢，所以截面较大的工件心部易产生珠光体的转变，不能淬透，使用受到限制，仅适用于截面小的工件；等温淬火需要专门的热浴槽，温度控制也要求严格；若使用硝盐或碱浴作为等温盐浴，则淬火夹具必须经过清洗，烘干后才可在中性盐浴加热炉中使用，这就增添了一些工序。

　　(5) 局部淬火。如果有些工件按其工作条件只是要求局部高硬度，则可进行局部加热淬火或整体加热局部淬火，以避免工件其他部分产生变形和裂纹。

　　局部淬火法在工厂中应用比较广泛，根据操作方法和要求不同，可分为局部加热淬火法和局部冷却淬火法两种。

　　1) 局部加热淬火法一般是将小型工件的某一部分放入盐浴炉、铅浴炉、火焰 (乙炔+氧气) 炉、中频或高频感应加热炉、碳棒电阻炉中进行局部加热，如工具、尖扁铲、机加工使用的车刀、刨刀等可以采用局部加热淬火法。

2）局部冷却淬火法是将一些大型工件先全部加热，然后用较强的淬火剂，不断并较长时间地喷至工件需要淬硬的部分，使其淬硬，当慢冷部分呈黑色，可将整个工件投入水中或油中冷却。

（6）预冷淬火。预冷淬火是为了减少工件淬火残留应力和畸变，将工件加热奥氏体后浸入淬火介质前先在空气中停留适当时间的淬火。

工件淬火冷却时，其尖角和薄壁出冷却速度最快，如果从较高温度直接浸入冷却介质，由于这些部位先于其他部位发生马氏体转变，会产生很大的应力，使这些较薄弱的部位极易产生裂纹。因此采取适当的预冷措施，使尖角和薄壁处因散热快而温度下降比其他部位低，减小了淬火时工件（特别是尖角和薄壁处）与介质的温差，使冷却减缓，从而减少了淬火应力，有效地避免裂纹的产生。这种淬火方法尤其适用于壁厚相差较大的工件。

2.1.3.5　钢的淬透性

A　淬透性的概念

钢的淬透性是指钢在淬火冷却时，获得马氏体组织深度的能力。在淬火时，沿工件截面上的冷却速度不同，工件表面的冷却速度最大，中心的冷却速度最小。冷却速度大于该钢 V_K 的表层部分，淬火后得到马氏体组织。一般规定，由钢的表面至内部马氏体组织占 50% 处（半马氏体区）的距离为有效淬硬层深度。

淬透性是以钢在一定淬火条件下能够获得的有效淬硬层深度来表示。用不同钢种制造的相同形状和尺寸的工件，在同样条件下淬火，淬透性好的钢将得到较大的淬硬层深度。

淬硬性与淬透性不同，淬透性是指钢材本身固有的属性，它只取决于其本身的内部因素，而与外部因素无关；而钢的淬硬层深度除取决于钢材的淬透性外，还与所采用的冷却介质、工件尺寸等外部因素有关。例如，在同样奥氏体条件下，同一种钢的淬透性是相同的，但是水淬比油冷淬火的淬硬性高。可见评价钢的淬透性，必须排除工件形状、尺寸大小、冷却介质等外部因素的影响。

由于钢的淬火组织主要取决于它的淬透性，所以淬透性在设计和生产中有着重要的意义。淬透性好的钢，淬火时可以采用缓和的冷却方法，从而可减少变形和开裂。尺寸大、形状复杂的工件，一般选用淬透性好的合金钢制造，以获得较好的淬火效果。对于截面均匀承载的构件和切削工具，也应选用淬透性好的合金钢，保证完全淬透。工作时表面应力大、心部应力小的零件或只求表面硬化的零件，如齿轮、凸轮等，使用一般淬透性的钢即可。

B　淬透性的测定

淬透性的测定方法很多，国家标准《钢的淬透性末端实验方法》（GB 225—2006）规定用末端淬火法测定结构钢的淬透性，《工具钢淬透性试验方法》（GB 227—1991）规定用断口评级法测定工具钢的淬透性。

末端淬火法简称端淬试验。试验时，将标准试样加热至奥氏体化温度，然后迅速放在端淬试验台上，对末端喷水冷却，之后测定其硬度值。钢的淬透性值用 J $\dfrac{HRC}{d}$ 表示，其中 J 表示末端淬透性，d 表示至末端的距离，HRC 表示测定处的硬度值。如 $J\frac{42}{5}$ 表示距末端处 5mm 处的硬度为 42HRC。图 2-20 所示是末端淬火试验示意图。

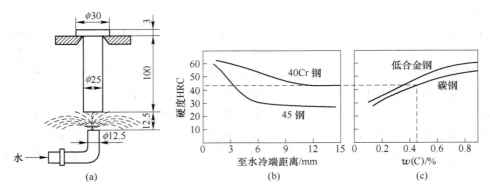

图 2-20　末端淬火试验测定钢的淬透性曲线

（a）喷水装置（单位：mm）；（b）淬透性曲线举例；（c）钢的半马氏体区硬度与钢的含碳量的关系

C　影响淬透性的因素

钢的淬透性主要决定于钢的临界冷却速度。钢的临界冷却速度越小，即奥氏体越稳定，则钢的淬透性越好。因此，凡是提高奥氏体稳定性的因素，都能提高钢的淬透性。

（1）合金元素的影响。除钴以外的大多数合金元素溶于奥氏体后，均使 C 曲线右移，降低临界冷却速度，提高钢的淬透性。

（2）含碳量的影响。亚共析钢随含碳量的增加，临界冷却速度降低，淬透性提高；过共析钢随含碳量的增加，临界冷却速度增高，淬透性下降。

（3）奥氏体化温度的影响。提高奥氏体化温度将使奥氏体晶粒长大，成分均匀，从而降低珠光体的形核率，降低钢的临界冷却速度，提高钢的淬透性。

（4）钢中未溶第二相的影响。钢中未溶入奥氏体的碳化物、氮化物及其他非金属夹杂物可以成为奥氏体转变产物的非自发核心，使临界冷却速度增大，降低淬透性。

D　淬透性的实际应用

钢的淬透性在机械设计以及制造过程中，对于合理选材和正确制定热处理工艺是非常重要的。因为淬透性对钢件热处理后的力学性能影响很大。若整个工件都能淬透，则经高温回火后，其力学性能沿截面是均匀一致的；若工件未淬透，则高温回火后，虽然截面上硬度基本一致，但未淬透部分的屈服点和冲击韧度却显著降低。

在生产中许多在重载荷、动载荷下工作的大截面重要零件以及受拉压应力的重要零件，常要求工件表面和心部的力学性能一致，这时应选用淬透性高的材料；而对于应力主要集中在工件表面，心部应力并不大（如承受弯曲应力）的零件，则可考虑选用淬透性低的钢。焊接件一般不选用淬透性高的钢，否则易在焊缝即热影响区出现淬火组织，造成工件变形和开裂。

E　淬火易出现的缺陷和防止措施

（1）零件经过热处理后出现硬度不足或出现软点等。软点是指小区域出现硬度低的现象，而其往往称为磨损或疲劳损坏的中心，在十分重要的零件中是不允许出现的。零件在加热过程中，实际的淬火加热温度低或保温时间短，组织没有完全转变为奥氏体，造成零件内部奥氏体成分不均匀，碳化物和合金元素未充分扩散，内部各区域的成分差别很大，造成冷却后硬度的差别很大。产生这些现象的原因是多方面的，应从影响硬度的人、机、料、法、环和检六大因素进行分析，从影响因素入手。产生这类缺陷的主要原因有以下几点。

1）亚共析钢加热温度低或保温时间不够，炉温分布不均，炉内温差大，零件彼此接触阻挡了热量传递的速度等，造成零件的加热不均，奥氏体成分不均匀，碳化物溶解不足。亚共析钢中铁素体未全部溶入奥氏体中，或者零件表面存在氧化皮和盐渣也可造成零件表面硬度的不均匀，另外含钨的合金钢在950℃以上温度进行长时间加热后，钢中形成碳化钨而引起硬度不均，高碳钢、高硅钢则由于过热引起组织石墨化而产生硬度不均等。

2）钢在加热时表面发生氧化脱碳或存在有氧化皮、锈斑等，造成表面的脱碳，或者在冷却介质中未上下运动，造成零件的局部形成气泡，阻碍了冷却过程。出现这类缺陷时，一般可采用正火后重新淬火的办法来消除。但如果缺陷是因严重氧化和脱碳引起的，则无法补救，只能分清原因，采取防止氧化脱碳的措施，以免缺陷继续出现。

3）淬火时冷却速度不够或冷却不均匀，未全部得到马氏体组织。如果冷却速度不够则过冷奥氏体发生或部分发生过冷奥氏体向珠光体的转变，出现该类缺陷的因素为冷却速度的选择不当，冷却介质的温度过高或老化，使用碱浴时水分太少或过多。因此在实际的热处理中选择正确的冷却介质和确保冷却效果，其基本原则是既保证零件的淬火硬度符合要求，又要尽可能地减少零件的变形量。

4）淬火介质不清洁、工件表面不干净，例如冷却水中存在油污、肥皂水、漂浮的杂物，冷却时零件表面存有气泡，或者冷却介质未进行强制循环而导致局部发生蒸汽膜，冷却介质性能下降，零件淬火后表面硬度不均。

5）在零件的加热过程中，因控温仪表出现故障或失灵，造成加热设备停止供电，炉内的加热温度降低，会出现加热不透的现象。另外，如果装炉量太大，造成加热时零件本身温度不均匀等，同样会出现零件加热不足的现象。因此在实际的热处理过程中要定期检验仪表，确定合理的装炉量，确保加热的均匀有效和零件内外温度的一致。

6）过共析钢加热的温度高或保温时间长，出现过热现象，加热的奥氏体中存在过量的碳和合金元素，使得 M_s 点大大降低，冷却后得到粗大的马氏体组织，组织的脆性增大，以致淬火后因残余奥氏体而降低了零件的硬度。对于工具钢而言，在使用过程中会出现崩刃和折断。另外一类为材料的牌号混淆，导致淬火温度低的材料在高温下晶粒急剧长大，这种情况往往给操作者造成假象——加热温度高了，而很少怀疑材料出问题了。因此，一旦发现过热现象，在检查温度和金相的同时，最直接和简便的方法是进行火花鉴别。

7）尺寸较大的零件冷却不均，一是零件在冷却介质中未做平稳的上下作用运动，二是淬火出现零件堆集现象等，冷却介质未流动或搅拌，因此降低了冷却速度，造成硬度不均匀。

8）在水中淬火冷却的零件由于蒸汽膜的作用，造成局部出现硬度不均，出现软点等。其检验方法有采用锉刀、盐酸腐蚀和研磨表面等几种方法，可根据具体情况选用合适的方法。通常用 6~81 in（1 in=0.0254m）的中纹平锉刀检查硬度，零件的硬度在60HRC

以上锉刀打滑，硬度在 58~60HRC 范围则稍微锉得动，硬度在 58HRC 以下锉刀与零件之间有摩擦力。

（2）变形和开裂。这是最常见的淬火缺陷。淬火冷却时钢的组织由奥氏体迅速转变成马氏体，要产生很大的淬火应力。若淬火应力超过钢的屈服极限，则引起钢件变形；若淬火应力超过强度极限，则引起开裂。变形不大的零件，可在淬火和回火后进行校正，若变形较大或出现裂纹，则只能报废。

（3）热应力。零件在热处理过程中，热处理应力是引起零件几何形状改变的原因。零件内部热应力既有有利的方面，也有需克服的致命缺陷，因此掌握控制内应力的方法对于生产出合格的产品至关重要。

内应力的组成包括热应力和组织应力。热应力是指在热膨胀状态下快速冷却，进入冷却状态，从而产生了热应力；组织应力是指在冷却过程中零件自奥氏体转变为马氏体组织，二者存在比体积的不同，因此组织转变时同一零件的体积先后膨胀，引起了比体积的变化，以及组织转变的不同时性。内应力为热应力和组织应力的复合作用，从而引起工件的变形。另外零件的吊挂、装炉不当，冷却时的碰撞，产品设计形状缺陷，选材不当以及热处理工艺参数等也将会对零件的内应力有一定的影响，最终影响零件的变形。

（4）淬火裂纹。淬火裂纹常发生在淬火应力最大的区域，例如圆形零件两段的边缘圆周处、厚薄不均的结合处、尖角和棱角等位置。淬火裂纹的特征分为宏观特征和微观特征。

淬火裂纹的宏观特征：

1）淬火裂纹多起源于零件的棱角、空洞、截面突变等应力集中处，有时因零件本身的几何形状、特殊的部位和具体的技术要求，受冷却速度的影响产生非应力集中的部位，应当具体分析和判断。

2）淬火裂纹一般始端粗大，尾部细小，方向和分布没有一定的规律性，在零件的纵横方向上均能出现，如果加热温度高则局部位置会出现龟裂。

3）裂纹的深度和宽度与零件的内部残余应力的大小有直接的关系，事实表明残余应力越大则淬火裂纹越深和越宽，当淬火应力过大时，超过了材料的脆断强度，导致零件开裂。

淬火裂纹的微观特征：

1）淬火裂纹沿着奥氏体的晶界而扩展，有时在裂纹的两侧还有细小的裂纹，故裂纹为曲折状，晶粒越大则裂纹扩展越大，零件的应力过大则造成穿晶断裂。

2）裂纹两侧的金相组织没有变化，即无氧化、脱碳现象。

一般而言，淬火裂纹多是由于淬火工艺中的热处理工艺参数不当造成的。除此之外，零件原材料中的化学成分偏析、淬透性过高、存在大量的非金属夹杂物、粗大的晶粒等，都能增大零件淬火开裂的趋势，因此对出现淬火开裂问题应具体分析，不可妄下结论。

（5）淬火变形。钢件在热处理过程中，发生体积和形状的变化，称为热处理变形。淬火变形涉及三个阶段：加热过程、保温、冷却。三个阶段应力相互叠加将导致零件最终的淬火应变。因此零件的热处理变形是热应力和组织应力共同作用的结果，体积的变化归因于零件相变前后体积差引起零件体积的突变，而形状的变化是热处理过程中各种复杂应力综合作用下不均匀的塑性变形，二者的作用机理不同。但二者一般同时存在于零件热处理过程中，对于某一零件和相对于固定的热处理工艺来说，是以一种变形为主的。

钢的常见淬火缺陷和预防措施见表 2-5。

表 2-5　钢的常见淬火缺陷和预防措施

缺陷分类	产　生　原　因	预防和补救的措施
变形	工件的形状不对称或厚薄悬殊；机械加工应力大，淬火前未消除；加热和冷却不均匀；工件的加热夹持方式不当；淬火组织的转变	改进工件的结构设计，合理选材，调整加工余量，增加工艺孔；增加预热或去应力退火工艺；采用多次预热、预冷淬火、双液淬火、分级淬火等多种操作方法；合理支承捆绑淬火加热条件；对变形工件进行校直
硬度低	原材料有混料现象；加热温度低，保温时间短；加热温度过高，保温时间过长，增加了奥氏体的稳定性；加热时工件表面脱碳；钢材内有超标的其他杂质	对钢材进行火花鉴别；按正常的淬火工艺规范操作，重新淬火前应先正火或退火处理；以大于临界冷却速度的冷速快速冷却；采用冰冷处理提高硬度；对盐浴定期进行脱氧捞渣，或采用保护气氛加热；选用复合技术要求的钢材
开裂	由于轧制不当，出现缩孔、夹层白点原材料混料现象；重复淬火中间未退火处理，未及时回火；淬火温度过高，引起组织的过热、断口白亮光；原始组织中碳化物偏析严重或未球化	严格控制产品质量，确保原材料的合格；改进设计，确保厚薄均匀、无引起淬火开裂的缺陷；淬火前应进行退火处理；采取正火处理或进行球化退火
软点	工件表面局部脱碳或附着有脏物；淬火介质中有杂质或使用温度过高；工件的冷却方式不当，工件之间互相接触；预备热处理不当，在钢中保留了大量的大块铁素体	选择合适的预先热处理工艺；保持介质的清洁，合理降温，防止工件的脱碳；更换淬火冷却介质；工件要分散冷却；重新淬火，但应经正火或退火处理方可进行
脱碳	在氧化性气氛中加热；盐浴脱氧捞渣不良；加热温度过高，保温时间过长	采用保护气氛加热或表面涂料保护、定期对盐浴脱氧捞渣；按工艺规范执行对已脱碳的淬火件采用渗碳的方法加以补救
腐蚀	盐浴中硫酸盐含量超过工艺规定的范围	选择符合技术要求的加热用盐；用镁铝合金或木炭除去盐浴中的硫酸盐

2.1.3.6　淬火操作方法

工件浸入淬火介质的方法是淬火工艺中极为重要的一环。如果浸入方式不当，会使工件冷却不均匀，不仅会造成较大的内应力，而且会引起变形甚至开裂。浸入方式最根本的原则是：淬入时保证工件得到最均匀的冷却；保证工件以最小阻力方向淬入；考虑工件重心稳定。不同工件淬火时应遵循以下几点：

（1）对长轴类（包括丝锥、钻头、铰刀等长形工具）、圆筒类工件、应轴向垂直淬入。淬入后，工件可上、下垂直运动。

（2）薄刃工件应使整个刃口同时淬入；薄片件应垂直淬入，使薄片两面同时冷却，大型薄片件应快速垂直淬入，速度越快，变形越小。

（3）圆盘形工件应使轴向与淬火介质液面保持水平淬入。

（4）厚薄不均的工件，应使厚的部分先淬入。截面不均匀的长形工件，可水平快速淬入或倾斜淬入。

（5）对有凹面或不通孔的工件，应使凹面和孔朝上淬入，以利排除孔内的气泡。

（6）长方形有贯通孔的工件（如冲模），应垂直斜向淬入，以增加孔部的冷却。

2.1.4 钢的回火

回火是紧接淬火以后的一道热处理工艺，大多数淬火钢件都要进行回火。它是将淬火钢再加热到 A_{c1} 以下某一温度，保温一定时间，然后冷却到室温的热处理工艺。

回火的目的是为了稳定组织，减小或消除淬火应力，提高钢的塑性和韧性，获得强度、硬度和塑性、韧性的适当配合，以满足不同的使用性能要求。

2.1.4.1 回火时的组织转变

淬火钢获得的组织处于不稳定状态，具有向稳定状态转变的自发倾向，回火加热加速了这种自发转变过程。根据组织变化，这一过程可分为四个阶段。

（1）马氏体分解（200℃以下）。在加热温度为 100~200℃ 范围时，马氏体发生分解，过饱和的碳原子以 ε 碳化物形式析出，使马氏体过饱和度降低。弥散度极高的 ε 碳化物呈网状分布在马氏体基体上，这种组织称回火马氏体。此阶段内应力减小，韧性明显提高，硬度变化不大。

（2）残余奥氏体分解（200~300℃）。随着加热回火温度的升高，马氏体的分解，降低了对残余奥氏体的压应力。在 200~300℃ 时残余奥氏体发生分解，转变为下贝氏体，使硬度升高，抵偿了马氏体分解造成的硬度下降，所以，此阶段钢的硬度未明显降低。

（3）渗碳体形成（250~400℃）。马氏体和残余奥氏体继续分解，直至过饱和碳原子全部析出，同时，ε 碳化物逐渐转变为极细的稳定的渗碳体（Fe_3C）。这个阶段直到 400℃ 时全部完成，形成针状铁素体和细球状渗碳体组成的混合组织，这种组织称为回火托氏体。此时内应力基本消除，硬度随之降低。

（4）渗碳体聚集长大和铁素体再结晶（400~650℃）。温度继续升高到 400℃ 以上时，铁素体发生回复与再结晶，由针片状转变为多边形；与此同时，渗碳体颗粒也不断聚集长大并球化。这时的组织由多边形铁素体和球化渗碳体组成，称回火索氏体。这种组织的强度、塑性和韧性较好。

2.1.4.2 回火工艺

制定回火工艺时，根据钢的化学成分、工件的性能要求以及工件淬火后的组织和硬度来正确选择回火温度、保温时间、回火后的冷却方式等工艺参数，以保证工件回火后能获得所需要的组织和性能。决定工件回火后的组织和性能最重要因素是回火温度。根据回火温度高低可分为低温回火、中温回火和高温回火。

（1）低温回火。低温回火温度范围一般为 150~250℃。低温回火钢大部分是淬火高碳钢和淬火高合金钢。经低温回火后得到隐晶马氏体加细粒状碳化物组织，即回火马氏体，具有很高的强度、硬度和耐磨性，同时显著降低了钢的淬火应力和脆性。在生产中低温回火主要用于各种工具、滚动轴承、渗碳件、表面淬火工件等。

（2）中温回火。中温回火温度一般为 350~500℃。回火组织为回火托氏体。中温回火后工件的内应力基本消除，具有高的弹性极限、较高的强度和硬度、良好的塑性和韧性。中温回火主要用于各种弹簧零件及模具等。

（3）高温回火。高温回火温度约为 500~650℃，习惯上将淬火和随后的高温回火相结合的热处理工艺称为调质处理。高温回火的组织为回火索氏体。高温回火后钢具有强度、塑性和韧性都较好的综合力学性能，广泛用于中碳结构钢和低合金结构钢制造的各种重要结构零件，如各种轴、齿轮、连杆、高强度螺栓等。

除上述三种回火方法之外，某些不能通过退火来软化的高合金钢，可以在 600~680℃进行软化回火。

2.1.4.3　回火脆性

钢的冲击韧度随回火温度升高的变化规律如图 2-21 所示。由图看出，在 250~400℃和 450~650℃温度范围内，钢的冲击韧度明显降低，这种脆化现象称为回火脆性。

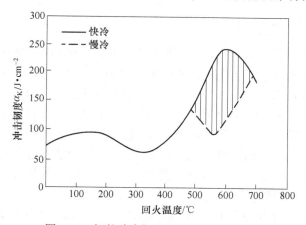

图 2-21　钢的冲击韧度与回火温度的关系

（1）低温回火脆性（第一类回火脆性）。淬火钢在 250~400℃范围内回火时出现的脆性称低温回火脆性。几乎所有钢都存在这类脆性，这是一种不可逆回火脆性。产生这种脆性的主要原因是，在 250℃以上回火时，碳化物沿马氏体晶界析出，破坏了马氏体的连续性，降低韧性。为了防止出现低温回火脆性，一般回火时都要避开这一温度范围。

（2）高温回火脆性（第二类回火脆性）。淬火在 450~650℃范围内回火时出现的脆性称高温回火脆性。一般认为这种脆性主要是一些元素的晶界偏聚造成的。同时也与回火时的加热、冷却条件有关。当加热至 600℃以上后，以缓慢的冷却速度通过脆化区时，则出现脆性；快冷通过脆化区，则不出现脆性。这种脆性可通过重新加热至 600℃以上快冷予以消除。所以，这种脆性又称为可逆回火脆性。第二类回火脆性的抑制和防止措施如下：

（1）在钢的冶炼过程中，减少钢水中 P、Sb、Sn 等有害杂质的含量，防止其在晶界的偏聚。

（2）向钢中添加质量分数为 0.2%~0.5% 的 Mo 或质量分数为 0.4%~1.0% 的 W 元素。Mo 用来减缓 P 等杂质的元素向晶界的偏聚和扩散，或选用含 Mo 或 W 的钢种，两种元素通过阻止杂质元素的扩散而削弱它们在晶界中的富集。

（3）高温回火结束后快速冷却，或尽量缩短零件在脆性温度下的停留时间以及回火后快冷。

（4）采用不完全淬火或两相去淬火，可获得细小的晶粒，减轻和消除回火脆性，另一方面是杂质能够集中于铁素体内，避免了向晶界的偏聚。

（5）进行奥氏体晶粒的细化。

（6）采用高温形变热处理，可消除钢的回火脆性。

（7）零件进行长时间渗氮处理时，应选用回火脆性敏感度较低的钼钢。零件的气体渗氮是在 500~550℃ 范围内进行的，时间长（40~70h），渗层较厚，通常为 0.3~0.6mm。氮化主要用作要求耐磨性好、疲劳强度高的精密零件的热处理工艺，但需要注意的是为了降低零件的表面脆性，在达到要求的渗层后，应进行退氮处理，这一过程是十分重要的环节，否则会造成零件的早期失效，直接影响到零件的正常使用。

2.1.5　钢的冷处理和时效处理

2.1.5.1　钢的冷处理

高碳钢及一些合金钢，由于 M_f 点位在零度以下，淬火后组织中有大量残留奥氏体。若将钢继续冷却到零度以下，会使残余奥氏体转变为马氏体，称这种操作为冷处理。

冷处理应当紧接着淬火操作之后进行，如果相隔时间过久会降低冷处理的效果。冷处理的温度应由 M_f 决定，一般是在干冰（固态 CO_2）和酒精的混合物或冷冻机中冷却，温度为 $-70~-80℃$。这种方法主要用来提高钢的硬度和耐磨性（例如合金钢渗碳后的冷处理）。为了提高工具的寿命和稳定精密量具的尺寸，往往也进行冷处理。冷处理时体积要增大，所以这种方法也用于恢复某些高度精密件（如量规）的尺寸。冷处理后可进行回火，以消除应力，避免裂纹。

目前，$-130℃$ 以下（用液氮）的深冷处理，在工具及耐磨零件处理时获得应用，显著延长了它们的寿命；此外，还用于各种量具、枪杆等要求尺寸准确、稳定的零件。

2.1.5.2　时效处理

金属和合金经过冷、热加工或热处理后，在室温下保持（放置）或适当升高温度时常发生力学和物理性能随时间而变化的现象，这种现象统称为时效。在时效过程中金属和合金的显微组织并不发生明显变化。但随时效的进行，残余应力会大部分或全部消除。工业上常用的时效方法主要有自然时效、热时效、形变时效和振动时效等。

（1）自然时效。自然时效是指经过冷、热加工或热处理的金属材料，在室温下发生性能随时间而变化的现象。如钢铁铸件、锻件或焊接件于室温下长期堆放在露天或室内，经过半年或几年后可以减轻或消除部分残余应力（约 10%~12%），并稳定工件尺寸。其优点是不用任何设备，不消耗能源，即能达到消除部分内应力的效果；但周期太长，应力消除率不高。

（2）热时效。随温度不同，α-Fe 中碳的溶解度发生变化，使钢的性能发生改变的过程称为热时效。低碳钢加热到 650~750℃（A_1 附近）并迅速冷却时，使来不及析出的 $Fe_3C_{\text{Ⅲ}}$ 可以保持在固溶体（铁素体）内成为过饱和固溶体。在室温放置过程中，碳有从固溶体析出的自然趋势。由于碳在室温下有一定的扩散速度，长时间放置（保存）时，碳又呈 $Fe_3C_{\text{Ⅲ}}$ 析出，使钢的硬度、强度上升，而塑性韧性下降，如图 2-22 所示。虽然低碳钢中含碳量不高，但硬度的提高可达 50%，这对低碳钢压力加工性能是不利的。加热温度越高，热时效过程中，碳的扩散速度越大，则热时效时间也大为缩短。

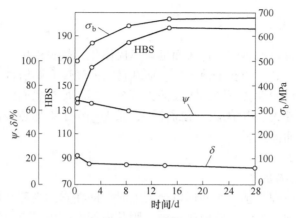

图 2-22　时效后碳钢力学性能的变化

就某些使用性能和工艺性能而言，热时效现象并不总是有利的，需要加以控制和利用。例如，经过淬火回火或未经淬火回火的钢铁零件（包括铸锻焊件），长时间在低温（一般小于 200℃）加热，可以稳定尺寸和性能；但是冷变形（冷轧等）后的低碳钢板，加热到 300℃左右发生的热时效过程，却使钢板的韧性降低，这对低碳钢板的成型十分有害。

（3）形变时效。钢在冷变形后进行时效称为形变时效。室温下进行自然时效，一般需要保持（放置）15 ～ 16 天（大型工件需放置半年甚至 1 ～ 2 年）；而热时效（一般在 200～350℃）仅需几分钟，大型工件需几小时。

在冷塑性变形时，α-Fe（铁素体）中的个别体积被碳、氮所饱和，在放置过程析出碳化物和氮化物。形变时效可降低钢板的冲压性能，因而低碳钢板（特别是汽车用板）要进行形变时效倾向试验。

（4）振动时效。振动时效即通过机械振动的方式来消除、降低或均匀工件内应力的一种工艺。主要是使用一套专用设备、测试仪器和装夹工具对需要处理的工件（铸、锻、焊件等）施加周期性的动载荷，迫使工件（材料）在共振频率范围内振动并释放出内部残余应力，提高工件的抗疲劳强度和尺寸精度的稳定性。工件在振动（一般选在亚共振区）过程中，材料各点的瞬时应力与工件固有残余应力相叠加，当这两项应力幅值之和大于或等于材料屈服强度时（即 $\sigma_d + \sigma_r \geq \sigma_s$），在该点的材料就产生局部微塑性变形，使工件中原来处于不稳定状态的残余应力向稳定状态转变，经一定时间振动（从十几分钟到一小时左右）后，整个工件的内应力得到重新分布（均匀），使之在较低的能量水平上达到新的平衡。其主要优点是：1）不受工件尺寸和重量限制（大到几百吨），可以露天就地处理；2）节能效率达 98%以上；3）内应力消除率达 30%以上；4）一般可以代替人工时效和自然时效，因而在国内外已获得广泛的工业应用。

2.1.6　钢的表面热处理

一些工作条件往往要求机械零件具有耐蚀、耐热等特殊性能或要求表层与心部的力学性能有一定差异。这时仅从选材上着手和采用普通热处理都很难奏效，只有进行表面热处理，通过改善表层组织结构和性能，才能满足上述要求。表面热处理有表面淬火和化学热处理两大类。

2.1.6.1　表面淬火

表面淬火是通过快速加热使钢件表面迅速奥氏体化，热量未传到钢件心部之前就快速冷却的一种淬火工艺。其目的在于使工件表面获得高的硬度和耐磨性，心部仍保持良好的塑性和韧性。根据热源的性质不同，表面淬火可分为感应加热表面淬火、火焰加热表面淬火、电接触加热表面淬火、电解加热表面淬火、激光和电子束加热表面淬火等。工业上应用最多的是前两种表面淬火。

A　感应加热表面淬火

a　感应加热的基本原理

感应加热的基本原理是感应线圈通以交流电时，即在它的内部和周围产生与电流频率相同的交变磁场。若把工件置于感应磁场中，则其内部将产生感应电流并由于电阻的作用被加热。感应电流在工件截面上的分布是不均匀的，靠近表面的电流密度最大，中心处几乎为零，如图 2-23 所示。这种现象称为交流电的集肤效应。电流透入工件表面的深度主要与电流频率有关。电流频率越高，电流透入工件表层也越薄。因此，通过选用不同频率可以得到不同的淬硬层深度。例如，在采用感应加热淬火时，对于淬硬层深度为 0.5~2mm 的工件，常选用频率范围为 200~300kHz 高频加热，适用于中小型齿轮、轴类零件等；对于淬硬层深度为 2~10mm 的工件，常选用频率范围为 2500~8000Hz 中频加热，适用于大、中型齿轮、轴类零件等；对于要求淬硬层深度大于 10~15mm 的工件，宜选用电源频率 50Hz 的工频加热，适用于大直径零件，如轧辊、火车车轮等。

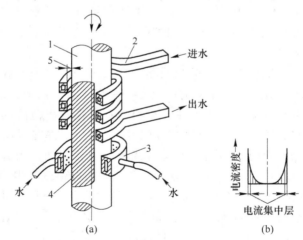

图 2-23　感应加热表面淬火示意图

（a）感应加热表面淬火原理；（b）涡流在工件截面上的分布

1—工件；2—加热感应器；3—淬火喷水套；4—加热淬火层；5—间隙

b　感应加热适用的材料

感应加热表面淬火一般适用于中碳钢和中碳低合金钢，如 45 钢，40Cr 钢、40MnB 钢等，这类钢经预先热处理（正火或调质处理）后进行表面淬火，使其表面具有较高的硬度和耐磨性，心部具有较高的塑性和韧性，因此其综合力学性能较高。

c 感应加热表面淬火的特点

感应加热表面淬火与普通淬火相比，具有以下主要特点：

（1）加热温度高，升温快。一般只需几秒到几十秒的时间就可把零件加热到淬火温度。因而过热度大。

（2）加热时间短，工件表层奥氏体化晶粒细小，淬火后可获得极细马氏体，因而硬度比普通淬火提高 2~3HRC，且脆性较低。

（3）淬火后工件表面存在残余压应力，因此疲劳强度较高，而且变形小，工件表面易氧化和脱碳。

（4）生产率高，容易实现机械、自动化，适于大批量生成，而且淬硬层深度也易于控制。

（5）加热设备昂贵，不易维修调整，处理形状复杂的零件较困难。

B 火焰加热表面淬火

火焰表面淬火是用高温火焰直接加热工件表面的一种淬火方法。常用的火焰有乙炔-氧或煤气-氧等。火焰温度高达 3000℃ 以上，可将工件表面迅速加热到淬火温度，然后立即喷水冷却，获得所需的表面淬硬层。

a 火焰加热表面淬火的特点

（1）火焰加热的设备简单，使用方便，设备投资低，特别对于没有高频感应加热设备的中小厂有很大的实用装置。

（2）火焰加热表面淬火操作简单，既可以用于小型零件，又可以用于大型零件；既可以用于单一品种的加热处理，又可以用于多品种批量生产的加热处理。特别是局部表面淬火的零件，使用火焰加热表面淬火，操作工艺容易掌握，成本低、生产效率高。

（3）火焰加热时，表面温度不易测量，同时表面淬火过程硬化层深度不易控制。

（4）火焰加热表面淬火的质量有许多影响因素，难于控制，因此被处理的零件质量不稳定。对于批量生产的零件逐渐用机械化，自动化控制，这样可以克服这一不足。

b 火焰加热表面淬火设备

（1）氧气装置。氧气均以瓶装，使用压力为 0.20~0.35MPa。

（2）乙炔装置。瓶装乙炔压力为 1.5~2.0MPa。乙炔供应量根据喷嘴大小而定，至少在 3m³/h 以上，可将几瓶乙炔用汇流并联起来，以保证有足够的气体流量。乙炔发生器的压力发生量根据喷嘴的大小而定。采用小砂喷嘴时，乙炔发生器的压力应在 0.015~0.03MPa。

（3）加热装置。由于所用燃料和助燃料不同，加热设备可以分为火焰喷嘴和燃烧加热器两类。

（4）淬火机床。在用火焰喷嘴及连续加热淬火时，一般把喷射冷却介质的喷射淬火头附在火焰喷嘴上，使冷却介质以一定的角度喷射到已加热的零件表面上，使之淬火硬化，此装置为淬火机床。淬火机床多为卧式。此机床可用旧车床改装，焊枪、喷嘴及固定喷嘴和冷却装置的夹具可装在拖板上。

（5）其他辅助装置。为了有效控制燃料和助燃料剂的流量和流速等，并保证操作顺利进行，应配备必要的压力调节器、流量计、阀门、气体混合器等。

c　火焰淬火方法

（1）静止淬火方法。零件与喷嘴都不动，零件放在淬火台架上加热到淬火温度后，关闭气体，移开火焰眼睛，并放上喷水器立即喷水冷却，或把零件放在油槽中冷却。此方法为同时加热淬火，用于较小面积的淬火，喷嘴尺寸应与零件局部淬火的形状相配合。这种方法适用于较大生产批量来处理淬火部位不大的零件的局部表面淬火，它便于实现自动化。

（2）旋转火焰淬火法。利用一个或两个不移动的火焰喷嘴，对一定速度绕轴线旋转的零件表面作一定时间的加热，达到淬火温度后，关闭气体，喷水冷却。此法适用于处理宽度和直径不太大的圆柱或圆盘形零件，如小型曲轴轴颈和模数 $m<4mm$ 的齿轮表面淬火。

（3）摆动火焰淬火法。零件放在淬火台架上加热到淬火温度后，关闭气体，移开火焰喷嘴，进行冷却。放上喷水器立即喷水冷却，或把零件放在油槽中冷却。由于喷嘴的尺寸要比局部淬火面积小，因此靠喷嘴在零件上来回摆动，以扩大加热面积；当加热部分表面上均匀地达到淬火温度时，和静止火焰淬火法一样，放上喷水器立即喷水冷却，或把零件放在油槽中冷却。这种方法适用于较大生产批量来处理淬火部位不大的零件的局部表面淬火，它便于实现自动化。

（4）连续移动火焰淬火法。喷嘴与喷水器沿着零件表面需要淬火部位，依一定速度移动，喷嘴加热零件表面，接着喷水器进行喷水冷却。此种方法能获得一条淬火带，适用于处理硬化区大的零件，如长形平面零件及机车车身的滑动槽等的淬火。

（5）旋转连续火焰淬火法。利用喷嘴与喷水器，相对被淬火零件的中心做平行直线运动，零件以一定速度绕轴线旋转，连续加热与冷却。这种方法适用于处理直径与长度大的零件，如长轴类零件的表面淬火。

（6）周边连续火焰淬火法。利用喷嘴与喷水器沿着被淬火零件的周边做曲线运动，零件则以一定速度绕轴线旋转，连续加热与冷却。这种方法有一个致命的缺点是在开始与终止的结合点要生产一条软带。这种方法适用于处理大型曲面盘及靠模等零件表面淬火。

d　回火温度和回火时间

经过火焰加热表面淬火后的零件，都需要进行回火或自行回火处理。

（1）回火温度。经过火焰加热表面淬火后的零件，存在较大的残余拉应力，它会影响零件的力学性能及使用，同时还要保持淬火后的高硬度，故一般采用低温回火。回火温度选取 180~220℃。

（2）回火时间一般采用 1~2h。回火最好在电加热油槽中进行，因为这样的设备中回火温度均匀，可以充分消除内应力。如果零件火焰淬火后还需要磨削，则磨削后还必须进行第二次回火，回火温度仍采取 180~220℃，回火时间可减少一半，即 1h。

e　工艺操作

（1）一般操作。在试验和正式生产过程中，火焰加热表面淬火时，除必须遵守已制定的工艺规程外，一般应按下列顺序进行。

1）打开总水管、燃气、氧气及压缩空气等阀门，并调整其压力，合上电力开关，点燃引火灯。

2）将零件安装在支架或旋转台上，并调整其位置。在零件加热前，使其与火焰喷嘴离开一定的距离。

3）使零件转动，缓慢开启气体燃料及助燃剂气体阀门并点火，调整阀门以控制燃烧强度及火焰长度，然后进行表面加热。

4）待加热结束，关闭各阀门后关气体，并进行淬火。如果使用连续淬火法，则加热和淬火连续进行。

（2）注意事项。

1）火焰加热所用的气体燃料及氧气均属于危险品，稍不注意，轻则影响工作效率和零件质量，重则可能发生意外的人身及设备，所以操作时要严格和注意安全。

2）所用的工具必须保持清洁，不得沾有油、脂等污物。喷嘴上如聚集烟块，也应及时清除。

3）所有气体燃料及氧气管道和阀门不得有泄漏现象，并经常用肥皂进行检查。

4）操作过程中，所有阀门应缓慢开启或关闭。为了防止逆火或爆炸。在点火前，应先开气体燃料阀门，后开氧气或空气阀门；反之，在关闭时，应先关氧气或空气阀门，后关气体燃料阀门。

5）工作环境应保持空气流通，以防止气体燃料和氧气聚集。

6）火焰淬火工作结束后，应及时关闭所有的水、气等总阀门，并拉开电力总开关。

f　火焰加热表面淬火质量检查

（1）火焰加热表面淬火前检查氧化皮、毛刺以及零件表面应清洁。

（2）零件原始组织必须符合要求，即应具有正火（细珠光体+铁素体）、退火（珠光体+铁素体）或调质（回火索氏体）组织。

（3）硬度检查。

1）零件火焰表面淬火、回火后的硬度应按图纸、工艺文件的规定进行检查。

2）在不同位置测量硬度应不少于 3 处，取其平均值，一般硬度值不大于 5HRC。

3）零件火焰表面淬火后，其硬度应不低于规定值。

（4）硬化层深度检查。根据图纸或工艺文件规定进行硬化层深度检查，一般硬化层深度应不小于 1.5mm。齿轮火焰表面淬火时，模数 $m>8$mm 的应有 1.8 倍模数齿高淬硬，模数 $m \le 8$mm，应有 2/3 齿高淬硬。

局部火焰表面淬火的轴类零件淬火长度公差允许±5mm。

（5）一般火焰表面淬火零件不允许有回火软带产生，但对特殊零件，允许有部分回火软带，其宽度小于或等于 12mm，其硬度值不低于最低规定硬度下限 15HRC。

（6）表面硬无烧熔、氧化及裂纹等缺陷。零件火焰表面淬火后，变形量应小于工艺规定。

（7）金相检查。一般零件火焰表面淬火后不进行金相检查，如果需要进行金相检查，必须在工艺文件上注明。成批生产的火焰表面淬火零件可根据情况定期检查。马氏体等级可以参照普通淬火零件的金相检查标准评定。

这种表面淬火方法与感应加热表面淬火相比，具有设备简单、操作方便、成本低廉、灵活性大等优点；但存在加热温度不易控制，容易造成工件表面过热，淬火质量不稳定等缺点。这种方法主要用于单件、小批量及大型件和异形件的表面淬火。

2.1.6.2 化学热处理

化学热处理是将钢件在一定介质中加热、保温，使介质中的活性原子渗入工件表层，以改变表层化学成分和组织，从而改善表层性能的热处理工艺。化学热处理可以强化钢件表面，提高钢件的疲劳强度、硬度与耐磨性等；改善钢件表层的物理化学性能，提高钢件的耐蚀性、抗高温氧化性等。化学热处理可使形状复杂的工件获得均匀的仿形渗层，不受钢的原始成分的限制，能大幅度地多方面地提高工件的使用性能，延长工件的使用寿命。为碳素钢、低合金钢替代高合金钢拓宽了道路，具有很大的经济价值，受到人们的高度重视，发展很快。

化学热处理经历着分解、吸收、扩散三个过程。分解，是渗剂在一定温度下发生化学反应形成活性原子的过程；吸收，是活性原子被工件表面溶解，或与钢件中的某些成分形成化合物的过程；扩散，是活性原子向工件内部逐渐扩散，形成一定厚度扩散层的过程。三个过程都有赖于原子的扩散，受温度的控制，温度越高原子的扩散能力越强，过程完成得越快，形成的渗层越厚。按钢件表面渗入的元素不同，化学热处理可分为渗碳、渗氮、碳氮共渗等。

(1) 渗碳。渗碳是一种使用广泛，历史悠久的化学热处理。其目的是提高钢件表层的含碳量以提高其性能。根据热处理时渗碳剂的状态不同，渗碳分为固体渗碳、液体渗碳和气体渗碳。生产中用得最多的是气体渗碳。按渗碳的条件不同，渗碳可分为普通渗碳、可控气氛渗碳、真空渗碳、离子渗碳等。渗碳用钢，一般是含碳量为 $w(C) = 0.1\% \sim 0.25\%$ 的碳钢或合金钢。渗碳后钢件表层的含碳量一般为 $w(C) = 0.8\% \sim 1.10\%$，渗碳层厚度为 $0.5 \sim 2mm$，渗碳后的钢件必须经过淬火、低温回火，发挥渗碳层的作用，才能使钢件具有很高的硬度、耐磨性和疲劳强度。渗碳广泛用于形状复杂、在磨损情况下工作、承受冲击载荷和交变载荷的工件。如汽车、拖拉机的变速齿轮、活塞销、凸轮等。

(2) 渗氮。渗氮又叫氮化，是向钢件表层渗入氮原子的化学热处理工艺。氮化温度比渗碳时低，工件变形小。氮化后钢件表面有一层极硬的合金氮化物，故不需要再进行热处理。按渗氮时渗剂的状态可将氮化分为气体氮化、液体氮化、固体氮化。按其要达到的目的又可将氮化分为强化氮化和耐蚀氮化两种。强化氮化需要采用含铝、铬、钼、钒等合金元素的中碳合金钢（即氮化用钢）。因为这些元素能与氮形成高度弥散、硬度极高的非常稳定的氮化物或合金氮化物，从而使钢件具有高硬度（HRC65 ~ 72）、高耐磨性和高疲劳强度。为了保证钢件心部有足够的强度和韧性，氮化前要对钢件进行调质处理。而耐蚀氮化的目的，是在工件表面形成致密的化学稳定性极高的氮化物，不要求表面耐磨，可采用碳钢件、低合金钢件以及铸铁件。渗氮主要用于耐磨性、精度要求都较高的零件（如机床丝杠等），或在循环载荷条件下工作且要求疲劳强度很高的零件（如高速柴油机曲轴），或在较高温度下工作的要求耐蚀、耐热的零件（如阀门等）。

(3) 碳氮共渗。碳氮共渗是同时向钢件表面渗入碳原子和氮原子的化学热处理工艺。碳氮共渗最早是在含氰根的盐浴中进行的，因而又称氰化。按共渗时介质的状态，碳氮共渗主要有液体碳氮共渗、气体碳氮共渗两种。目前采用最多的是气体碳氮共渗。按其共渗温度的高低，气体碳氮共渗分为低温、中温、高温气体碳氮共渗。其中中温气体碳氮共渗和低温气体碳氮共渗用得较多。中温气体渗氮共渗以渗碳为主，共渗后要进行淬火和低温回火。其主要目的是提高钢件的硬度、耐磨性、疲劳强度，多用于低、中碳钢钢件或合金钢件。中温气体碳氮共渗使钢件的耐磨性高于渗碳，而且生产周期较渗碳短，因此不少工厂用它替代渗碳。低温气体碳氮共渗又称气体软氮化，以渗氮为主，与气体渗碳相比具有工艺时间短（一般不超过 4h）、表层脆性低，共渗后不需研磨，既适用于各种钢材，又适应于铸铁和烧结合金等优点，能有效地提高钢件的耐磨性、耐疲劳、抗咬合、抗擦伤性能。

　　生产和科学技术的发展，对钢材性能的要求越来越高。为满足这种要求，有效途径之一是研制使用合金钢。但合金化的方法因要耗用大量的贵重稀缺元素，其发展受到一定的限制。实际上，许多情况下只需将碳素钢，低合金钢钢件表层进一步合金化就能满足使用要求，而且能节约大量贵重金属。因此，进一步研究钢材的表层合金化的方法和工艺具有现实的经济价值和社会价值。

2.1.7　钢的变形热处理

　　将塑性变形和热处理结合起来的加工工艺，称为形变热处理。形变热处理有效地综合利用形变强化和相变强化，将成型加工和获得最终性能统一在一起，既能获得由单一强化方法难以达到的强韧化效果，又能简化工艺流程，节约能耗，使生产连续化，收到较好的经济效益。因此，近年来在工业生产中得到了广泛的应用。

　　钢的变形热处理方法很多，根据形变与相变过程的相互顺序，可将其分为相变前形变、相变中形变和相变后形变三大类。相变前形变热处理，是一种将钢奥氏体化后，在奥氏体区和过冷奥氏体区温度范围内，奥氏体发生转变前，进行塑性变形后立即进行热处理的加工方法。根据其形变温度及热处理工艺类型可分为高温形变正火、高温形变淬火、低温形变淬火等。相变中形变热处理又称等温形变热处理。它利用奥氏体的变塑现象，在奥氏体发生相变时对其进行塑性变形。变塑现象是一种因相变而诱发的塑性异常高的现象。这类形变热处理有珠光体转变中形变和马氏体转变中形变等，能改善钢的强度、塑性和其他力学性能。相变后形变热处理是对奥氏体相变产物进行形变强化。形变前的组织可能是铁素体、珠光体、马氏体。常用的形变热处理方法主要有以下几种：

　　（1）高温形变正火。高温形变正火是通过控制热轧形变温度、形变速度、形变量，以获得微细晶粒，产生位错强化的一种工艺。它能提高钢的强韧性，降低钢的冷脆性和冷脆转化温度。主要用于低碳低合金钢板、线材生产。在生产中广泛应用的高温形变正火工艺是含铌铁素体珠光体钢的三级控制轧制。三级控制轧制是指奥氏体再结晶温度范围（大于等于 T_R）内的轧制，低于奥氏体再结晶温度的奥氏体区温度范围（$T_R \sim A_{r3}$）内的轧制，奥氏体和铁素体两相区温度范围（$A_{r3} \sim A_{r1}$）内的轧制，如图 2-24 所示。

　　（2）高温形变淬火。高温形变淬火是将钢

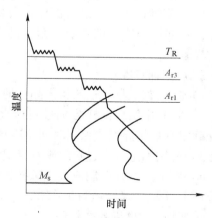

图 2-24　三级控制轧制示意图

加热到奥氏体区温度范围内，在奥氏体状态进行塑性变形后立即淬火并回火的工艺，如图 2-25 所示。高温形变淬火能提高钢的强韧性、疲劳强度，降低钢的脆性转化温度和缺口敏感性。高温形变淬火对材料无特殊要求，常用于热锻、热轧后立即淬火，能简化工序、节约能源，减少材料的氧化、脱碳和变形，不需要大功率设备，因而获得了较快的发展。

（3）低温形变淬火。低温形变淬火是将钢奥氏体化后，迅速冷至过冷奥氏体稳定性最大的温度区间（珠光体转变区和贝氏体转变区之间）进行塑性变形后立即淬火并回火的工艺，如图 2-26 所示。低温形变淬火能显著提高钢的强度极限和疲劳强度，还能提高钢的回火稳定性，但对钢的塑性、韧性改善不大。低温形变淬火要求钢具有高的淬透性，形变速度快，设备功率大，没有高温形变淬火应用广泛。目前仅用于强度要求很高的弹簧丝、小型弹簧、小型轴承零件等小型零件及工具的处理。

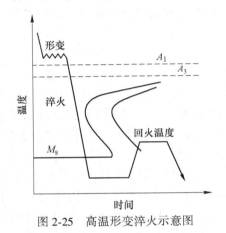

图 2-25　高温形变淬火示意图　　　　　图 2-26　低温形变淬火示意图

【任务实施】

·实训 1　钢的退火与正火

（1）实训目的：初步分析退火与正火对改善钢的过热组织与力学性能的作用。

（2）实训概述：参阅退火、正火相关知识。

（3）实训设备、用品及试样：金相显微镜、洛氏硬度计、冲击试验机、箱式电阻加热炉；不同粗细的金相砂纸一套、抛光磨料、侵蚀剂；测量试样尺寸用的游标卡尺；45 钢试样若干。

（4）实训步骤：

1）每组领取具有过热粗大晶粒的 45 钢，分别做好标记。

2）将其中两块试样分别进行退火与正火，以消除过热组织。试样在退火和正火前，应先确定其加热温度、保温时间及冷却方法。

3）分别测定具有过热组织及经退火、正火的试样硬度，并做好记录。

4）将上述试样磨制成金相试样，观察其显微组织特征，并绘出显微组织示意图。

（5）实训结果：填写工作页，并分析碳钢的显微组织，绘出显微组织示意图。

·实训 2　碳钢的热处理

（1）实训目的：了解普通热处理（退火、正火、淬火、回火）的方法；分析碳钢在热处理时，加热温度、冷却速度及回火温度对其组织与硬度的影响；分析碳钢的含碳量对淬火后硬度的影响；观察碳钢在普通热处理后的组织，并区别其组织特征。

（2）实训概述：参阅热处理相关知识。

（3）实训设备、用品及试样：金相显微镜、洛氏硬度计、冲击试验机、箱式电阻加热炉；不同粗细的金相砂纸一套、抛光磨料、侵蚀剂；测量试样尺寸用的游标卡尺、夹钳；淬火水槽或油槽；45 钢、T8 钢、Q235 钢试样若干。

（4）实训步骤：

1）学生按组领取实验试样，并打上钢号，以免混淆。

2）将 45 钢试样分别加热到 750℃、840℃、950℃，保温后水冷，然后分别测定它们的硬度，并做好记录。

3）决定 45 钢的热处理加热温度与保温时间。调整好控温装置，并将 45 钢试样放入已经升温的电炉中进行加热与保温。然后，分别进行炉冷、空冷、水冷。最后，测得它们的硬度，并做好记录。

4）各组将 45 钢、T8 钢、Q235 钢分别按它们的正常淬火温度加热、保温后取出在碱水中冷却，然后测定淬火后硬度，并做好记录。

5）观察钢热处理状态的金相试样的显微组织，区别其组织组成物及形态特征，并绘出几种组织示意图。

（5）注意事项：

1）学生在实验中要有所分工。

2）淬火冷却时，试样要用夹钳夹紧，动作要迅速，并要在冷却介质中不断搅动。夹钳不要夹在测定硬度的表面上，以免影响硬度值。为此，最好事先用铁丝将试样捆扎好。

3）测定硬度前，必须用砂纸将试样表面的氧化皮除去并磨光。每个试样应在不同部位测定硬度三次，并计算其平均值。退火、正火试样可测 HRB，其余测 HRC。

4）热处理时应注意安全操作：

①在取放试样时，应切断电炉的电源。

②炉门开、关要快。炉门打开时间不能过长，以免炉温下降和损害炉膛的耐火材料与电阻丝的寿命。

③在炉中取放试样时，夹钳应擦干，不能沾水或油。

④在炉中取放试样时，操作者应戴上手套，以防烧伤。

（6）实训结果：填写工作页，并分析碳钢的显微组织，绘出显微组织示意图。

更多实训内容请扫描二维码获得。

【小结】

（1）热处理的分类。根据加热和冷却方式的不同，可把热处理分为普通热处理、表面热处理和其他热处理。

（2）钢在加热时的转变。钢在加热时形成的奥氏体及未溶入奥氏体中的碳化物、氮化物等对钢的转变产物的组织和性能产生重要的影响。共析钢加热转变包括以下 4 个阶段：奥氏体形核、奥氏体长大、残余渗碳体溶解和奥氏体均匀化。

（3）过冷奥氏体的等温和连续冷却转变。

1）等温转变过程：珠光体型、贝氏体型和马氏体型转变。

2）连续冷却转变重要曲线：珠光体的转变终了线、珠光体转变的中止线、上临界冷却速度、下临界冷却速度。

3）马氏体转变特点：马氏体转变属于无扩散型转变，晶格严重畸变，转变速度极快，马氏体转变一般不能进行到底。马氏体的两种形态：板条状马氏体（低碳）和片状马氏体（高碳）。

（4）普通热处理。钢的普通热处理包括退火、正火、淬火和回火。淬火是强化钢的最有效手段之一，需要理解和掌握钢的淬硬性和淬透性的含义，以及不同钢淬火和回火的影响因素及其参数的选择。钢的冷处理和时效处理对钢材的组织和性能具有一定的影响。

（5）钢的表面热处理和形变热处理。钢的表面热处理通过改善表层组织结构和性能，来满足耐蚀、耐热等特殊性能要求，或表层与心部的力学性能有一定差异的情况。表面热处理有表面淬火和化学热处理两大类。

将塑性变形和热处理结合起来的加工工艺，称为形变热处理，根据形变与相变过程的相互顺序，可将其分为相变前形变、相变中形变和相变后形变三大类。

【习题】

2-1-1　解释下列名词：淬透性、淬硬性、退火、正火、淬火、完全退火、球化退火、回火、时效。

2-1-2　什么是热处理？常见的热处理方法有几种，其目的是为了什么？从相图上看怎样的合金才能进行热处理？

2-1-3　将同一棒料上切割下来的4块45号试样，同时加热到850℃，然后分别在水、油、炉和空气中冷却，说明各是何种热处理工艺，各获得何种组织，排列一下硬度大小。

2-1-4　两个碳质量分数为1.2%的碳钢薄试样，分别加热到780℃和900℃，保温相同时间奥氏体化后，以大于淬火临界冷却速度的速度冷却至室温。（1）哪个温度加热淬火后马氏体晶粒较粗大？（2）哪个温度加热淬火后马氏体碳含量较多？（3）哪个温度加热淬火后残余奥氏体较多？（4）哪个温度加热淬火后未溶渗碳体较多？（5）你认为哪个温度加热淬火合适，为什么？

2-1-5　马氏体组织形态分哪两种，马氏体的本质是什么，这两种形态的性能特点如何，为什么高碳马氏体硬而脆？

2-1-6　用T10钢制造形状简单的车刀，其工艺路线为锻造—热处理—机加工—热处理—磨加工。（1）写出其中热处理工序的名称及作用。（2）制定最终热处理（磨加工前的热处理）的工艺规范，并指出车刀在使用状态下的显微组织和大致硬度。

2-1-7　回火的目的是什么，常用的回火方法有哪几种？指出各种回火的加热温度、回火组织、性能及应用范围。

2-1-8　指出下列工件的淬火及回火温度，并说明其回火后获得的组织和大致的硬度：（1）45钢小轴（要求综合力学性能）；（2）60钢弹簧；（3）T12钢锉刀。

2-1-9　什么是球化退火？为什么过共析钢必须采用球化退火而不采用完全退火？

2-1-10　说明45钢试样（$\phi10mm$）经下列温度加热、保温并在水中冷却得到的室温组织：700℃、760℃、840℃、1100℃。

2-1-11　为什么工件经淬火后往往会产生变形，有的甚至开裂？减小变形及防止开裂有哪些途径？

2-1-12　淬透性与淬硬层深度两者有何联系和区别，影响钢淬透性的因素有哪些，影响钢制零件淬硬层深度的因素有哪些？

2-1-13　某型号柴油机的凸轮轴，要求凸轮表面有高的硬度（HRC>50），而心部具有良好的韧性（$A_K>$

40J)，原采用 45 钢调质处理再在凸轮表面进行高频淬火，最后低温回火，现因工厂库存的 45 钢已用完，只剩 15 钢，拟用 15 钢代替。试说明：（1）原 45 钢各热处理工序的作用；（2）改用 15 钢后，应按原热处理工序进行能否满足性能要求，为什么？（3）改用 15 钢后，为达到所要求的性能，在心部强度足够的前提下采用何种热处理工艺？

2-1-14　钢的淬硬层深度通常是怎规定的，用什么方法测定结构钢的淬透性，怎样表示钢的淬透性值？

2-1-15　化学热处理包括哪几个基本过程，常用的化学热处理方法有哪几种？

2-1-16　什么是变形热处理，它有哪几种基本类型？各类形变热处理对提高材料性能有何作用，其原因何在，在何种情况下使用？

2-1-17　填满表 2-6 所列各项内容。

表 2-6　题 2-1-17 表

共析钢的等温转变	符号	形成条件	相组成物	显微组织形态	HRC	塑性与韧性
珠光体						
索氏体						
托氏体						
上贝氏体						
下贝氏体						
马氏体						

2-1-18　以下的几种说法是否正确，为什么？

（1）过冷奥氏体的冷却速度越快，钢冷却后的硬度越高。

（2）钢经淬火后处于硬、脆状态。

（3）钢中合金元素越多，则淬火后钢的硬度就越高。

（4）本质细晶粒钢加热后实际晶粒一定比本质粗晶粒钢细。

（5）同一钢材在相同加热条件下水淬比油淬的淬透性好。

2-1-19　确定下列钢件的退火方法，并指出退火目的及退火后的组织：（1）经冷轧后的 15 钢板要求降低硬度；（2）ZG270-500 铸造齿轮；（3）锻造过热的 60 钢锻坯。

2-1-20　淬火内应力是怎么产生的，它与哪些因素有关？退火和回火都可以消除内应力，在生产中能否通用，原因何在？

2-1-21　共析钢加热到奥氏体后，以各种速度连续冷却，能否得到贝氏体组织，采取什么方法才能获得贝氏体组织？

2-1-22　热处理使钢奥氏体化时，原始组织以粗粒状珠光体好还是以细片状珠光体好，为什么？

2-1-23　将 45 钢和 T12A 钢加热至 700℃、770℃、840℃淬火，说明淬火温度是否正确。为什么 45 钢在 770℃淬火后的硬度较 T12A 钢低？

2-1-24　现需制造一汽车传动齿轮，要求表面具有高的硬度、耐磨性和高的接触疲劳极限，心部具有良好韧性，应采用如下哪种工艺及材料：T10 钢经淬火+低温回火，45 钢经调质处理，用低碳合金结构钢 20CrMnTi 经渗碳+淬火+低温回火？

2-1-25　某 T12 钢工件退火时，误当作 45 钢而进行了完全退火，其组织和性能会发生什么变化，因该工件切削加工困难，应采用什么热处理工艺来改善？

2-1-26　淬火钢中出现残余奥氏体的原因是什么，对其性能有何影响，采用什么工艺能将其消除？

2-1-27　为什么亚共析钢必须进行完全淬火，而过共析钢则只能进行不完全淬火？

2-1-28　高碳高合金钢工件淬火时极易开裂，采取什么措施可有效防止其开裂？

2-1-29　确定下列工件的退火工艺，并说明其原因：（1）冷轧 15 钢钢板要求降低硬度；（2）正火态的 T12 钢钢坯要求改善其切削加工性；（3）锻造过热的 60 钢锻坯要求细化晶粒。

2-1-30　某 40MnB 钢主轴，要求整体有足够的韧性，表面要求有较高的硬度和耐磨性，采用何种热处理工艺可满足要求？简述理由。

2-1-31　45 钢经调质处理后的硬度为 220HBS，再经 220℃ 低温回火硬度能否提高？45 钢经淬火+200℃ 低温回火后硬度偏高，再经 560℃ 高温回火硬度能否降低，为什么？

2-1-32　一批 45 钢试样（尺寸 φ15mm×10mm），因其组织、晶粒大小不均匀，需采用退火处理。拟采用以下几种退火工艺：（1）缓慢加热至 700℃，保温足够时间，随炉冷却至室温；（2）缓慢加热至 840℃，保温足够时间，随炉冷却至室温；（3）缓慢加热至 1100℃，保温足够时间，随炉冷却至室温。

　　　　问上述三种工艺各得到何种组织？若要得到大小均匀的细小晶粒，选何种工艺最合适？

2-1-33　指出下列组织的主要区别：索氏体与回火索氏体，屈氏体与回火屈氏体，马氏体与回火马氏体。

2-1-34　有甲、乙两种钢，同时加热至 1150℃，保温 2h，经金相显微组织检查，甲钢奥氏体晶粒度为 3 级，乙钢为 6 级。由此能否得出结论：甲钢是本质粗晶粒钢，而乙钢是本质细晶粒钢？

2-1-35　为什么用铝脱氧的钢及加入少量 Ti、Zr、V、Nb、W 等合金元素的钢都是本质细晶粒钢？奥氏体晶粒大小对转变产物的力学性能有何影响？

2-1-36　钢获得马氏体组织的条件是什么？与钢的珠光体相变及贝氏体相变比较，马氏体相变有何特点？

任务 2.2　钢的分类及应用

【任务简介】

· 任务内容

（1）班级学生自由组合为学习小组，各学习小组自行选出组长。

（2）组长召集组员利用课余时间认真预习钢的分类及应用的有关工作任务。

（3）完成任务工作页资讯、决策、计划部分。

（4）在完成以上任务的基础上根据情况制订实施方案。

（5）通过网络收集有关钢的分类及应用的资料。

· 任务要求

（1）掌握钢的分类等基本概念。

（2）掌握不同钢材料的热处理工艺操作过程。

（3）能分析不同钢材料热处理工艺路线。

（4）能分析不用钢材料的应用方向。

（5）能主动学习、查找资料，在完成任务过程中发现问题、分析问题和解决问题。

（6）能与小组成员协商、交流、配合完成本学习任务。

（7）严格遵守实训室安全规范。

· 建议课时

4 课时。

【相关知识】

钢是碳质量分数小于 2.11% 的铁碳合金，是现代化工业中用途最广、用量最大的金属材料。

2.2.1　钢的分类

钢的种类繁多，为了便于生产、选用和比较研究并进行保管，根据钢的某些特性，从不同角度出发，可以把它们分成若干具有共同特点的类别。下面简单介绍一些常用的分类方法。

(1) 按化学成分分类。钢按化学成分分为碳素钢（简称碳钢）和合金钢两大类。工业用碳钢除主要成分铁和碳外，还含有少量的锰、硅、硫、磷、氮、氧、氢等常存杂质。由于碳钢容易冶炼，价格低廉，性能可以满足一般工程机械、普通机器零部件、工具及日常轻工业产品的使用要求，故得到了广泛的应用。我国碳钢产量占钢总产量的 90% 左右。合金钢是在碳钢的基础上，为了提高钢的力学性能、物理性能和化学性能，改善钢的工艺性能，在冶炼时有目的地加入一些合金元素。在钢的总产量中，合金钢所占比重约 10% ~ 15%，与碳钢相比，合金钢的性能有显著的提高和改善，随着我国钢铁工业的发展，合金钢的产量、品种、质量也将逐年增加和提高。

1) 碳素钢。按含碳量不同又可分为低碳钢（$w(C) < 0.25\%$）、中碳钢（$w(C) = 0.25\% ~ 0.60\%$）和高碳钢（$w(C) > 0.60\%$）。

2) 合金钢。按钢中合金元素总含量可分为低合金钢（合金元素总质量分数 $w(Me) < 5\%$）、中合金钢（$w(Me) = 5\% ~ 10\%$）和高合金钢（$w(Me) > 10\%$）。此外，还可根据钢中所含主要合金元素种类不同来分类，如锰钢、铬钢、硼钢等。

(2) 按冶金质量分类。根据钢中所含有害杂质（S、P）的多少，工业用钢通常分为普通钢、优质钢和高级优质钢。

1) 普通钢。硫的质量分数 $w(S) \leq 0.04\% ~ 0.050\%$，磷的质量分数 $w(P) \leq 0.04\% ~ 0.045\%$。

2) 优质钢。$w(S) \leq 0.035\% ~ 0.04\%$，$w(P) \leq 0.035\% ~ 0.04\%$。

3) 高级优质钢。$w(S) \leq 0.030\% ~ 0.035\%$，$w(P) \leq 0.030\% ~ 0.035\%$。

(3) 按用途分类。按钢的用途分类是钢的主要分类方法。根据工业用钢的不同用途，可将其分为结构钢、工具钢、特殊性能钢三大类。

1) 结构钢。结构钢包括用作工程结构的钢和用作各种机器零部件的钢。用作工程结构的钢包括碳素结构钢、低合金结构钢。用作各种机器零部件的钢包括渗碳钢、调质钢、弹簧钢、滚动轴承钢等。

2) 工具钢。工具钢包括碳素工具钢、合金工具钢和高速工具钢三种。它们可用以制造刃具、模具和量具等。

3) 特殊性能钢。这类钢具有特殊的物理、化学性能，它包括不锈钢、耐热钢、耐磨钢等。

此外，按冶炼时脱氧程度，还可分为沸腾钢（脱氧不完全）、镇静钢（脱氧完全）和半镇静钢三类。

2.2.2　钢的牌号表示方法

为了管理和使用方便，必须确定一个编号方法。编号的原则是：以明显、确切、简单的符号反映钢种的冶炼方法、化学成分、特性、用途、工艺方法等，同时还要便于书写、打印和识别而不易混淆。

2.2.2.1　结构钢

（1）碳素结构钢。碳素结构钢牌号由代表屈服点的字母 Q、屈服点数值、质量等级符号（A、B、C、D）及脱氧方法符号（F、b、Z、TZ）等四个部分按顺序组成。其中质量等级符号说明钢中硫、磷杂质含量的多少（D 级杂质最少），脱氧方法符号 F、b、Z、TZ 分别表示沸腾钢、半镇静钢、镇静钢、特殊镇静钢。如 Q235 - AF 表示屈服点为 235MPa 的 A 级沸腾钢。

（2）优质碳素结构钢。其牌号用两位数字表示，数字表示钢中平均碳质量分数的万分数，如 45 钢，表示该钢中 $w(C)=0.45\%$，当含锰量较高时，两位数字后加锰的元素符号，如 45Mn 钢。

（3）合金结构钢。其牌号是按照合金钢中的含碳量及所含合金元素的种类和含量来编制的。牌号前两位数字表示钢中平均碳质量分数的万分数；中间为所含合金元素的种类，用元素符号表示；元素符号后的数字表示合金元素的近似含量，不含数字的，说明合金元素的质量分数低于 1.5%，如 40Cr 钢。此外，滚动轴承钢有自己单独的表示方法，前面以 "G" 为标志，其后为铬元素符号 Cr，Cr 后面的数字表示钢中平均铬质量分数的千分数，其余规定与合金结构钢牌号相同，如 GCr15SiMn 钢。易切削钢牌号为 "Y" 加数字，数字表示钢中平均碳质量分数的万分数，如 Y30。

2.2.2.2　工具钢

（1）碳素工具钢。其牌号是在汉语拼音字母 "T" 的后面加数字表示，数字表示钢中平均碳质量分数的千分数，如 T8 钢。碳素工具钢都是优质钢，若钢号末尾标字母 "A"，表示此钢为高级优质钢，如 T10A 钢。

（2）合金工具钢。当平均 $w(C)<1.0\%$ 时，牌号前的一位数字表示钢中平均碳质量分数的千分数，合金元素及其含量的表示方法与合金结构钢的表示方法相同。如 9Mn2V 表示平均 $w(C)=0.9\%$、$w(Mn)=2\%$、$w(V)<1.5\%$ 的合金工具钢。当平均 $w(C)\geqslant1.0\%$ 时，牌号中元素符号前不标数字，如 CrWMn；另外，高速钢牌号中也不标含碳量。

（3）特殊性能钢。特殊性能钢的牌号表示方法与合金工具钢基本相同，只是当平均 $w(C)\leqslant0.03\%$ 时，在牌号前加 "00" 表示含碳量极低，如 00Cr18Ni10 表示平均含碳量 $w(C)\leqslant0.03\%$；当平均 $w(C)\leqslant0.08\%$，则在牌号前加 "0" 表示含碳量极低，例如 0Cr19Ni9 表示含碳量 $w(C)\leqslant0.08\%$。

2.2.2.3　钢中的杂质及合金元素的作用

目前工业上使用的钢铁材料中，钢占有很重要的地位。除此之外，还含有某些杂质和合金元素。由于它们的存在，对钢的性能有一定程度的影响。

2.2.3 杂质元素对钢性能的影响

工业上常用的钢，由于受冶炼时所用原料以及冶炼工艺等因素的影响，钢中不免有少量杂质，如硅、锰、硫、磷以及气体元素等，它们的存在会影响钢的性能。

(1) 硅的影响。硅在镇静钢中含量一般为 $w(Si)=0.1\%\sim0.4\%$，在沸腾钢中 $w(Si)<0.07\%$。硅能溶于铁素体中，具有固溶强化作用，可提高钢的强度、硬度和弹性，但降低塑性和韧性。硅的脱氧能力比锰强，可作为脱氧剂加入钢中。

(2) 锰的影响。锰在钢中含量一般为 $w(Mn)=0.25\%\sim0.8\%$，最高时可达 1.2%。锰大部分溶于铁素体，起到强化铁素体的作用。锰的脱氧能力很强，可作为脱氧剂加入钢中，消除 FeO 的危害，提高硅和铝的脱氧效果。锰可与硫形成 MnS，从而消除硫的有害作用，改善钢的热加工性能。

(3) 硫的影响。硫是钢中有害的元素，硫在铁素体中的溶解度极小，主要以 FeS 的形态存在。而在钢中 FeS 与铁形成低熔点（985℃左右）的共晶体分布在奥氏体晶界上，使钢变脆。当钢在 1100~1200℃ 压力加工时，由于分布在晶界上的低熔点共晶体已经熔化，钢在晶界处开裂，其强度、韧性下降。这种现象称为热脆。

为了消除硫的有害作用，可适当提高钢中锰含量，锰与硫可优先形成高熔点（1620℃）的化合物 MnS，MnS 在高温下具有塑性，可避免钢的热脆现象。

硫在大多数钢种中虽是有害元素，但有时为了提高钢的切削加工性能，可适当提高硫和锰含量。当钢中含硫、锰量较多时，可行成较多的 MnS，在切削加工时，起到断屑、减磨作用，可改善钢的切削加工性能。

(4) 磷的影响。磷在钢中是有害元素，一般情况下钢中的磷能全部溶于铁素体中，可提高铁素体的强度、硬度，但使钢的塑性、韧性急剧降低。当含磷量达到一定值时，磷还能使钢的脆性转变温度升高，致使钢在低温甚至室温下变脆。这种现象称为"冷脆"。使钢的冷加工性能和焊接性能变坏。磷的冷脆对在寒冷地区或其他低温条件下工作的钢结构具有严重的危害性。

钢中含有适量的磷，能提高钢在大气中的抗蚀性能，也可改善钢的切削加工性能。增加炮弹钢的含磷量，可提高弹片的淬化程度和杀伤力。

(5) 钢中气体的影响。钢中气体有氮、氧、氢。它们对钢的质量会产生不同程度的危害。氮固溶于铁素体中会使钢的强度、硬度提高，塑性、韧性降低，产生时效脆化。氧与某些元素形成氧化物残留在钢中，成为非金属夹杂物，使钢的塑性、韧性、强度降低。严重时会使钢在加工过程中产生裂纹，使用时突然脆断。氢对钢的危害性更大，会使钢产生氢脆，甚至使钢产生微裂纹，严重影响钢的力学性能。

2.2.4 合金元素的作用

为了改善钢的性能，在基体金属中有意加入的一些金属或非金属元素称为合金元素，如锰、硅、铬、镍、钼、钒、钛、钴、铜、铝、硼、稀土等。这些合金元素可以与铁和碳发生作用形成固溶体和碳化物，而且合金元素之间也可以相互作用，形成金属间化合物，故而对钢的基本相、铁碳相图和热处理相变过程都有影响。

2.2.4.1 合金元素对钢中基本相的影响

(1) 形成合金铁素体。大多数合金元素都能溶于铁素体，形成合金铁素体。合金元素溶入后, 由于晶格类型和原子半径与铁不同而使铁素体晶格畸变, 产生固溶强化效果, 使铁素体的强度、硬度升高, 韧性、塑性下降, 如图 2-27 所示。

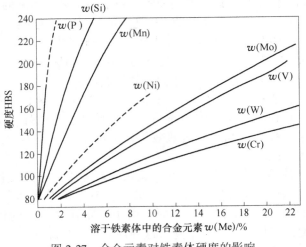

图 2-27　合金元素对铁素体硬度的影响

（2）形成合金碳化物。在钢中能形成合金碳化物的元素有锰、铬、钼、钨、钒、铌、锆、钛等（顺序依次增强）。与碳的亲和力越强, 形成的合金碳化物就越稳定。按合金元素与碳的亲和力强弱及合金元素在钢中的含量不同, 可形成下列类型的碳化物: 特殊碳化物, 如 TiC、NbC、VC 等; 合金碳化物, 如 Mo_2C、W_2C、Cr_7C_3 等; 合金渗碳体, 如 $(Fe, Mn)_3C$、$(Fe, Cr)_3C$ 等。从合金渗碳体到特殊碳化物, 硬度依次增高, 稳定性增大。随着碳化物数量的增多, 钢的强度、硬度提高, 而塑性、韧性下降。特别是弥散度大的细颗粒碳化物, 对提高钢的硬度和耐磨性更有利。

2.2.4.2　合金元素对铁碳相图的影响

（1）对奥氏体相区的影响。

1）扩大奥氏体区。在钢中加入镍、锰、铜等元素会使单相奥氏体区扩大, 也就是促使 A_1 线、A_3 线温度降低, 两线下移, 如图 2-28（a）所示。因此, 若钢中含有大量的锰或镍等元素, 便会使相图中奥氏体区向下延展, 甚至扩大到室温以下。所以这类钢在室温下也可以得到奥氏体, 因此称为奥氏体钢。

2）缩小奥氏体区。在钢中加入铬、钼、钨、钛、硅等元素的会使单相奥氏体区缩小, 也就是促使 A_1 线、A_3 线温度升高, 两线上移, 如图 2-28（b）所示。因此, 若钢中这些合金元素含量过高, 可使相图中奥氏体区缩小, 使钢在高温下也保持铁素体组织, 这类钢称为铁素体钢。

（2）对 S、E 点位置的影响。加入合金元素后, 会使 Fe-Fe_3C 相图的 S 点和 E 点向左移, 也就是使钢的共析点含碳量和碳在奥氏体中的最大固溶度降低。S 点左移意味着奥氏体发生共析转变所需的含碳量（质量分数）低于 0.77%, 出现 w(C)<0.77% 的过共析钢。E 点是奥氏体的最大溶碳点。E 点左移意味着钢和生铁按平衡状态组织区分的含碳量（质量分数）不再是 2.11%, 而是低于这个数值, 这就出现了莱氏体钢。

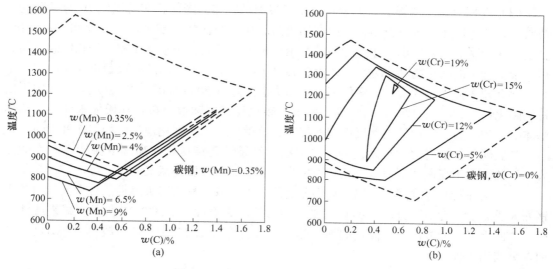

图 2-28 合金元素对奥氏体相区的影响

（a）锰的影响；（b）铬的影响

2.2.4.3 合金元素对钢热处理的影响

（1）对奥氏体化及奥氏体晶粒长大的影响。合金元素溶入后形成碳化物组织，碳化物组织阻碍碳原子的扩散，因此合金钢的奥氏体化过程需要更高的温度，更长的保温时间。

合金元素（除锰、磷外）对奥氏体晶粒的长大在不同程度上起阻碍作用。强碳化物形成元素能形成稳定的碳化物，强烈地阻碍奥氏体晶粒长大，可细化晶粒，因此，奥氏体可以加热到更高的温度。

（2）对过冷奥氏体转变的影响。大多数合金元素（除钴外）都使钢的过冷奥氏体稳定性提高，从而使钢的 C 曲线右移，如图 2-29 所示，临界冷却速度降低，钢的淬透性提高。这样就有利于大截面零件的淬透。

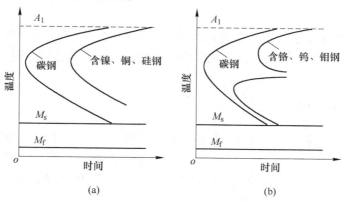

图 2-29 合金元素对 C 曲线的影响

（a）非碳化物形成元素；（b）碳化物形成元素

（3）对回火转变的影响。由于合金元素溶于马氏体，降低碳在马氏体中的扩散速度，使碳不易从马氏体中迅速析出，因此在回火过程中，马氏体不易分解，碳化物不易析出，合金元素能明显阻碍析出后碳化物微粒的聚集长大。因此，与碳钢比较，经相同温度回火后，合金钢中的碳化物细小分解，硬度、强度下降不多，有较高的回火稳定性。

含有较多强碳化物形成元素的钢，在回火温度达到 500~600℃ 时，会从马氏体中析出特殊碳化物，如 VC、WC、Cr_7C_3 等。析出的碳化物高度弥散分布在马氏体基体上，增加基体变形的抗力，使钢的硬度反而有所提高，这就出现二次硬化现象，如图 2-30 所示。

二次硬化是提高钢的红硬性的主要途径。红硬性是指材料在高温下保持高硬度的能力，红硬性对于高速切削刀具及热变形模具等有着非常重要的意义。

淬火钢在某些温度回火后出现韧性显著降低的现象，称为回火脆性。合金元素对淬火钢回火后力学性能下降方面的影响主要是第二类回火脆性，如图 2-31 所示。减轻或消除第二类回火脆性的方法是提高钢的纯洁度，减少杂质元素的含量，还应改善工艺方法，选用含钨或钼的合金钢。

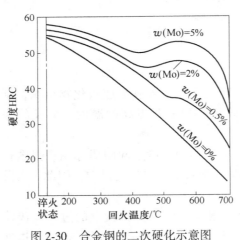

图 2-30　合金钢的二次硬化示意图

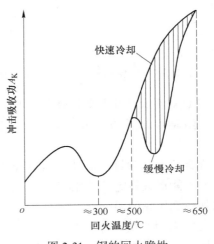

图 2-31　钢的回火脆性

2.2.5　结构钢

用于制造各种机器零件及工程结构的钢统称结构钢。它是工业上应用最广、用量最大、品种最多的一类钢。结构钢按其化学成分和用途可分为碳素结构钢、低合金结构钢和机械制造结构钢。

2.2.5.1　碳素结构钢

碳素结构钢包括普通碳素结构钢和优质碳素结构钢。主要用于建筑和工程结构以及制造机器零件。

（1）普通碳素结构钢。普通碳素结构钢容易冶炼、工艺性好、价格也低，力学性能又能满足一般工程结构的要求，所以应用较广。

此类钢主要保证力学性能，一般情况下都不经热处理，在供应状态下直接使用。普通碳素结构钢的牌号、化学成分、力学性能见表 2-7。

表 2-7　普通碳素结构钢牌号、化学成分和力学性能

牌号	统一数字代号	等级	厚度(或直径)/mm	脱氧方法	C	Si	Mn	P	S	R_eH ≤16	>16~40	>40~60	>60~100	>100~150	>150~200	R_m/N·mm⁻²	A ≤40	>40~60	>60~100	>100~150	>150~200	温度/℃	冲击功/J
Q195	U11952	—	—	F、Z	0.12	0.30	0.50	0.035	0.040	195	185	—	—	—	—	315~430	33	—	—	—	—	—	—
Q215	U12152	A	—	F、Z	0.15	0.35	1.20	0.045	0.050	215	205	195	185	175	165	335~450	31	30	29	27	26	—	—
	U12155	B							0.045													+20	27
Q235	U12352	A	—	F、Z	0.22	0.35	1.40	0.045	0.050	235	225	215	215	195	185	370~500	26	25	24	22	21	—	—
	U12355	B		F、Z	0.20			0.045	0.045													+20	27
	U12358	C		Z	0.17			0.040	0.040													0	
	U12359	D		TZ				0.035	0.035													−20	
Q275	U12752	A	—	F、Z	0.24	0.35	1.50	0.045	0.050	275	265	255	245	225	215	410~540	22	21	20	18	17	—	—
	U12755	B	≤40	Z	0.21			0.045	0.045													+20	27
			>40		0.22																		
	U12758	C	—	Z	0.20			0.040	0.040													0	
	U12759	D		TZ	0.20			0.035	0.035													−20	

通常 Q195、Q215、Q235 钢碳的质量分数低，焊接性能好，塑性、韧性好，强度较低。一般轧制成薄板、钢筋和型钢，主要用于建筑、桥梁等工程结构和制造受力不大的铆钉、螺钉、螺母等零件。Q255、Q275 钢的强度较高，塑性、韧性较好，可用于制造受力中等的普通零件和结构件，如链轮、拉杆、键、销等零件。

（2）优质碳素结构钢。优质碳素结构钢出厂时既保证化学成分又保证力学性能。这类钢中硫、磷杂质含量较低，非金属夹杂物也少，钢的品质较高，性能优良，广泛用于制造较重要的机器零件。

优质碳素结构钢在使用前一般都要进行热处理，以进一步提高其力学性能。这类钢按含锰量不同，可分为普通含锰量（$w(Mn) = 0.25\% \sim 0.8\%$）和较高含锰量（$w(Mn) = 0.7\% \sim 1.2\%$）两组。含锰量较高的一组优质碳素结构钢，淬透性稍好、强度也较高。

优质碳素结构钢按其含碳量不同，还可分为低碳钢、中碳钢和高碳钢。优质碳素结构钢的牌号、力学性能及用途见表 2-8。

表 2-8　优质碳素结构钢的牌号、力学性能和用途

牌号	$w(C)/\%$	σ_s/MPa	σ_b/MPa	$\delta_5/\%$	$\psi/\%$	α_K /J·cm^{-2}	HBS 热轧	HBS 退火	主　要　用　途
		不小于					不大于		
08F	0.05~0.11	175	295	35	60	—	131	—	塑性好，焊接性好，宜制作冷冲压件、焊接件及一般螺钉、铆钉、垫圈、螺母、容器渗碳件（齿轮，小轴，凸轮，摩擦片等）等
08	0.05~0.12	195	325	33	60	—	131	—	
10F	0.07~0.14	185	315	33	55	—	137	—	
10	0.07~0.14	205	335	31	55	—	137	—	
15F	0.12~0.19	205	355	29	55	—	143	—	
15	0.12~0.19	225	375	27	55	—	143	—	
20	0.17~0.24	245	410	25	55	—	156	—	
25	0.22~0.30	275	450	23	50	90	170		
30	0.27~0.35	295	490	21	50	80	179		综合力学性能优良，宜制承受力较大的零件，如连杆、曲轴、主轴、活塞杆、齿轮等
35	0.32~0.40	315	530	20	45	70	197		
40	0.37~0.45	335	570	19	45	60	217	187	
45	0.42~0.50	355	600	16	40	50	229	197	
50	0.47~0.55	375	630	14	40	40	241	207	
55	0.52~0.60	390	645	13	35		255	217	
60	0.57~0.65	400	675	12	35		225	229	
65	0.62~0.70	410	695	10	30		225	229	屈服点高，硬度高，宜制弹性元件（如各种螺旋弹簧、板簧等）以及耐磨零件、弹簧垫圈、轧辊等
70	0.67~0.75	420	715	9	30		269	220	
75	0.72~0.80	880	1080	7	20		285	241	
80	0.77~0.85	930	1080	6	30		285	241	
85	0.82~0.90	980	1130	6	30		302	255	
15Mn	0.12~0.19	245	410	26	55		163		可制作渗碳零件，受磨损零件及较大尺寸的各种弹性元件等，或要求强度稍高的零件
20Mn	0.17~0.24	275	450	24	50		197		

续表 2-8

牌号	$w(C)/\%$	σ_s/MPa	σ_b/MPa	$\delta_5/\%$	$\psi/\%$	α_K /$J\cdot cm^{-2}$	HBS 热轧	退火	主 要 用 途
				不小于			不大于		
25Mn	0.22~0.30	295	490	22	50	90	207		
30Mn	0.27~0.35	315	540	20	45	80	217	187	
35Mn	0.32~0.40	335	560	18	45	70	229	197	
40Mn	0.37~0.45	355	590	17	45	60	229	207	可制作渗碳零件，受磨损零件及较大尺寸的各种弹性元件等，或要求强度稍高的零件
45Mn	0.42~0.50	375	620	15	40	50	241	217	
50Mn	0.48~0.56	390	645	13	40	40	255	217	
60Mn	0.57~0.65	410	695	11	35	—	266	229	
65Mn	0.62~0.70	430	735	9	30	—	285	229	
70Mn	0.67~0.75	450	785	8	30	—	285	229	

08F~25 钢属于低碳钢，特点是塑性、韧性好，焊接性和冷成形性能优良，但强度较低。一般轧制成薄板，用于制造受力小、高韧性的冲压件和渗碳件。30~55 钢属于中碳钢，经调质处理后具有良好的综合力学性能，既具有较高的强度，同时又具有较好的塑性、韧性。主要用于制造承受力较大的各种轴类、齿轮等零件。60~85 钢属高碳钢，经热处理（淬火+中温回火）后，具有高的弹性极限和屈服强度。常用于制造各类弹簧，如机车车辆和汽车上的螺旋弹簧、板簧等。

2.2.5.2　低合金结构钢

低合金结构钢是低碳低合金工程结构用钢，又称低合金高强度钢。广泛用于房屋、桥梁、船舶、车辆、锅炉、输油输气管道、压力容器等工程结构件。

A　低合金结构钢的成分特点

低合金结构钢的含碳量较低，一般为 $w(C)\leqslant 0.2\%$，合金元素含量总质量分数一般不超过 3%，常加入的合金元素有锰、钒、钛、铌、铜、磷、稀土等，它们在钢中的作用是：

（1）锰溶入铁素体中形成固溶体，起固溶强化作用。锰还能增加组织中珠光体数量，并细化珠光体层片组织，提高钢的强度。在低碳条件下，锰加入量 $w(Mn)\leqslant 1.8\%$ 时，钢的塑性、韧性比较高，且具有较好的焊接性能。

（2）钒、钛、铌是与碳和氮亲和力较大的强碳化物、氮化物形成元素，在钢中形成细小、分散的碳化物、氮化物，产生弥散强化作用。同时由于这些碳化物、氮化物稳定性较大，加热时能阻碍奥氏体晶粒长大、细化钢的晶粒，从而提高钢的强度和韧性。

（3）磷和铜是低合金结构钢中的抗蚀性合金元素，可提高钢对大气、海水的抗腐蚀作用，延长构件的使用寿命。磷、铜还有极强的固溶强化作用。但含磷多会增加钢的冷脆性，可同时加入钛、稀土等元素以削弱磷的危害作用。

（4）稀土元素的化学性质非常活泼，加入钢中可以净化钢液，改变夹杂物的形状和分布，从而提高钢的韧性，特别是提高钢的低温韧性。此外，稀土元素还可削弱磷的冷脆倾向，改善钢的冷弯性能。

　　B　低合金结构钢的性能特点

　　(1) 具有高的屈服强度和良好的塑性与韧性。由于加入了少量的合金元素，得到了强化铁素体、细化晶粒以及碳元素的强化作用等结果，有效地提高了钢的强度，比碳素结构钢要高 25% ~ 50%，特别是屈强比明显提高。又由于含碳量较低，因此塑性、韧性较好，伸长率 $\delta_5 = 15\% \sim 23\%$，室温冲击韧度 $\alpha_K > 60\text{J/cm}^2$，且冷脆转变温度较低（约 -30℃）。所以用这类钢制作大型金属构件，不仅安全可靠，而且可以减轻自重，节约钢材。

　　(2) 具有良好的焊接性。低合金结构钢制成的板材、型材、管材，在使用时大多要经过焊接加工，而焊成后一般不再进行热处理，故对焊接性能要求较高。由于低合金钢的含碳量和合金元素的含量都较低，对焊缝及热影响区的性能影响较小，防止了焊裂倾向的产生，从而改善了钢的焊接性能。

　　(3) 具有良好的耐蚀性。由于低合金结构钢的强度高，用于制作结构件的截面积减小、厚度减薄。为保证经久耐用，要求这类钢具有耐大气、海水等侵蚀的能力。在低合金钢中加入少量的铜、磷、铬、铝等合金元素，在钢的表面会形成一层氧化物薄膜，抑制腐蚀介质侵入基体内部，起到保护作用。

　　C　常用低合金结构钢

　　低合金结构钢的品种繁多，用途广泛。这类钢一般在热轧状态下使用，有时为了改善焊接区的性能，可进行正火处理，经过热处理后其组织为铁素体+珠光体，只有少数例外，要求高强度时进行调质处理，获得回火索氏体组织。

　　表 2-9 列出了部分具代表性的低合金结构钢的牌号、化学成分，表 2-10 列出了其力学性能。Q295 钢适用于制造车辆冲压件、螺旋焊管、中低压容器、输油管道、油缸等；Q345 钢适用于制造船舶、铁路车辆、压力容器、桥梁、起重及矿山机械等；Q390 钢适用于制造高压石油化工容器、桥梁、车辆、大型船舶、起重机械及高载荷的焊接结构件等；Q420 钢可用于制造大型船舶、桥梁、电站设备、中高压锅炉及大型焊接结构件等；Q460 钢可淬火加回火后用于大型挖掘机、起重运输机械、钻井平台等。

表 2-9　低合金高强度结构钢牌号及化学成分

牌号	质量等级	化学成分 $w(\text{Me})/\%$										
		C≤	Mn	Si≤	P≤	S≤	V	Nb	Ti	Al[①]≥	Cr≤	Ni≤
Q295	A	0.16	0.80 ~ 1.50	0.55	0.045	0.045	0.02 ~ 0.15	0.015 ~ 0.060	0.02 ~ 0.20	—		
	B	0.16	0.80 ~ 1.50	0.55	0.040	0.040	0.02 ~ 0.15	0.015 ~ 0.060	0.02 ~ 0.20	—		
Q345	A	0.20	1.00 ~ 1.60	0.55	0.045	0.045	0.02 ~ 0.15	0.015 ~ 0.060	0.02 ~ 0.20	—		
	B	0.20	1.00 ~ 1.60	0.55	0.040	0.040	0.02 ~ 0.15	0.015 ~ 0.060	0.02 ~ 0.20	—		
	C	0.20	1.00 ~ 1.60	0.55	0.035	0.035	0.02 ~ 0.15	0.015 ~ 0.060	0.02 ~ 0.20	0.015		
	D	0.18	1.00 ~ 1.60	0.55	0.030	0.030	0.02 ~ 0.15	0.015 ~ 0.060	0.02 ~ 0.20	0.015		
	E	0.18	1.00 ~ 1.60	0.55	0.025	0.025	0.02 ~ 0.15	0.015 ~ 0.060	0.02 ~ 0.20	0.015		
Q390	A	0.20	1.00 ~ 1.60	0.55	0.045	0.045	0.02 ~ 0.20	0.015 ~ 0.060	0.02 ~ 0.20	—	0.30	0.70
	B	0.20	1.00 ~ 1.60	0.55	0.040	0.040	0.02 ~ 0.20	0.015 ~ 0.060	0.02 ~ 0.20	—	0.30	0.70

牌号	质量等级	化学成分 w(Me)/%										
		C≤	Mn	Si≤	P≤	S≤	V	Nb	Ti	Al①≥	Cr≤	Ni≤
Q390	C	0.20	1.00~1.60	0.55	0.035	0.035	0.02~0.20	0.015~0.060	0.02~0.20	0.015	0.30	0.70
	D	0.20	1.00~1.60	0.55	0.030	0.030	0.02~0.20	0.015~0.060	0.02~0.20	0.015	0.30	0.70
	E	0.20	1.00~1.60	0.55	0.025	0.025	0.02~0.20	0.015~0.060	0.02~0.20	0.015	0.30	0.70
Q420	A	0.20	1.00~1.70	0.55	0.045	0.045	0.02~0.20	0.015~0.060	0.02~0.20	—	0.40	0.70
	B	0.20	1.00~1.70	0.55	0.040	0.040	0.02~0.20	0.015~0.060	0.02~0.20	—	0.40	0.70
	C	0.20	1.00~1.70	0.55	0.035	0.035	0.02~0.20	0.015~0.060	0.02~0.20	0.015	0.40	0.70
	D	0.20	1.00~1.70	0.55	0.030	0.030	0.02~0.20	0.015~0.060	0.02~0.20	0.015	0.40	0.70
	E	0.20	1.00~1.70	0.55	0.025	0.025	0.02~0.20	0.015~0.060	0.02~0.20	0.015	0.40	0.70
Q460	C	0.20	1.00~1.70	0.55	0.035	0.035	0.02~0.15	0.15~0.060	0.02~0.20	0.15	0.70	0.70
	D	0.20	1.00~1.70	0.55	0.030	0.030	0.02~0.15	0.15~0.060	0.02~0.20	0.15	0.70	0.70
	E	0.20	1.00~1.70	0.55	0.025	0.025	0.02~0.15	0.15~0.060	0.02~0.20	0.15	0.70	0.70

① 表中的 Al 为全铝含量，如分析酸溶铝时，其 $w(Al) \geqslant 0.010\%$。

表 2-10　低合金高强度结构钢的力学性能

牌号	质量等级	σ_s/MPa（≥）				σ_b/MPa	δ_5/%	冲击吸收功 A_{KV}（纵向）/J				钢材厚度（直径）①/mm	
		厚度（直径）/mm						+20℃	0℃	-20℃	-40℃		
		<16	>16~35	>35~50	>50~100			≥				<16	>16~100
Q295	A	295	275	255	235	390~570	23					$d=2a$	$d=3a$
	B	295	275	255	235	390~570	23	34				$d=2a$	$d=3a$
Q345	A	345	325	295	275	470~630	21					$d=2a$	$d=3a$
	B	345	325	295	275	470~630	21	34				$d=2a$	$d=3a$
	C	345	325	295	275	470~630	22		34			$d=2a$	$d=3a$
	D	345	325	295	275	470~630	22			34		$d=2a$	$d=3a$
	E	345	325	295	275	470~630	22				27	$d=2a$	$d=3a$
Q390	A	390	370	350	330	490~650	19					$d=2a$	$d=3a$
	B	390	370	350	330	490~650	19	34				$d=2a$	$d=3a$
	C	390	370	350	330	490~650	20		34			$d=2a$	$d=3a$
	D	390	370	350	330	490~650	20			34		$d=2a$	$d=3a$
	E	390	370	350	330	490~650	20				27	$d=2a$	$d=3a$
Q420	A	420	400	380	360	520~680	18					$d=2a$	$d=3a$
	B	420	400	380	360	520~680	18	34				$d=2a$	$d=3a$
	C	420	400	380	360	520~680	19		34			$d=2a$	$d=3a$
	D	420	400	380	360	520~680	19			34		$d=2a$	$d=3a$
	E	420	400	380	360	520~680	19				27	$d=2a$	$d=3a$
Q460	C	460	440	420	400	550~720	17		34			$d=2a$	$d=3a$
	D	460	440	420	400	550~720	17			34		$d=2a$	$d=3a$
	E	460	440	420	400	550~720	17				27	$d=2a$	$d=3a$

① 180°弯曲试验，d＝弯心直径，a＝试样厚度。

2.2.5.3　机械制造结构钢

机械制造结构钢是用于制造机械零件的合金结构钢,是在钢中加入一定数量和种类的合金元素构成的钢种。由于它的合金成分总量相对较高,所以它克服了碳素结构钢和低合金结构钢的某些不足之处,提高了钢的综合力学性能。这类钢大多数在热处理后使用,主要用于制造各种机械零件。按其用途和热处理特点可分为渗碳钢、调质钢、易切钢、弹簧钢、滚动轴承钢和超高强度钢等。

A　渗碳钢

渗碳钢通常是指经过渗碳热处理后使用的钢,包括低碳优质碳素结构钢和低碳合金结构钢。主要用于制造承受冲击载荷、强烈摩擦磨损条件下工作的机械零件。如变速齿轮、凸轮轴、活塞销等。这类零件要求表面具有高硬度和耐磨性及较高的接触疲劳强度,心部要求有良好的韧性和足够的强度。

碳素渗碳钢是低碳优质碳素结构钢。这类钢淬透性低、热处理前后钢的心部强度、韧性变化不大,因此只能用来制造承受载荷较小、形状简单、不太重要但要求耐磨的渗碳零件。合金渗碳钢则因其淬透性高,经热处理后达到显著强化效果。

a　合金渗碳钢的成分及性能特点

合金渗碳钢一般含碳量较低,$w(C) = 0.10\% \sim 0.25\%$,这样经热处理后可以保证零件心部有足够的韧性。常加入的合金元素有铬、镍、锰、硼,这些元素的加入可强化铁素体和提高淬透性,改善零件心部组织和性能,还能提高渗碳层的强度与韧性。还可加入钨、钼、钒、钛等微量合金元素,以形成难溶碳化物,细化晶粒,使渗碳后能直接淬火,防止渗碳层剥落,并提高零件表面硬度和接触疲劳强度及韧性。由此可见,渗碳钢具有较高的强度和韧性,较好的淬透性,并且具有优良的工艺性能,即使在 $930 \sim 950℃$ 高温下,奥氏体晶粒也不会长大,这样既能使零件渗碳后表面获得高的硬度和耐磨性,又能使心部有足够的强度和韧性。

b　常用合金渗碳钢及热处理

合金渗碳钢按淬透性高低可分为低淬透性合金渗碳钢、中淬透性合金渗碳钢、高淬透性合金渗碳钢三类。

(1) 低淬透性合金渗碳钢。水淬临界淬透直径为 $20 \sim 35mm$,渗碳淬火后 σ_b 可达 $700 \sim 850MPa$。如 20Mn2、20Cr、20MnV、20CrV 等,可用于制造受力不太大、强度要求不太高的耐磨零件。

(2) 中淬透性合金渗碳钢。油淬临界淬透直径为 $25 \sim 60mm$,渗碳淬火后 σ_b 可达 $950 \sim 1200MPa$。如 20CrMnTi、20MnTiB、20MnVB 等,可用于制造承受中等载荷的耐磨零件。

(3) 高淬透性合金渗碳钢。油淬临界淬透直径在 $100mm$ 以上,甚至空冷也能淬成马氏体,渗碳淬火后 σ_b 可达 $1200MPa$ 以上。如 18Cr2Ni4WA、20Cr2Ni4 等,可用于制造承受重载及强烈磨损的重要大型零件。

合金渗碳钢的热处理一般是渗碳后直接进行淬火加低温回火。表层获得高碳回火马氏体和碳化物,硬度一般为 $58 \sim 64HRC$,保证了表层的高硬度和耐磨性。心部为低碳回火马氏体,保证心部具有足够的强度和韧性。常用合金渗碳钢的牌号、成分、热处理、力学性能及用途见表 2-11。

表 2-11 常用合金渗碳钢的牌号、成分、热处理、力学性能和用途

牌号	主要化学成分 w/%							热处理/℃				力学性能					毛坯尺寸/mm	用途
	C	Mn	Si	Cr	Ni	V	其他	渗碳	第一次淬火	第二次淬火	回火	σ_b/MPa	σ_s/MPa	δ/%	ψ/%	α_K/J · cm^{-2}		
20Mn2	0.17～0.24	1.40～1.80	0.17～0.37					930	850 水、油		200	≥785	≥590	≥10	≥40	≥47	15	小齿轮、小轴活塞销等
20Cr	0.18～0.24	0.50～0.80	0.17～0.37	0.70～1.00				930	880 水、油	780～820 水、油	200	≥835	≥540	≥10	≥40	≥47	15	齿轮、小轴活塞销等
20MnV	0.17～0.24	1.30～1.60	0.17～0.37			0.07～0.12		930	880 水、油		200	≥785	≥590	≥10	≥40	≥55	15	齿轮、小轴活塞销等。也用作锅炉、高压容器管道等
20CrV	0.17～0.23	0.50～0.80	0.17～0.37	0.80～1.10		0.10～0.20		930	880 水、油	800 水、油	200	≥835	≥590	≥12	≥45	≥55	15	齿轮、小轴、顶杆活塞销、耐热垫圈
20CrMn	0.17～0.23	0.90～1.20	0.17～0.37	0.90～1.20				930	850 油		200	≥930	≥735	≥10	≥45	≥47	15	齿轮、轴、蜗杆、活塞销、摩擦轮
20CrMnTi	0.17～0.23	0.80～1.10	0.17～0.37	1.00～1.30			0.04～0.10(Ti)	930	880 油	870 油	200	≥1080	≥835	10	45	≥55	15	汽车、拖拉机上的变速箱齿轮
20MnTiB	0.17～0.24	1.30～1.60	0.17～0.37				0.04～0.10(Ti) 0.0005～0.0035(B)	930	860 油		200	≥1100	≥930	≥10	≥45	≥55	15	代 20CrMnTi
20SiMnVB	0.17～0.24	1.30～1.60	0.50～0.80			0.07～0.12	0.0005～0.0035(B)	930	900 油		200	≥1175	≥980	≥10	≥45	≥55	15	代 20CrMnTi
18Cr2Ni4WA	0.13～0.19	0.30～0.60	0.17～0.37	1.35～1.65	4.00～4.50		0.80～1.20 (W)	930	950 空	850 空	200	≥1175	≥835	10	45	≥78	15	大型渗碳齿轮和轴类

B　调质钢

调质钢是指经调质处理后使用的钢。主要用于制造重载荷、冲击载荷及综合力学性能要求高的重要零件。如机床的主轴、汽车后桥的半轴、发动机的曲轴、连杆、齿轮等零部件。

调质钢包括碳素调质钢和合金调质钢。碳素调质钢一般是中碳优质碳素结构钢，如40 钢、45 钢、40Mn 钢等，其中 45 钢应用最广。这类钢淬透性差，只有零件尺寸较小时经调质后才能获得较好的力学性能，所以它只适用于制作载荷低、尺寸小的零件。合金调质钢是指中碳合金结构钢，这类钢淬透性好、综合力学性能高。

a　合金调质钢的成分及性能特点

合金调质钢的含碳量一般为 $w(C) = 0.25\% \sim 0.5\%$，含碳量高低对调质后钢的性能影响较大。含碳量过低，不易淬硬，强度不足；含碳量过高，则韧性不够。一般采用含碳量为 $w(C) = 0.40\%$ 的调质钢，既可保证钢经调质后有足够的强度和硬度，又可保证具有一定的塑性和韧性。合金调质钢中常加入的合金元素有锰、铬、硅、镍、硼、钨、钼、钛、钒等。加入合金元素的目的主要是提高钢的淬透性，强化铁素体，钨、钼、钛、钒可细化晶粒，钨、钼还能防止第二类回火脆性。所以，合金钢淬透性好，经过调质处理后具有优良的综合力学性能。

b　常用合金调质钢及热处理

常用合金调质钢按淬透性可分为低淬透性合金调质钢、中淬透性合金调质钢和高淬透性合金调质钢三类。

（1）低淬透性合金调质钢。油淬临界淬透直径为 20~40mm，调质处理后强度比碳钢高，一般 $\sigma_b = 800 \sim 1000$MPa。如 40Cr、40MnB 等钢，用于制造中等截面、承受载荷较小的零件、如连杆螺栓、机床主轴等。

（2）中淬透性合金调质钢。油淬临界淬透直径 40~60mm，调质处理后强度很高，一般 $\sigma_b = 900 \sim 1000$MPa。如 35CrMo、38CrSi、40CrMn 等钢，用于制造截面较大、大载荷的零件、如曲轴、连杆等。

（3）高淬透性合金调质钢。油淬临界淬透直径大于等于 60~100mm，调质处理后强度更高，韧性也很好，一般 $\sigma_b = 1000 \sim 1200$MPa。如 38CrMoAlA、40CrNiMoA 等钢，可用于制造大截面、承受重载荷的零件。如精密机床主轴、汽轮机主轴、航空发动机曲轴等。

合金调质钢的热处理为淬火加高温回火，即调质处理，回火后获得索氏体组织，具有良好的综合力学性能。调质后再对表面喷丸或滚压强化，可大幅度提高抗疲劳强度，延长使用寿命。常用合金调质钢的牌号、化学成分、热处理及力学性能和用途见表 2-12。

C　易切削钢

在钢中加入某种或某几种合金元素，使之具有良好的切削加工性能的钢，称为易切削钢（简称易切钢）。易切钢在切削加工过程中不仅能提高切削速度，而且能延长刀具寿命，还有切削抗力小，加工后表面光洁及排除切屑容易等优点。

良好的切削加工性能是易切钢的突出特点。易切钢中常加的合金元素有硫、磷、铅、钙、硒和碲等。这些元素加入钢中能形成某些非金属夹杂物，而又几乎不溶于铁中，成为独立存在的组织，在钢锭被压延时，这些夹杂物沿延伸方向伸长，成为条状或纺锤状，类似无数个微小的缺口，破坏钢组织的连续性，切削时容易断屑，提高切削性能。另一方面，由于这些夹杂物是以细小的条状或纺锤状的形态存在，对钢材纵向力学性能影响并不明显。

表 2-12　常用合金调质钢的牌号、化学成分、热处理及力学性能和用途

牌号	主要化学成分 w/%								热处理			力学性能					退火状态 HBS	用途
	C	Mn	Si	Cr	Ni	Mo	V	其他	淬火/℃	回火/℃	毛坯尺寸/mm	σ_b/MPa	σ_s/MPa	δ_5/%	ψ/%	α_K/J·cm^{-2}		
45①	0.42~0.50	0.50~0.80	0.17~0.37						840 水	600 空	25	≥600	≥355	≥16	≥40	≥39	≤197	主轴、曲轴、齿轮、柱塞等
45Mn2	0.42~0.49	1.40~1.80	0.17~0.37						840 油	550 水、油	25	≥885	≥735	≥10	≥45	≥47	≤217	代替 φ<50 mm 的 40Cr 做重要螺栓和轴类件等
40MnB	0.37~0.44	1.10~1.40	0.17~0.37					0.0005~0.0035(B)	850 油	500 水、油	25	≥980	≥785	≥10	≥45	≥47	≤207	代替 φ<50mm 的 40Cr 做重要螺栓和轴类件等
40MnVB	0.37~0.44	1.10~1.40	0.17~0.37				0.05~0.10	0.0005~0.0035(B)	850 油	520 水、油	25	≥980	≥785	≥10	≥45	≥47	≤207	可代替 40Cr 及部分代替 40CrNi 做重要零件，也可代替 38CrSi 作重要销钉
35SiMn	0.32~0.40	1.10~1.40	1.10~1.40						900 水	570 水、油	25	≥885	≥735	≥15	≥45	≥47	≤229	除低温（<-20℃）韧性稍差外，可全面代替 40Cr 和部分代替 40CrNi
40Cr	0.37~0.44	0.50~0.80	0.17~0.37	0.80~1.10					850 油	520 水、油	25	≥980	≥785	≥9	≥45	≥47	≤217	做重要调质件，如轴类、连杆螺栓、进气阀和重要齿轮等
38CrSi	0.35~0.43	0.30~0.60	1.00~1.30	1.30~1.60					900 油	600 水、油	25	≥980	≥835	≥12	≥50	≥55	≤255	做承受大载荷的轴类件及车辆上的重要调质件
40CrMn	0.37~0.45	0.90~1.20	0.17~0.37						840 油	550 水、油	25	≥980	≥835	≥9	≥45	≥47	≤229	代替 40CrNi

续表 2-12

牌号	主要化学成分 w/%								热处理			力学性能					退火状态 HBS	用途
	C	Mn	Si	Cr	Ni	Mo	V	其他	淬火/℃	回火/℃	毛坯尺寸/mm	σ_b/MPa	σ_s/MPa	δ_5/%	ψ/%	α_K/J·cm^{-2}		
30CrMnSi	0.27~0.34	0.80~1.10	0.90~1.20	0.80~1.10					880 油	520 水、油	25	≥1080	≥885	≥10	≥45	≥39	≤229	高强度钢，做高速载荷砂轮轴、车轴上内外摩擦片等
35CrMo	0.32~0.40	0.40~0.70	0.17~0.37	0.80~1.10					850 油	550 水、油	25	≥980	≥835	≥12	≥45	≥63	≤229	重要调质件，如曲轴、连杆及代替40CrNi作大截面轴类件
38CrMoAlA	0.35~0.42	0.30~0.60	0.20~0.45	1.35~1.65		0.15~0.25		0.70~1.10(Al)	940 水、油	640 水、油	30	≥980	≥835	≥14	≥50	≥71	≤229	做氮化零件，如压阀门、缸套等
40CrNi	0.37~0.44	0.50~0.80	0.17~0.37	0.45~0.75	1.00~1.40				820 油	500 水、油	25	≥980	≥785	≥10	≥45	≥55	≤241	做较大截面和重要的曲轴、主轴、连杆等
37CrNi3	0.34~0.41	0.30~0.60	0.17~0.37	1.20~1.60	3.00~3.60				820 油	500 水、油	25	≥1130	≥980	≥10	≥50	≥47	≤269	做大截面并需要高强度、高韧性的零件
37SiMn2MoV	0.33~0.39	1.60~1.90	0.60~0.90			0.40~0.50	0.05~0.12		870 水、油、空	650 水、空	25	≥980	≥835	≥12	≥50	≥63	≤269	做大截面、重载荷的轴、连杆、齿轮等，可代替40CrNiMo
40CrMnMo	0.37~0.45	0.90~1.20	0.17~0.37	0.90~1.20		0.20~0.30			850 油	600 水、油	25	≥980	≥785	≥10	≥45	≥63	≤217	相当于40CrNiMo的高级调质钢
25Cr2Ni4WA	0.21~0.28	0.30~0.60	0.17~0.37	1.35~1.65	4.00~4.50			0.80~1.20(W)	850 油	550 水	25	≥1080	≥930	≥11	≥45	≥71	≤269	制造机械性能要求很高的大断面零件
40CrNiMoA	0.37~0.44	0.50~0.80	0.17~0.37	0.80~0.90	1.25~1.75	0.15~0.25			850 油	600 水、油	25	≥980	≥835	≥12	≥55	≥78	≤269	做高强度零件，如航空发动机轴，在低于500℃工作的喷气发动机承力零件
45CrNiMoVA	0.42~0.49	0.50~0.80	0.17~0.37	0.80~1.10	1.30~1.80	0.20~0.30	0.10~0.20		860 油	460 油	试样	≥1470	≥1325	≥7	≥35	≥31	269	做高强度、高弹性零件如车辆上扭力轴等

① 优质碳素结构钢。

a 易切钢中合金元素对切削性能的影响

（1）硫的影响。硫在易切钢中主要以 MnS 夹杂物形态存在，并沿轧制方向形成纤维状组织，这种夹杂物破坏了基体的连续性、起割裂作用，使切屑的卷曲半径小而短、易断，减少切屑与刀具的接触面积，还能起内部润滑作用，使切屑不黏刀刃，易于排除，从而减少刀具磨损，提高刀具寿命，改善切削加工性能。易切钢中含硫量一般在 $w(S) = 0.08\% \sim 0.33\%$。但因硫有导致热脆的作用，并且含量高时焊接性能变坏，所以钢中含硫量不宜过高。

（2）磷的影响。磷固溶于铁素体中，能够提高硬度和强度，但会降低塑性与韧性，使切屑易于断裂排除，加工工件的表面光洁程度高，从而进一步改善钢的切削加工性能。但是，磷含量高会使硬度过高，增加钢的冷脆性。所以，磷含量不宜过高，也很少单独使用，一般易切钢中 $w(P) \leqslant 0.15\%$。

（3）铅的影响。铅不溶于固溶体中，在固态下以金属态的细小颗粒均匀分布在钢的基体中。由于铅的熔点低，切削时刀具与切屑之间强烈摩擦产生的切削热，使铅呈熔融状态，起到润滑、断屑等作用，显著提高钢的切削加工性能。但是钢中铅含量过高，会引起严重的密度偏析，铅蒸气会引起公害，故含量也不宜过高。一般 $w(Pb) = 0.15\% \sim 0.35\%$。

（4）钙的影响。钙在易切钢中以复合化合物形态存在，这种低熔点的复合化合物在切削过程中软化，形成一层薄而具有润滑作用的保护膜附着在刀具表面，有效地防止刀具磨损，显著地提高刀具寿命，应该指出，单纯加钙元素的易切钢只有用硬质合金刀具高速切削时，才能显示出其易切性能，而与其他元素合用时，如 Ca-S、Ca-S-Pb 复合易切钢种，即使用高速钢刀具切削也具有易切性。易切钢中钙的含量一般为 $w(Ca) \leqslant 0.006\%$。

（5）硒、碲元素的影响。它们虽然能够改善钢的切削加工性能，但由于属于稀贵元素，一般很少使用，只有在一些高级合金钢中才使用。

b 常用易切削钢

常用易切削钢的牌号、成分、性能及用途见表 2-13。

表 2-13　易切削钢的牌号、成分、性能及用途

牌号	化学成分 $w/\%$						力学性能（热轧）				用途举例
	C	Mn	Si	S	P	其他	σ_b/MPa	$\delta_5/\%$	$\psi/\%$	HBS	
Y12	0.08 ~ 0.16	0.60 ~ 1.00	0.15 ~ 0.35	0.10 ~ 0.20	0.08 ~ 0.15	—	390 ~ 540	≥22	≥36	≥170	在自动机床上加工的一般标准紧固件，如螺栓、螺母、销
Y12Pb	0.08 ~ 0.16	0.70 ~ 1.10	≤0.15	0.15 ~ 0.25	0.05 ~ 0.10	0.15 ~ 0.35 (Pb)	390 ~ 540	≥22	≥36	≥170	可制作表面粗糙度要求更低的一般机械零件，如轴、销、仪表精密小件等
Y15	0.10 ~ 0.18	0.80 ~ 1.20	≤0.15	0.23 ~ 0.33	0.05 ~ 0.10	—	390 ~ 540	≥22	≥36	≥170	同 Y12，但切削性更好
Y15Pb	0.10 ~ 0.18	0.80 ~ 1.20	≤0.15	0.23 ~ 0.33	0.05 ~ 0.10	0.15 ~ 0.35 (Pb)	390 ~ 540	≥22	≥36	≥170	同 Y12Pb，切削性能较 Y15 钢更好

牌号	化学成分 w/%						力学性能（热轧）				用途举例
	C	Mn	Si	S	P	其他	σ_b /MPa	δ_5/%	ψ/%	HBS	
Y20	0.15 ~ 0.25	0.70 ~ 1.00	0.15 ~ 0.35	0.80 ~ 0.15	≤0.06	—	450 ~ 600	≥20	≥30	≥175	强度要求稍高、形状复杂、不易加工的零件，如纺织机、计算机上的零件及各种紧固标准件
Y30	0.25 ~ 0.35	0.70 ~ 1.00	0.15 ~ 0.35	0.08 ~ 0.15	≤0.06	—	510 ~ 655	≥15	≥25	≥187	
Y35	0.32 ~ 0.40	0.70 ~ 1.00	0.15 ~ 0.35	0.08 ~ 0.15	≤0.06	—	510 ~ 655	≥14	≥22	≥187	同 Y30 钢
Y40Mn	0.35 ~ 0.45	1.20 ~ 1.55	0.15 ~ 0.35	0.20 ~ 0.30	≤0.05	—	590 ~ 735	≥14	≥20	≥207	受较高应力、要求表面粗糙度低的机床丝杠、光杠、螺栓及自行车、缝纫机零件
Y45Ca	0.42 ~ 0.50	0.60 ~ 0.90	0.20 ~ 0.40	0.04 ~ 0.08	≤0.04	0.002 ~ 0.006 （Ca）	600 ~ 745	≥12	≥26	≥241	经热处理的齿轮、轴等

　　Y12、Y15 钢含碳量低、强度不高，属硫易切钢。一般用于制造强度要求不高的零件。如标准紧固件、螺栓、螺母等。Y20、Y30 钢含碳量略高，仍属硫易切钢。因其含碳量增加，强度有所提高。主要用于制造强度要求稍高和断面形状复杂难加工的零件。如纺织机、计算机等机器上的零件及各种标准紧固件。Y40Mn 钢是含锰量较高的易切钢。可用于制造要求强度高、光洁度高的机床零件。如机床丝杠、光杠、螺栓及自行车缝纫机零件等。Y12Pb、Y15Pb 是铅易切钢。广泛用于制造要求耐磨和表面光洁度高的精密仪表的零件。如手表、照相机的零件。Y45Ca 是钙易切钢。主要用于制造需经调质处理的齿轮、轴等零件。

　　D　弹簧钢

　　用于制造弹簧和弹性元件的钢种称为弹簧钢。弹簧是机器上的重要零件。弹簧是通过其本身产生的弹性变形吸收和释放能量进行工作的。因此安装在各种机器上的弹簧主要有两个方面的作用：一是通过弹簧产生大量的弹性变形吸收冲击功，以减缓冲击和振动，保护设备，如火车、汽车等的缓冲弹簧；二是利用弹性变形储存和释放能量，使机件完成某些动作，如发动机的气阀弹簧、钟表发条、仪表弹簧等。

　　弹簧一般是在动载荷、交变应力、有时还受冲击载荷的条件下工作的。因此，要求弹簧具有高的弹性极限、高的疲劳强度、高的屈强比、足够的塑性和韧性。弹簧钢都经过淬火和回火后使用，所以要求具有良好的淬透性和加热时抵抗脱碳和过热的能力。特殊情况下还要求具有良好的导电性、耐热性和耐蚀等性能。

　　弹簧钢按化学成分可分为碳素弹簧钢和合金弹簧钢两类。

　　(1) 碳素弹簧钢。碳素弹簧钢含碳量较高，$w(C) = 0.60\% \sim 0.90\%$，属高碳优质碳素结构钢。高碳的目的在于保证高强度的需要。这类弹簧钢价格便宜，经热处理后具有一定的强度、塑性，但淬透性差。当截面尺寸较大时，油中淬不透，水淬则变形，开裂倾向大。因此只适宜制造较小截面尺寸的弹簧。

常用的碳素弹簧钢钢号有 65、70、75、85、65Mn 等。65,70 号碳素弹簧钢适用于调压调速弹簧、柱塞弹簧、测力弹簧、一般机器上的圆方螺旋弹簧和拉成钢丝作小型机械弹簧等。75、85 号碳素弹簧钢适用于汽车、拖拉机和火车等机械上承受振动的各种板簧和螺旋弹簧。65Mn 淬透性好,强度较高,适用于制作较大尺寸的各种扁、圆弹簧,如坐垫弹簧、弹簧发条、弹簧环、气门簧、离合器簧片,制动弹簧等。

(2) 合金弹簧钢。合金弹簧钢的含碳量一般为 $w(C)=0.45\%\sim0.70\%$。合金弹簧钢中起主要强化作用的是合金元素。常用的合金元素有硅、锰、铬、钼、钨、钒等。加入合金元素的主要作用是提高钢的淬透性和回火稳定性。锰和硅是弹簧钢中的主要合金元素,除提高淬透性外,还能显著的提高钢的屈强比,硅的作用尤其显著。钒等可细化晶粒,钨、钼、钒可减少钢的脱碳和过热倾向,提高钢的耐热性能。

常用的合金弹簧钢有硅锰弹簧钢、铬钒弹簧钢、硅铬弹簧钢、铬锰弹簧钢、硅锰钒硼弹簧钢、钨铬钒弹簧钢等。

1) 硅锰弹簧钢有 55Si2Mn、60Si2Mn 等钢号,含硅量较高,硅锰元素的加入使钢的弹性极限和屈强比提高,淬透性高,抗回火稳定性好,过热敏感性小,但脱碳倾向较大。这类弹簧钢可用于制造尺寸较大、承受较大应力、工作温度不超过 250℃ 的条件下工作的弹簧。如汽车、拖拉机、机车车辆上的减震板簧、螺旋弹簧、汽缸安全阀簧以及转向架弹簧等。

2) 铬钒弹簧钢有 50CrVA、60Si2Mn 等,它具有良好的工艺性能和力学性能。淬透性高,钒能使钢的晶粒细化,过热敏感性降低,是一种高级弹簧钢。适用于制造气门弹簧、油嘴弹簧、气缸胀圈、密封弹簧以及大截面、高应力的重要板簧和螺旋弹簧。

3) 硅铬弹簧钢有 60Si2CrA、60SiCrVA 等钢号,比硅锰钢的抗拉强度和屈服强度高。适用于制造 250℃ 以下工作的弹簧,如汽轮机汽封弹簧、调节阀簧、重型板簧等。

4) 铬锰弹簧钢有 50CrMn、55CrMnA 等钢号,铬锰钢具有较高的强度、塑性和韧性,过热敏感性比硅锰钢高。这类钢适用于制造各种车辆和较重要的板簧、螺旋簧等。

5) 硅锰钒硼弹簧钢有 55SiMnVB 等钢号,这类钢比 60Si2Mn 具有更高的淬透性、塑性和韧性,脱碳倾向小,回火稳定性良好。适用于制造重型汽车的板簧和截面尺寸较大的板簧以及螺旋弹簧等。

6) 钨铬钒弹簧钢有 30W4Cr2V 等钢号,是高强度耐热弹簧钢,淬透性特别高。适宜制造高温条件下(工作温度不超过 500℃)工作的弹簧。如锅炉用弹簧、汽轮机弹簧等。

常用弹簧钢的牌号、成分、性能及用途见表 2-14。

E 滚动轴承钢

专门用于制造滚动轴承的滚动体(滚珠、滚柱等)及内外圈的钢称滚动轴承钢。也可用于制造某些精密耐磨零件。

滚动轴承是一切传动机械中不可缺少的重要零件。随着工业和科学技术的迅速发展,对轴承的需用量日益增加,对其质量和性能要求也越来越高。提出了高精度、高速、高温、超低温、低摩擦,低温升、低噪音和耐腐蚀等要求。因此,对轴承钢的要求也越来越严格,不断向高质量,高性能和多品种的方向发展。

滚动轴承的工作条件极其复杂,承受着交变应力的作用。由于滚动体与内外圈的接触面积很小(滚珠是点接触、滚柱为线接触),所有的外载荷都加在这个很小的面积上,因此,接触应力极大,从而易造成接触疲劳破坏。除此之外,滚动体与套圈之间不仅有滚动

表 2-14　常用弹簧钢的牌号、化学成分、性能及用途

钢 号	化学成分 w/%					热处理		力学性能			用途举例
	C	Si	Mn	V	其他	淬火温度/℃	回火温度/℃	σ_s/MPa	δ/%	α_K/J·cm^{-2}	
65	0.62~0.70	0.17~0.37	0.5~0.8	—	—	840	480	800	9	—	截面尺寸小于15mm的小弹簧
75	0.72~0.80	0.17~0.37	0.5~0.8	—	—	820	480	1100	7	—	汽车、拖拉机、火车上承受震动的螺旋弹簧
65Mn	0.62~0.70	0.17~0.37	0.9~1.2	—	—	840	480	850	8	—	截面尺寸小于20mm的冷卷弹簧
55Si2Mn	0.52~0.60	1.5~2.0	0.6~0.9	—	—	870	460	1200	6	30	汽车、拖拉机上的减振弹簧，电力机车升弓钩弹簧
60Si2Mn	0.56~0.64	1.5~2.0	0.6~0.9	—	—	870	460	1200	5	25	机车板簧，测力弹簧
70Si3MnA	0.66~0.74	2.4~2.8	0.6~0.9	—	—	860	420	1600	5	20	大尺寸板簧，扭杆弹簧
50CrVA	0.46~0.54	0.17~0.37	0.5~0.8	0.1~0.2	0.8~1.1 (Cr)	850	520	1100	10	30	大轿车、载重汽车的板簧，低于210℃的耐热弹簧
60Si2CrVA	0.56~0.64	1.4~1.8	—	0.1~0.2	0.4~0.7 (Cr)	850	400	1700	5	30	重型板簧
55SiMnVB	0.52~0.60	0.7~1.0	1.0~1.3	0.08~0.16	0.0005~0.0035 (B)	860	460	1250	5	—	重型、中、小型汽车的板簧
65Si2MnWA	0.61~0.69	1.5~2.0	0.7~1.0	—	0.8~1.2 (W)	850	420	1700	5	30	高强度，大截面弹簧
55SiMnMoVNb	0.52~0.60	0.4~0.7	1.0~1.3	0.08~0.15	0.3~0.4 (Mo) 0.01~0.03 (Nb)	880	500~550	1300	7	30	载重汽车、越野汽车板簧
55SiMnMoV	0.52~0.60	0.4~0.7	1.0~1.3	0.08~0.15	0.2~0.3 (Mo)	860~900	520~650	1350	7	30	载重汽车、越野汽车板簧
30W4Cr2V	0.26~0.34	0.17~0.37	≤0.4	0.5~0.8	2.0~2.5 (Cr)	1050~1100	550~650	1350	7	—	锅炉用弹簧

摩擦，而且还有相对的滑动摩擦，故会产生磨损破坏。轴承在工作中还会受到振动、冲击、侵蚀等作用。因此，对轴承钢性能的基本要求是：

（1）具有高的接触疲劳强度，免受接触应力的破坏；

（2）具有高而均匀的硬度和良好的耐磨性，以免磨损破坏；

（3）高的弹性极限，防止在大载荷作用下轴承产生过量的塑性变形；

（4）具有一定的韧性，防止轴承在冲击载荷作用下发生破坏；

（5）良好的尺寸稳定性，防止轴承在长期存放或使用中因尺寸变化而降低精度；

（6）具有一定的抗蚀性，在大气或润滑剂中应不易生锈或被腐蚀，保持表面光洁；

（7）具有良好的工艺性能，以满足大批量，高质量、高效率生产。

除此之外，对于在特殊条件下工作的轴承还应满足耐高温、耐冲击、防磁等不同要求。

一般滚动轴承用钢含碳量一般为 $w(C) = 0.95\% \sim 1.15\%$，含铬量为 $w(Cr) < 1.65\%$，并含少量的锰、硅等元素。铬是滚动轴承钢中的主要合金元素，在钢中一部分渗入固溶体，另一部分与碳组成合金渗碳体 $(Fe、Cr)_3C$。使钢在热处理时淬透性高，回火稳定性好。热处理后使钢获得高而均匀的硬度和耐磨性，以及均匀的组织。但铬含量超过1.65%（质量分数）时，淬透性不再提高，而且会增加钢中残余奥氏体量，降低硬度和尺寸稳定性，增加碳化物的不均匀性，降低钢的冲击韧性和疲劳强度。因此，轴承钢中的含铬量一般控制在 1.65% 以下。近年来，轴承钢的品种不断发展，在铬轴承钢中提高锰、硅含量，添加钼等，进一步提高淬透性，用于制造大型或特大型轴承。为了节约铬元素，发展了无铬轴承钢，在无铬轴承钢中提高锰、硅等元素的含量，再添加钒、稀土等元素，可提高钢的力学性能。

钢中非金属夹杂物对轴承的使用寿命影响很大。钢中非金属夹杂物主要有氧化物、硫化物及硅酸盐。它们的存在破坏了金属基体的连续性，引起应力集中，会导致疲劳破坏，特别是硬而脆的氧化物危害极大。因此，尽量减少钢中非金属夹杂物的数量，是提高轴承疲劳寿命的主要途径之一。

碳化物的不均匀性对轴承的接触疲劳强度也有较大的影响。液析碳化物是液相中碳及合金元素富集而产生的亚稳共晶莱氏体。由于这种碳化物是液态偏析引起的，所以称为液析碳化物。液析碳化物颗粒大、硬度高、脆性大，暴露在表面容易引起剥落，加速轴承的磨损，在淬火时也容易引起开裂。网状碳化物是在晶界上析出的网络状组织。这种网状碳化物破坏了基体的连续性，明显地增加了钢的脆性，降低了承受冲击载荷的能力，在淬火时容易变形或开裂。带状碳化物是结晶时枝晶偏析而引起的。带状组织影响钢的退火和淬火组织，造成钢的力学性能各向异性，降低接触疲劳强度。因此，要充分重视改善碳化物分布的不均匀性。

根据轴承钢的化学成分、性能特点，轴承钢可分为铬轴承钢、无铬轴承钢等几类。

（1）铬轴承钢。铬轴承钢 $w(C) = 0.95\% \sim 1.15\%$，$w(Cr) = 0.40\% \sim 1.65\%$，这种钢淬透性好，淬火后硬度高而均匀，耐磨性好，组织均匀，接触疲劳强度高。铬是碳化物形成元素，能改善碳化物分布状况。由于合金元素少，价格也低，因此得到广泛应用。最常用的是 GCrl5、GCrl5SiMn 等。GCr15 用于制造一般工作条件下的中小型轴承。GCrl5SiMn用于制造大型轴承。铬轴承钢的化学成分热处理及用途见表 2-15。

（2）无铬轴承钢。无铬轴承钢用硅、锰、钼、钒、稀土等元素代替铬制成的节铬型轴承钢。硅、锰可改善钢的强度和淬透性；钼、钒能形成碳化物，提高钢的硬度和耐磨性，并可细化晶粒；稀土元素则可改善钢中的夹杂物分布，提高韧性。无铬轴承钢的耐磨性和疲劳强度比铬轴承钢高，但耐蚀性和加工工艺性能不如铬轴承钢。一般用途的轴承均可用无铬轴承钢制造。

滚动轴承钢的化学成分、热处理及用途见表2-15。此外，还有渗碳轴承钢，用于制造承受很大冲击载荷或特大型轴承，如G20Cr2Ni4等，不锈轴承钢，用于制造耐腐蚀的不锈轴承，如9Cr18等。

表2-15　滚动轴承钢的成分、热处理和用途

钢　号	主要化学成分 $w/\%$							热处理规范			主要用途
	C	Cr	Si	Mn	V	Mo	RE[②]	淬火 /℃	回火 /℃	回火后 HRC	
GCr6	1.05~ 1.15	0.40~ 0.70	0.15~ 0.35	0.20~ 0.40				800~ 820	150~ 170	62~ 66	外径小于10mm的滚珠，滚柱和滚针
GCr9	1.0~ 1.10	0.9~ 1.2	0.15~ 0.35	0.20~ 0.40				800~ 820	150~ 160	62~ 66	外径小于20mm的各种滚动轴承
GCr9SiMn	1.0~ 1.10	0.9~ 1.2	0.40~ 0.70	0.90~ 1.20				810~ 830	150~ 200	61~ 65	壁厚小于14mm，外径小于250mm的轴承套。直径25~50mm的钢球；直径25mm左右滚柱等
GCr15	0.95~ 1.05	1.30~ 1.65	0.15~ 0.35	0.20~ 0.40				820~ 840	150~ 160	62~ 66	与GCr9SiMn同
GCr15SiMn	0.95~ 1.05	1.30~ 1.65	0.40~ 0.65	0.90~ 1.20				820~ 840	170~ 200	>62	壁厚大于等于14mm，外径250mm的套圈，直径20~200mm的钢球，其他同GCr15
GMnMoVRE[①]	0.95~ 1.05	0.15~ 0.40		1.10~ 1.40	0.15~ 0.25	0.4~ 0.6	0.05~ 0.01	770~ 810	170± 5	≥62	代GCr15用于军工和民用方面的轴承
GSiMoMnV[①]	0.95~ 1.10		0.45~ 0.65	0.75~ 1.05	0.2~ 0.3	0.2~ 0.4		780~ 820	175~ 200	≥62	与GMnMoVRE同

① 新钢种，供参考。

② RE为稀土元素。

F　超高强度钢

超高强度钢是指抗拉强度超过1500MPa的钢。它主要用于航空、航天工业中，用来制造飞机起落架、机翼大梁、火箭发动机壳体，液体燃料氧化剂储箱、高压容器以及常规武器的炮筒、枪筒、防弹板等。

超高强度钢的主要特点是：具有很高的强度和足够的韧性，比强度和疲劳极限值高，在载荷作用下能承受很高的工作应力，从而可减轻结构重量。超高强度钢按化学成分和强韧性机制可分为低合金超高强度钢、中合金超高强度钢、高合金超高强度钢和超高强度不锈钢。

低合金超高强度钢是在合金调质钢的基础上加入一定量的某些合金元素构成。其含碳量为 $w(C) < 0.45\%$，以保证足够的塑性和韧性。合金元素总量 $w(Me) < 5\%$，其作用是提高钢的淬透性，从而提高强度。热处理工艺是淬火后低温回火，如30CrMnSiNi2A钢，热处理后抗拉强度可达1700~1800MPa，是航空工业中应用较广的一种低合金超高强度钢，常用低合金超高强度钢的化学成分、热处理及力学性能见表2-16。

表2-16　常用低合金高强度钢的成分、热处理规范和力学性能

牌号	主要化学成分 w/%							热处理规范	力学性能					
	C	Si	Mn	Mo	V	Cr	其他		σ_b /MPa	$\sigma_{0.2}$ /MPa	σ_5 /%	ψ /%	α_k /J·cm^{-2}	K_{1c} /MPa·m$^{1/2}$
30CrMnSiNi2A	0.27~0.34	0.90~1.2	1.0~1.30	—	—	0.90~1.20	1.40~1.80Ni	900℃,淬油+250~300℃回火	1600~1800	—	8~9	35~45	40~60	260~274
40CrMnSiMoV	0.37~0.42	1.2~1.6	0.8~1.2	0.45~0.60	0.07~0.12	1.20~1.50	—	920℃,淬油+200℃回火	1943	—	13.7	45.4	79	203~230
30Si2Mn2MoWV	0.27~0.31	2.0~2.5	1.5~2.0	0.55~0.75	0.05~0.15	—	0.40~0.60(W)	950℃,淬油+250℃回火	≥1900	≥1500	10~12	≥25	≥50	≥350
32Si2Mn2MoV	0.31~0.36	1.45~1.75	1.6~1.9	0.35~0.45	0.20~0.35	—	—	920℃,淬油+320℃回火	1845	1580	12.0	46	58	250~280
35Si2MnMoV	0.32~0.36	1.4~1.7	0.9~1.2	0.5~0.6	0.1~0.2	—	—	930℃,淬油+300℃回火	1800~2000	1600~1800	8~10	30~35	50~70	—
40SiMnCrMoVRE	0.38~0.43	1.4~1.7	0.9~1.2	0.35~0.45	0.08~0.18	1.0~1.3	0.15(RE)	930℃,淬油+280℃回火	2050~2150	1750~1850	9~14	40~50	70~90	—
GC—19	0.32~0.37	0.8~1.2	0.8~1.2	2.0~2.5	0.4~0.5	1.3~1.7	—	1020℃,淬油+550℃回火两次	1895	—	10.5	46.5	63	—
40CrNiMoA(AISI4340)	0.38~0.43	0.20~0.35	0.6~0.8	0.2~0.3	—	0.7~0.9	1.65~2.0(Ni)	900℃,淬油+230℃回火	1820	1560	8	30	55~75	177~232
AMS6434(美制)	0.31~0.38	0.20~0.35	0.6~0.8	0.3~0.4	0.17~0.23	0.65~0.9	1.65~2.0(Ni)	900℃,淬油+240℃回火	1780	1620	12[①]	33	—	—
300M(美制)	0.41~0.46	1.45~1.80	0.65~0.90	0.3~0.4	≥0.05	0.65~0.95	1.6~2.0(Ni)	871℃,淬油+315℃回火	2020	1720	9.5[①]	34	—	—
D6AC(美制)	0.42~0.48	0.15~0.30	0.6~0.9	0.9~1.1	0.05~0.1	0.9~1.2	0.4~0.7(Ni)	880℃,淬油+510℃回火	1700~2080	1500~1600	9~11[①]	40	—	—

① 表示用标距为50.8mm（2英寸）的试样测出的断后伸长率。

中合金超高强度钢是指在 300~500℃ 的使用温度下能保持较高的比强度与热疲劳强度的钢。合金元素总量为 $w(Me) = 5\% \sim 10\%$，其中以 Cr、Mo（强碳化物形成元素）为主。这类钢经高温淬火和三次高温回火可获得高强度、高的抗氧化性和抗疲劳性。回火时能析出弥散细小的碳化物，产生二次硬化效果，如 4Cr5MoSiV 钢等，此类钢可用于制造超音速飞机中承受中温的强力构件、轴类等零件。

高合金超高强度钢是指在 450~500℃ 的使用温度下能保持高强度的钢。合金元素总量为 $w(Me) = 18\% \sim 25\%$，并含有钼、钛、铌、铝等时效强化元素。典型超高强度钢是马氏体时效钢，常见有 Ni25Ti2AlNb 和 Ni18Co9Mo5TiAl 等，时效处理后 σ_b 高达 2000MPa，是制造超音速飞机及火箭壳体的重要材料。

2.2.6　工具钢

工具钢是指用于制造各种刀具、模具和量具的钢种。按其化学成分不同，工具钢可分为碳素工具钢、合金工具钢和高速钢三大类。按其用途又可分为刃具钢，模具钢和量具钢三种。

2.2.6.1　碳素工具钢

碳素工具钢简称碳工钢。碳工钢含碳量 $w(C) = 0.65\% \sim 1.35\%$，属高碳钢。根据有害杂质（硫、磷）的含量不同，又分优质和高级优质碳工钢。由于硅、锰影响钢的淬透性，碳工钢对硅、锰的含量限制较严，硅为 $w(Si) < 0.35\%$，锰为 $w(Mn) < 0.40\%$（T8Mn 除外），以此来控制淬透深度，防止变形或开裂。

碳素工具钢一般都经热处理后使用，其热处理工艺一般包括机械加工前的球化退火，加工成型后的淬火和低温回火。球化退火是为了降低热轧锻后的硬度和消除内应力，以便进行切削加工；淬火是为了提高成型后的工具的硬度和耐磨性；低温回火是为了消除淬火后的内应力，以免变形和开裂。由于各种碳工钢的淬火加热温度大体相同，故经淬火后的硬度也基本相同，随钢号增大，含碳量增加，未溶渗碳体增多，钢的耐磨性增高，而塑性、韧性降低。

碳素工具钢的优点是生产成本较低，加工性能良好，经过适当的热处理后有较高的硬度（HRC≥62）和较好的耐磨性。缺点是红硬性差，工作温度超过 200~250℃ 时，其硬度迅速下降、淬透性也差，当工具直径或厚度大于 15mm 时，就会因淬硬层太薄而不能使用。因此，碳工钢适宜制造一般用途的工具。T7、T8 适宜制造要求韧性较高、承受一定冲击的工具；T9、T10、T11 用于制造中等韧性、冲击较小，硬度与耐磨性较高的工具；T12、T13 适宜制造不受冲击、韧性差、硬度与耐磨性极高的工具。碳素工具钢的牌号、化学成分、热处理及用途举例见表 2-17。

表 2-17　碳素工具钢的牌号、成分、热处理及用途

牌号	化学成分 $w/\%$			退火状态 HBS	试样淬火[①] HRC	用 途 举 例
	C	Si	Mn			
T7 T7A	0.65~ 0.74	≤0.35	≤0.40	≥187	≥62 （800~820℃水）	承受冲击、韧性较好、硬度适当的工具，如扁铲、手钳、大锤、改锥、木工工具

续表 2-17

牌号	化学成分 w/%			退火状态 HBS	试样淬火[1] HRC	用　途　举　例
	C	Si	Mn			
T8 T8A	0.75~ 0.84	≤0.35	≤0.40	≥187	≥62 (780~800℃水)	承受冲击、要求较高硬度的工具，如冲头、压缩空气工具、木工工具
T8Mn T8MnA	0.80~ 0.90	≤0.35	0.40~ 0.60	≥187	≥62 (780~800℃水)	承受冲击、要求较高硬度的工具、但淬透性较好，可制造截面较大的工具
T9 T9A	0.85~ 0.94	≤0.35	≤0.40	≥192	≥62 (760~780℃水)	韧性中等、硬度高的工具，如冲头、木工工具、凿岩工具
T10 T10A	0.95~ 1.04	≤0.35	≤0.40	≥187	≥62 (760~780℃水)	不受剧烈冲击、高硬度耐磨的工具，如车刀、刨刀、冲头、丝锥、钻头、手锯条
T11 T11A	1.05~ 1.14	≤0.35	≤0.40	≥207	≥62 (760~780℃水)	不受剧烈冲击、高硬度耐磨的工具，如车刀、刨刀、冲头、丝锥、钻头、手锯条
T12 T12A	1.15~ 1.24	≤0.35	≤0.40	≥207	≥62 (760~780℃水)	不受冲击、要求高硬度高耐磨的工具，如锉刀、刮刀、精车刀、丝锥、量具
T13 T13A	1.25~ 1.35	≤0.35	≤0.40	≥217	≥62 (760~780℃水)	不受冲击要求高、硬度高、耐磨的工具，如刮刀、剃刀

[1] 淬火后硬度不是指用途举例中各种工具的硬度，而是指碳素工具钢材料在淬火后的最低硬度。

2.2.6.2　合金工具钢

合金工具钢简称合工钢。它是在碳素工具钢的基础上加入少量合金元素（合金元素的总含量一般小于 5%）制成的高碳低合金工具钢。

合金工具钢与碳素工具钢相比，具有较高的淬透性、耐磨性、红硬性、热稳定性等优点，特别是工具形状复杂、截面尺寸较大、精度要求较高及工作温度较高的各种工具，多选用合金工具钢制造。

（1）刃具钢。刃具钢用于制造各种切削刃具，刃具在工作中都承受较大的外力和摩擦。为了使其不致破坏和磨损，保证其具有高的硬度和耐磨性，足够的强度和韧性，以及因强烈摩擦产生高温时仍能保持高硬度的能力——红硬性，必须加入合金元素，形成适当数量的合金碳化物，并控制碳含量在 $w(C) = 0.75\% \sim 1.50\%$，以保证淬火后的高硬度。常用的合金元素有硅、锰、铬、钨、钒等。由于合金元素的总含量较少，一般不大于 5%，故又称刃具钢为低合金刃具钢。合金元素在低合金刃具钢中的作用：铬、锰、硅可提高钢的淬透性，增加强度；铬、硅还可提高钢的回火稳定性；钨、钒可提高钢的耐磨性、硬度、细化晶粒、防止过热或脆裂等。因此低合金刃具钢与碳素工具钢相比有较高的综合力学性能。

低合金刃具钢的热处理工艺是：因属过共析钢，成型前的球化退火是为了降低硬度便于加工；成型后淬火是为了获得高硬度和耐磨性；低温回火是为了降低淬火内应力，防止开裂，并适当提高韧性。

常用的低合金刃具钢有：Cr2 淬透性高，热处理后强度比碳工钢高，铬与碳形成的碳化物能提高其硬度和耐磨性，用于制造尺寸较大、形状复杂的机加工刃具，如车刀、刨刀、钻头、插刀等；9SiCr 淬透性更高，红硬性好，适宜制造要求变形小的薄刃工具，如板牙、丝锥、铰刀等；CrWMn 淬透性高，硬度高，耐磨性好，常用于制造低速切削工具，如长丝锥、长铰刀、拉刀、量具等。常用低合金刃具钢的牌号、化学成分、热处理及用途见表 2-18。

表 2-18　常用低合金工具钢（刃具钢）的牌号、成分、热处理及用途

牌　号	化学成分 w/%					热处理及硬度				用途举例
	C	Mn	Si	Cr	其他	淬火 /℃	淬火后 HRC	回火 /℃	回火后 HRC	
Cr06	1.30~ 1.45	≤0.40	≤0.40	0.50~ 0.70	—	800~810 水	63~65	160~ 180	62~ 64	锉刀、刮刀、刻刀、刀片
Cr2	0.95~ 1.10	≤0.40	≤0.40	1.3~ 1.65	—	830~860 油	≥62	150~ 170	61~ 63	锉刀、刮刀、刻刀、刀片
9SiCr	0.85~ 0.95	0.30~ 0.60	1.20~ 1.60	0.95~ 1.25	—	860~880 油	≥62	180~ 200	60~62	丝锥、板牙、钻头、铰刀
CrWMn	0.90~ 1.05	0.80~ 1.10	0.15~ 0.35	0.90~ 1.20	1.20~ 1.60（W）	800~830 油	≥62	140~ 160	62~ 65	拉刀、长丝锥、长铰刀
9Mn2V	0.85~ 0.95	1.70~ 2.00	≤0.40	—	0.10~ 0.25（V）	780~810 油	>62	150~ 200	60~ 62	丝锥、板牙、铰刀
CrW5	1.25~ 1.50	≤0.40	≤0.40	0.40~ 0.70	4.50~ 5.50（W）	800~850 水	65~66	160~ 180	64~ 65	低速切削硬金属刃具，如铣刀、车刀

（2）模具钢。模具钢是用于制造冲压模、锻模、压铸模等成型加工的模具用钢。按其工作条件可分为冷状态金属成型的模具钢（冷作模具钢）和热状态金属成型的模具钢（热作模具钢）两类。

1）冷作模具钢。冷作模具钢用以制造使金属坯料在冷状态下变形的模具，如冷冲模、冷镦模、冷拔模、搓丝模等。冷变形模具在工作中承受很大的压力、弯曲力、冲击力和摩擦力。因此对冷作模具的材质要求是：高硬度和高耐磨性，以保持尺寸和形状不变；足够的强度和韧性，以防变形和开裂；淬火变形小，以保证模具有较高的精度。为保证上述要求，冷作模具用钢一般含碳量都较高（$w(C) \geq 0.8\%$），用以保证所需的硬度和耐磨性；含合金元素也较高，其中主要是铬（$w(Cr)$高达 13%），铬不仅能与碳形成合金碳化物，提高硬度和耐磨性，还能提高钢的淬透性和回火稳定性。

冷作模具钢都要经过淬火回火后使用。淬火加热温度依钢的化学成分在 770~1200℃范围内选择，合金元素含量越高，淬火温度越高。回火加热温度也依化学成分在 180~550℃ 范围内确定。淬火温度越高，回火温度越高，有的甚至需进行 2~3 次回火才能充分发挥潜力。

常用的冷作模具钢有 9Mn2V，CrWMn、Cr12、Cr12MoV 等多种。9Mn2V、CrWMn 等属高碳合金型，主要用于制造工作受力轻，但形状复杂或尺寸较大的冷变形模具。Cr12、Cr12MoV 等属高碳高合金型，主要用于制造工作受力大、形状复杂，要求耐磨性高，淬透性高、热处理变形小的高精度冷变形模具。其牌号、成分和性能见表 2-19。

表 2-19　常用冷作模具钢的牌号、成分及性能

种类	牌号	化学成分 w/%						退火状态	试样淬火	
		C	Si	Mn	Cr	Mo	其他	HBS	淬火温度/℃	HRC
低合金	CrWMn	0.90~1.05	≤0.40	0.80~1.10	0.90~1.20	—	1.20~1.60（W）	207~255	800~830 油	≥62
	9Mn2V	0.85~0.95	≤0.40	1.70~2.00	—	—	0.10~0.25（V）	≤229	780~810 油	≥62
高碳高铬	Cr12	2.00~2.30	≤0.40	≤0.40	11.50~13.00	—	—	217~269	960~1000 油	≥60
	Cr12MoV	1.45~1.70	≤0.40	≤0.40	11.00~12.50	0.40~0.60	0.15~0.30（V）	207~255	950~1000 油	≥58
高碳中铬	Cr4W2MoV	1.12~1.25	0.40~0.70	≤0.40	3.50~4.00	0.80~1.20	1.90~2.60（W）0.80~1.10（V）	≤269	960~980 油 1020~1040	≥60
	Cr5Mo1V	0.95~1.05	≤0.50	≤1.00	4.75~5.50	0.90~1.40	0.15~0.50（V）	≤255	940 油	≥60
碳钢	T10A	0.95~1.04	≤0.35	≤0.40	—	—	—	≤197	760~780 水	≥62

2）热作模具钢。热作模具钢用以制造使金属在炽热状态甚至熔融状态下变形的模具，如热锻模、热挤压模、压铸模等。热作模具工作时除了受复杂的应力作用外，还与炽热的工件接触受高温作用，随后又受冷却剂的冷却作用，如此激热、激冷的反复交替作用。因此对热作模具钢的性能要求是：高温力学性能好，以保证高温下具有足够的强度、硬度和耐磨性；淬透性高，以保证模具截面各处具有相同的力学性能；导热性好，以保证模具的热量能迅速散发，避免模具工作表面温度过高；耐热疲劳性好，防止模具出现龟裂。为了满足上述要求，热作模具钢一般含碳较低（w(C)=0.3%~0.6%），以保证其具有良好的韧性；加入的合金元素有铬、镍、锰、硅、钨、钼、钒等，以提高钢的淬透性，钨、钼、钒等还可提高钢的回火稳定性，细化组织。

常用的热作模具钢有 5CrMnMo、5CrNiMo、3Cr2W8V、4Cr5W2SiV 等。5CrMnMo、5CrNiMo 常用于制造热锻模；4Cr5W2SiV、3Cr2W8V 用于制造热挤压模具等。其牌号、化学成分及用途见表 2-20。

表 2-20　常用热作模具钢的牌号、成分及用途

牌号	化学成分 w/%								用途举例
	C	Mn	Si	Cr	W	V	Mo	Ni	
5CrMnMo	0.50~0.60	1.20~1.60	0.25~0.60	0.60~0.90	—	—	0.15~0.30	—	中小型锻模
4Cr5W2SiV	0.32~0.42	≤0.40	0.80~1.20	4.50~5.50	1.60~2.40	0.80~1.00	—	—	热挤压（挤压铝、镁）模，高速锤锻模
5CrNiMo	0.50~0.60	0.50~0.80	≤0.40	0.50~0.80	—	—	0.15~0.30	1.40~1.80	形状复杂、承受重载荷的大型锻模
4Cr5MoSiV	0.33~0.43	0.20~0.50	0.80~1.20	4.75~5.50	—	0.30~0.60	1.10~1.60	—	同 4Cr5W2SiV
3Cr2W8V	0.33~0.40	≤0.40	≤0.40	2.20~2.70	7.50~9.00	0.20~0.50	—	—	热挤压（挤压铜、钢）模，压铸模

（3）量具钢。用以制造各种测量工具的钢称量具钢。因此，为了保证测量精度，量具本身必须具有精确而稳定的尺寸。所以对制造量具用钢的性能要求是：尺寸稳定性高，以保证尺寸精度经久不变；硬度和耐磨性高，以防止在使用过程中磨损而使精度降低；热处理变形小，防止在制造和使用过程中产生变形而降低精度；一定的韧性，以防止在制造或使用过程中损坏。以上基本要求与刃具用钢的要求基本一致，只是尺寸稳定性要求更高些，所以量具大部分用刃具钢制造。

精度要求低、形状简单的量具，可采用 T10A、T12A 等碳工钢制造；精度要求不高，使用频繁的量具（样板、卡尺等）可采用 60Mn、65Mn 等制造；高精度形状复杂的塞规、千分尺等采用热处理变形小的低合金钢制造，如 CrMn、CrWMn 等。要求耐蚀的量具可采用不锈钢制造。

2.2.6.3　高速工具钢

高速工具钢简称高速钢，俗称锋钢。它是用于制造高速切削工具的钢。高速钢突出的特点是红硬性高，在 600℃ 的高温下工作，仍能保持硬度在 HRC60 以上，这是碳工钢和合工钢不可比拟的。高速钢的上述特点是因其含碳高、含合金元素总量高的缘故。常用高速钢的牌号、成分、热处理及性能见表 2-21。由表可见，高速钢是一种高碳高合金工具钢。

表 2-21　常用高速钢的牌号、成分、热处理及性能

种类	牌号	化学成分 w/%						热处理			硬度		红硬性[①] HRC
		C	Cr	W	Mo	V	其他	预热温度 /℃	淬火温度 /℃	回火温度 /℃	退火 HBS	淬火+回火 HRC	
钨系	W18Cr4V (18-4-1)	0.70~0.80	3.80~4.40	17.50~19.00	≤0.30	1.00~1.40	—	820~870	1270~1285	550~570	≤255	≥63	61.5~62

种类	牌 号	化学成分 w/%						热处理			硬度		红硬性① HRC
		C	Cr	W	Mo	V	其他	预热温度 /℃	淬火温度 /℃	回火温度 /℃	退火 HBS	淬火+回火 HRC	
钨钼系	W6Mo5Cr4V2	0.95~1.05	3.80~4.40	5.50~6.75	4.50~5.50	1.75~2.20	—	730~840	1190~1210	540~560	≤255	≥65	—
	CW6Mo5Cr4V2 (6-5-4-2)	0.80~0.90	3.80~4.40	5.50~6.75	4.50~5.50	1.75~2.20	—	730~840	1210~1230	540~560	≤255	≥64	60~61
	W6Mo5Cr4V3 (6-5-4-3)	1.10~1.20	3.80~4.40	6.00~7.00	4.50~5.50	2.80~3.30	—	840~885	1200~1240	560	≤255	≥64	64
超硬系	W18Cr4V2Co8	0.75~0.85	3.80~4.40	17.50~19.00	0.50~1.25	1.80~2.40	7.00~9.50 (Co)	820~870	1270~1290	540~560	≤285	≥65	64
	W6Mo5Cr4V2Al	1.05~1.20	3.80~4.40	5.50~6.75	4.50~5.50	1.75~2.20	0.80~1.20 (Al)	850~870	1220~1250	540~560	≤269	≥65	65

① 红硬性是在将淬火、回火试样在600℃加热四次、每次1h的条件下测定的。

 A 高速钢的成分特点

高速钢含碳量一般为 $w(C)=0.7\% \sim 1.65\%$。高含碳量是为了促进合金碳化物形成，以提高钢的硬度、耐磨性及红硬性。并使马氏体中固溶足够的碳，从而保证马氏体的硬度。

（1）钨是高速钢中最主要的合金元素。与碳形成合金碳化物，提高钢的硬度和耐磨性。钨能溶于马氏体，提高马氏体在回火时的稳定性，即使钢的温度升高到 500~600℃，仍能阻止马氏体全部分解和碳化物集聚长大，以此来提高钢的红硬性。与此同时，弥散析出的碳化物也是造成二次硬化的重要原因。

（2）钼的作用与钨相近，是提高红硬性的主要元素，可部分地代替钨使用。

（3）钒是形成稳定碳化物（VC），细化晶粒，提高耐磨性的主要元素。形成的碳化物硬度极高，弥散分布，使钢的耐磨性提高。溶入奥氏体中的钒在回火时以 VC 析出，可造成二次硬化，提高钢的红硬性。

（4）铬也是形成碳化物的合金元素。铬在高速钢中的主要作用是通过增加过冷奥氏体的稳定性，降低淬火临界冷却速度来提高钢的淬透性。

 B 高速钢的热加工和热处理特点

由于高速钢的化学成分的影响，其热加工和热处理时有以下主要特点：

（1）高速钢属于高碳、高合金特殊钢，在退火状态甚至在淬火状态仍有大量碳化物，因此其具有与众不同的使用性能和良好的热加工工艺性能。但碳化物的不均匀性却给热加工工艺性能与使用性能带来严重损害。严重的碳化物不均匀性使锻造时金属塑性降低，应力集中易产生开裂，综合力学性能下降。

（2）高速钢的导热性差。主要是由于含有大量合金元素，因此在进行热变形加工和淬火前的加热过程中，在 600～650℃以下应该缓慢加热，以免热应力过大而引起开裂。

（3）高速钢的变形抗力大。这是由于钢中存在大量合金碳化物和高熔点元素提高了奥氏体再结晶的温度。

（4）高速钢淬透性好。由于含有大量合金元素，促使 C 曲线右移，降低了淬火的临界冷却速度，因而不仅在油中、甚至在空气中也能淬上火。

（5）淬火加热温度高。加热温度接近其熔点（1200～1300℃），这是高速钢淬火最主要的特点。其目的是使钢中的难熔碳化物充分溶入奥氏体中，从而增加淬火冷却后马氏体中碳和合金元素含量，起到回火时阻碍马氏体分解、提高钢的红硬性作用。

（6）淬火后需多次回火。淬火后的高速钢需在 550～570℃的温度进行多次回火，其目的是在加热时使合金碳化物弥散析出产生二次硬化；在冷却时使残余奥氏体向马氏体转变产生二次淬火，从而提高硬度和红硬性。图 2-32 所示是 W18Cr4V 高速钢的热处理工艺曲线。

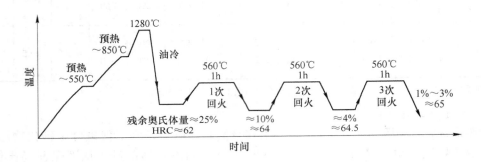

图 2-32　W18Cr4V 高速钢的热处理工艺曲线

C　高速钢的类型及应用

常用高速钢有三类，即钨系高速钢、钨钼系高速钢和超硬系高速钢。

（1）钨系高速钢。钨系高速钢以 W18Cr4V 为代表，有 9W18Cr4V、W12Cr4V4Mo 等，它们的优点是通用性强，能满足一般的性能要求，工艺较成熟，适宜制造一般的高速切削刀具（如车刀、铣刀、钻头等）。其缺点是碳化物偏析较严重，热塑性低，不适宜制作薄刃刀具。由于 9W18Cr4V 比 W18Cr4V 含碳量高，红硬性也高，因而在切削硬、韧材料时可显著提高刀具寿命和效率。所以，W18Cr4V 已逐渐被 9W18Cr4V 取而代之。

（2）钨钼系高速钢。钨钼系高速钢以 W6Mo5Cr4V2 为代表，是在钨系钢的基础上，以钼代替部分钨而得到的钢。它们的主要优点是降低了碳化物偏析程度，提高了热塑性，易于加工成型。与 W18Cr4V 相比，钨钼系高速钢强度、韧性较高，价格较低，寿命相近，其缺点是红硬性稍差，钨钼系高速钢国内外的主要高速钢种。其主要适宜制造要求耐磨性和韧性配合较好的高速切削刀具，如齿轮铣刀、插齿刀等。

（3）超硬系高速钢。超硬系高速钢是在钨系或钨钼系高速钢的基础上再增加含碳量、含钒量，有时还添加钴、铝等合金元素，以提高新钢种的耐磨性和红硬性，典型代表牌号是 W18Cr4V2Co8，红硬性可达 64HRC。这类钢制造的刀具适合用于加工难切削材料，如高温合金、难熔金属、钛合金、奥氏体不锈钢等。

【任务实施】

·实训 1　碳素工具钢、合金工具钢的组织观察与检验

（1）实训目的：了解碳素工具钢、合金工具钢的显微组织；掌握碳素工具钢、合金工具钢的检验方法和正确评级方法；分析工具钢中常出现的各种缺陷组织。

（2）实训设备与材料：金相显微镜、预磨机、抛光机；碳素工具钢、合金工具钢。

（3）实训步骤：

1）观察各种碳素工具钢、合金工具钢的典型组织。

2）对照国家标准进行评价。

3）画出组织示意图，在示意图注明各组织组成物，评定级别的试样需注明项目及等级。

（4）实训结果：填写工作页。

·实训 2　非金属夹杂物的分析与评定

（1）实训目的：掌握钢中非金属夹杂物的分类与形态特征；掌握使用标准评定钢中非金属夹杂物的级别。

（2）实训设备与材料：金相显微镜；非金属夹杂物试样。

（3）实训步骤：

1）分析夹杂物产生原因。

2）识别钢中各种夹杂物的特征。

3）画出各种夹杂物的形态。

4）根据标准判断夹杂物试样夹杂物的级别。

（4）实训结果：填写工作页。

·实训 3　高速钢、模具钢的组织观察与检验

（1）实训目的：掌握高速钢的金相检验方法；掌握模具钢的金相检验方法；正确使用金相标准，对金相组织进行评价。

（2）实训设备与材料：金相显微镜；高速钢、模具钢。

（3）实训步骤：

1）观察高速钢、模具钢的显微组织。

2）根据每个试样的实验内容画出组织图，在图中注明各组织组成物。

3）根据相应检验标准评定级别，标明放大倍数。

（4）实训结果：填写工作页。

【小结】

（1）钢的分类。钢按化学成分分为碳素钢（简称碳钢）和合金钢两大类按冶金质量分类；根据钢中所含有害杂质（S、P）的多少，工业用钢通常分为普通钢、优质钢和高级优质钢。按钢的用途分类，可将其分为结构钢、工具钢、特殊性能钢三大类。

（2）杂质元素对钢性能的影响。硅可提高钢的强度、硬度和弹性；锰可作为脱氧剂加入钢中，消除 FeO 的危害，提高硅和铝的脱氧效果；硫是钢中有害的元素，易形成FeS，FeS 与 Fe 形成共晶体，使钢变脆，称为热脆；钢中的磷能全部溶于铁素体中，可提高铁素体的强度、硬度，但使钢的塑性、韧性急剧降低，称为冷脆；钢中气体有氮、氧、氢，它们对钢的质量会产生不同程度的危害。

（3）合金元素的作用。这些合金元素可以与铁和碳发生作用形成固溶体和碳化物，而且合金元素之间也可以相互作用，形成金属间化合物，故而对钢的基本相、铁碳相图和热处理相变过程都有影响。这些特性，为我们在实际生产领域选择材料提供充足的依据。

（4）碳素结构钢。碳素结构钢是碳素钢的一种，可分为普通碳素结构钢和优质碳素结构钢两类。普通碳素结构钢含杂质较多，价格低廉，用于对性能要求不高的地方，强度较低，但塑性、韧性、冷变形性能好。除少数情况外，一般不作热处理，直接使用。多制成条钢、异型钢材、钢板等。用途很多，用量很大，主要用于铁道、桥梁、各类建筑工程，制造承受静载荷的各种金属构件及不重要不需要热处理的机械零件和一般焊接件。优质碳素结构钢钢质纯净，杂质少，力学性能好，可经热处理后使用。根据含锰量分为普通含锰量和较高含锰量两组。典型钢号有 40、45、40Mn、45Mn 等，多经调质处理，制造各种机械零件及紧固件等；含碳量超过 0.60%（质量分数），如 65、70、85、65Mn、70Mn 等，多作为弹簧钢使用。

（5）低合金结构钢。低合金结构钢是冶炼过程中增添一些合金元素，其总量不超过 5% 的钢材。加入合金元素后钢材强度可明显提高，使钢结构构件的强度、刚度、稳定三个主要控制指标都能充分发挥，尤其在大跨度或者重负荷结构中有点更为突出，一般可比碳素结构钢节约 20% 左右用钢量。

（6）碳素工具钢。碳素工具钢的碳质量分数较高，在 0.65%~1.35% 之间，按其组织属于亚共析、共析或过共析钢。碳素工具钢热处理后表面可得到较高的硬度和耐磨性，心部有较好的韧性；退火硬度低，加工性能良好。但其红硬性差，使工具在淬火时易产生变形或形成裂纹。此外，其淬火温度范围窄，在淬火时应严格控制温度，防止过热、脱碳和变形。

（7）合金工具钢。合金工具钢是在碳素工具钢中加入 Si、Mn、Ni、Cr、W、Mo、V 等合金元素的钢。加入 Cr 和 Mn 可以提高工具钢的淬透性，可根据要求，有选择地加入或同时加入其他元素（加入总量一般不超过 5%），即形成一系列的合金工具钢。

（8）高速工具钢。高速工具钢主要用于制造高效率的切削刀具。由于其具有红硬性高、耐磨性好、强度高等特性，也用于制造性能要求高的模具、轧辊、高温轴承和高温弹簧等。高速工具钢经热处理后的使用硬度可达 HRC63 以上，在 600℃ 左右的工作温度下仍能保持高的硬度，而且其韧性、耐磨性和耐热性均较好。退火状态的高速工具钢的主要合金元素有钼、铬、钒，还有一些高速工具钢中加入了钴、铝等元素。其主要的组织特征之一是含有大量的碳化物。

【习题】

2-2-1　什么是红硬性？
2-2-2　碳素刃具钢、低合金刃具钢和高速钢的成分、热处理、应用范围有何不同，各有什么特点？
2-2-3　高速钢中的合金元素（如 Cr、W、Mo、V 等）在钢中起什么作用？
2-2-4　热作模具钢与冷作模具各有什么性能特点？
2-2-5　量具钢有什么性能特点？

2-2-6　钢中常存的杂质有哪些？硫、磷对钢的性能有哪些影响？

2-2-7　指 出 下 列 钢 号 属 于 什 么 钢，各 符 号 代 表 什 么：Q235、20CrNi、T8、T10A、08Al、16Mn、W6Mo5Cr4V2、Cr12MoV、60Si2Mn。

2-2-8　Q235 经调质处理后使用是否合理，为什么？

2-2-9　说明下列钢中锰的作用：Q215、20CrMnTi、CrWMn、ZGMn13。

2-2-10　合金结构钢与碳素结构钢相比为什么其力学性能较优？

2-2-11　比较合金渗碳钢、合金调质钢、合金弹簧钢的成分、热处理、性能的区别及应用范围。

2-2-12　低合金结构钢的成分和性能有何特点，主要用途是什么？

2-2-13　优质碳素结构钢的特点是什么，主要用途是什么？

2-2-14　合金结构钢包括哪些种类，主要特点和用途是什么？

2-2-15　指出下列钢的类别，与含碳量：20、40Cr、20CrMoTi、T10A、GCr15、65。

情境 3 材料拓展知识

任务 3.1 铸铁的分类及应用

【任务简介】

·任务内容

（1）班级学生自由组合为学习小组，各学习小组自行选出组长。

（2）组长召集组员利用课余时间认真预习铸铁的分类及应用的有关工作任务。

（3）完成任务工作页资讯、决策、计划部分。

（4）在完成以上任务的基础上根据情况制订实施方案。

（5）通过网络收集有关铸铁的分类及应用的资料。

·任务要求

（1）掌握铸铁的分类等基本概念。

（2）掌握不同铁材料的热处理工艺操作过程。

（3）能分析不同铸铁材料热处理工艺路线。

（4）能分析不用铸铁钢材料的应用方向。

（5）能主动学习、查找资料，在完成任务过程中发现问题、分析问题和解决问题。

（6）能与小组成员协商、交流、配合完成本学习任务。

（7）严格遵守实训室安全规范。

·建议课时

4 课时

【相关知识】

3.1.1 概述

铸铁是工业上应用最早的金属材料之一。在铁-碳合金相图中，含碳量 $w(C) \geq$ 2.11% 的铁碳合金称为铸铁。工业上实际应用的铸铁是一种以铁、碳、硅为基础的多元合金，从成分上看，铸铁与钢的主要区别在于铸铁比钢含有更高的碳和硅，并且硫、磷杂质含量较高。一般铸铁的成分为 $w(C) = 2.5\% \sim 4.0\%$，$w(Si) = 1.0\% \sim 3.0\%$，$w(Mn) = 0.3\% \sim 1.2\%$，$w(S) \leq 0.05\% \sim 0.15\%$，$w(P) \leq 0.05\% \sim 1.0\%$。

由于铸铁中的碳能以石墨或渗碳体两种独立相的形式存在，因而使得铁碳合金系统存在着 Fe-G(石墨) 和 Fe-Fe$_3$C (渗碳体) 双重相图，如图 3-1 所示。图上虚线表示 Fe-G(石墨) 稳定态相图，实线表示 Fe-Fe$_3$C(渗碳体) 亚稳定态相图，虚线与实线重合的线用实线画出。

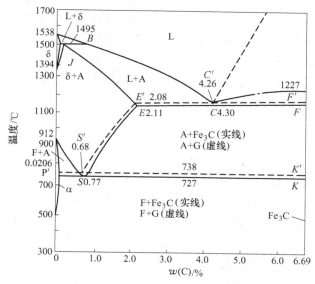

图 3-1 Fe-G 与 Fe-Fe_3C 双重相图

铸铁从高温至低温的整个冷却过程中，碳可以分别按两个相图形成产物，即按 Fe-Fe_3C 相图形成渗碳体或按 Fe-G 相图形成石墨。

3.1.1.1 铸铁的石墨化及影响因素

渗碳体相与石墨相比较而言，渗碳体为一不稳定相，而石墨是相对稳定的相，因此，在熔融状态下的铁液中的碳有形成石墨的趋势。铸铁中的碳以石墨的形式析出的过程称为石墨化。由图 3-1 可以看出，铁液从高温冷却到低温的整个过程，铸铁的石墨化过程可分为三个阶段。第一阶段，从铸铁液相中结晶析出一次石墨（对于过共晶成分合金而言）和在 1154℃（$E'C'F'$）通过共晶反应形成共晶石墨；第二阶段，在 1154~738℃ 温度范围内，从铸铁奥氏体中沿 $E'S'$ 线析出二次石墨；第三阶段，在 738℃（$P'S'K'$）发生共析转变析出石墨。

铸铁的石墨化主要与铁液的冷却速度和其含硅量有关，当具有相同成分（铁、碳、硅三种元素）的铁液冷却时，冷却速度越慢，析出石墨的可能性越大，而硅的存在有利于铁液的石墨化进程。所以，对于铸铁来说，要求含硅量较高。

3.1.1.2 铸铁的组织与性能

铸铁的性能取决于铸铁的组织，而铸铁的组织可以认为是由钢的基体与不同形状、数量、大小及分布的石墨组成的。石墨具有简单的六方晶格，其晶格形式如图 3-2 所示。石墨晶格基面中的原子间距为 0.142nm，结合力较弱，而两基面间间距为 0.340nm，是依靠较弱的金属键结合的，因此，石

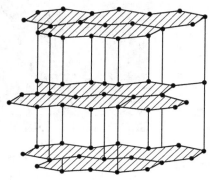

图 3-2 石墨的晶体结构示意图

墨的力学性能较低，硬度仅为 3~5HBS，σ_b 约为 20MPa，延伸率近于零。

石墨基面层间较弱的结合力，使两基面间容易产生滑移，因而铸铁的力学性能不如钢。但是，也正是由于石墨的存在，铸铁具有许多钢所不及的性能，如优良的铸造性、较好的切削加工性和耐磨及减振性。另外，铸铁生产设备及工艺简单，使其具有较低的生产成本，因此，铸铁在机器制造、冶金、矿山、石油化工、交通运输和国防工业等部门都得到了较为广泛的应用。

3.1.1.3　铸铁的分类

铸铁的分类归结起来主要包括下列几种方法：

（1）按碳存在的形态分为灰铸铁、白口铸铁和麻口铸铁。

1）灰铸铁。碳以石墨的形态存在，断口呈黑灰色，是工业上应用最为广泛的铸铁。

2）白口铸铁。碳完全以渗碳体的形态存在，断口呈亮白色。这种铸铁组织中的渗碳体一部分以共晶莱氏体的形式存在，使其很难切削加工，因此主要作炼钢原料使用。但是，由于它的硬度和耐磨性高，也可以铸成表面为白口组织的铸件，如轧辊、球磨机的磨球、犁铧等要求耐磨性好的零件。

3）麻口铸铁。碳以石墨和渗碳体的混合形态存在，断口呈灰白色。这种铸铁有较大的脆性，工业上很少使用。

（2）按石墨的形态分类。铸铁中石墨的形状大致可分为片状、蠕虫状、絮状及球状石墨四大类。因此，可将铸铁分为：1）普通灰铸铁，石墨呈片状，如图 3-3（a）所示；2）蠕墨铸铁，石墨呈蠕虫状，如图 3-3（b）所示；3）可锻铸铁，石墨呈棉絮状，如图 3-3（c）所示；4）球墨铸铁，石墨呈球状，如图 3-3（d）所示。

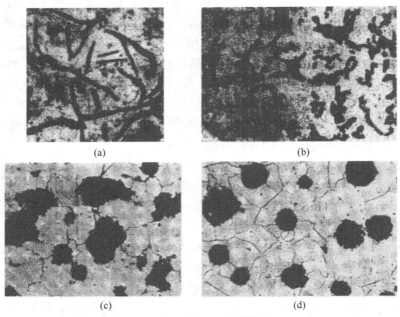

（a）　　　　　　　　　　　　　　（b）

（c）　　　　　　　　　　　　　　（d）

图 3-3　铸铁中石墨形态

（a）片状；（b）蠕虫状；（c）棉絮状；（d）球状

（3）按化学成分分为普通铸铁和合金铸铁。普通铸铁，即常规元素铸铁，如普通灰铸铁、蠕墨铸铁、可锻铸铁、球墨铸铁；合金铸铁，又称为特殊性能铸铁，是向普通灰铸铁中加入一定量的合金元素，如铬、镍、铜、钒、铝等使其具有某种特殊性能的铸铁，如耐磨铸铁、耐热铸铁、耐蚀铸铁等。

3.1.2 普通灰铸铁

普通灰铸铁一般俗称灰铸铁。灰铸铁生产工艺简单，铸造性能优良，是生产中应用最多的一种铸铁，约占铸铁总量的80%。

3.1.2.1 灰铸铁的化学成分、组织、性能及用途

A 灰铸铁的化学成分与组织

灰铸铁的化学成分一般为，$w(C) = 2.7\% \sim 3.6\%$、$w(Si) = 1.0\% \sim 2.2\%$、$w(Mn) = 0.5\% \sim 1.3\%$、$w(P) < 0.3\%$、$w(S) < 0.15\%$。由于碳、硅含量较高，所以具有较大的石墨化能力，其组织根据石墨化程度可以分为下列三种基体的灰铸铁：

（1）铁素体灰铸铁。石墨化过程充分进行，则最终将获得在铁素体基体上分布片状石墨的灰铸铁，如图3-4（a）所示。

（2）珠光体+铁素体灰铸铁。第一和第二阶段石墨化过程能充分进行，但第三阶段石墨化过程仅部分进行，最终将获得在珠光体+铁素体基体上分布片状石墨的灰铸铁，如图3-4（b）所示。

（3）珠光体灰铸铁。第一、第二阶段石墨化过程能充分进行，但第三阶段石墨化过程完全没有进行，最终将获得珠光体基体上分布片状石墨的珠光体灰铸铁，如图3-4（c）所示。

各阶段石墨化能否进行以及进行的程度主要取决于铸铁的化学成分和冷却速度。

(a) (b) (c)

图 3-4 三种基体的灰铸铁

（a）铁素体；（b）珠光体+铁素体；（c）珠光体

铸铁是一种以铁、碳、硅为主的多元合金，在众多合金元素中碳和硅是强烈促进石墨化元素，这是因为随着碳含量的增加，铁液中的石墨晶核数量增多，促进石墨的生成；而硅与铁原子的结合力较强，溶于铁素体不仅会削弱铁、碳原子间的结合力，而且还会使共晶点的含碳量降低，共晶转变温度提高，这些都有利于石墨的析出。所以当铁液中碳、硅

含量增加时，基体组织中铁素体将增加。

锰、硫都是阻止石墨化元素，而硫的阻碍作用更为强烈，但锰能与硫形成 MnS，这样可以削弱硫对石墨化的阻碍作用。磷是微弱促进石墨化元素，同时有提高铁液流动性作用，但当铁液中磷含量 $w(P) > 0.3\%$ 时，将沿晶界析出二元或三元磷共晶而使铸铁脆性增大。

在同一化学成分的铸铁中，结晶时的冷却速度对其组织的影响，主要是通过铸造方法和铸件壁厚表现出来。金属型铸造由于铸型蓄热能力大，铸件冷速快，易出现白口组织；砂型铸造铸型蓄热能力低，铸件冷速低，易出现灰口组织。同一铸件厚壁处为灰口组织，薄壁处为白口组织，这主要是由于当冷却速度缓慢时更有利于向形成稳定的石墨相晶核发展所致。

图 3-5 所示为化学成分和冷却速度对铸件组织的影响。在生产中可根据铸件壁厚调整铸铁中碳硅含量，以保证所要求的灰铸铁组织。

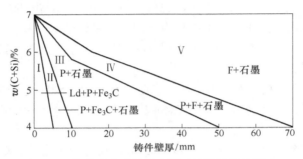

图 3-5　化学成分和铸件壁厚对铸铁组织的影响

B　灰铸铁的性能特点及应用

由于石墨的强度极低，在铸铁中相当于裂缝和空洞，这样就破坏了基体金属的连续性，基体的有效承载面积减小，并且片状石墨的端部在受力时很容易造成应力集中，因此，灰铸铁的抗拉强度、塑性及韧性都明显低于碳钢。石墨片的数量越多、尺寸越大、分布越不均匀，对基体的割裂作用越严重，所以在铸铁件生产时，要尽可能获得细石墨片。

然而，灰铸铁的硬度和抗压强度主要取决于基体组织，而与石墨的存在基本无关，因此，灰铸铁的抗压强度明显高于其抗拉强度（约为抗拉强度的 3~4 倍），所以灰铸铁比较适合作耐压零件，如机床底座、床身、支柱等。

表 3-1 列出了常用的灰铸铁的牌号、力学性能及用途。牌号中的 HT 是灰铁汉语拼音首字母大写，后面的数字表示其最低抗拉强度。灰铸铁的强度与铸件的壁厚有关，从表中可以看出，铸件壁厚增加则强度降低，这主要是由于壁厚增加使冷却速度降低，造成基体组织中铁素体增多而珠光体减少的缘故。因此，在根据性能选择铸铁牌号时，必须注意到铸件的壁厚。如铸件的壁厚超出表中给出尺寸时，应根据实际情况适当提高或降低铸铁的牌号。

3.1.2.2　灰铸铁的孕育处理及孕育铸铁

为提高灰铸铁的力学性能，生产上常对其进行孕育处理，即在浇铸前向铁液中加入少量的孕育剂，从而在铁液中形成大量的、高度弥散的难熔质点，悬浮在铁液中，形成石墨

表 3-1　灰铸铁的牌号、力学性能和用途

铸铁类别	牌号	铸件壁厚/mm	力学性能		用途举例
			σ_b/MPa	HBS	
铁素体灰铸铁	HT100	2.5~10	≥130	110~166	适用于载荷小、对摩擦和磨损无特殊要求的不重要零件，如防护罩、盖、油盘、手轮、支架、底版、重锤、小手柄、镶导轨的机床底座等
		10~20	≥100	93~140	
		20~30	≥90	87~131	
		30~50	≥80	82~122	
铁素体-珠光体灰铸铁	HT150	2.5~10	≥175	137~205	承受中等载荷的零件，如机座、支架、箱体、刀架、床身、轴承座、工作台、带轮、法兰、泵体、阀体、管路附件（工作压力不大）、飞轮、电动机座等
		10~20	≥145	119~179	
		20~30	≥130	110~166	
		30~50	≥120	105~157	
珠光体灰铸铁	HT200	2.5~10	≥220	157~236	承受较大载荷和要求一定的气密封性或耐蚀性等较重要零件，如汽缸、齿轮、机座、飞轮、床身、汽缸体、活塞、齿轮箱、刹车轮、联轴器盘、中等压力（80MPa 以下）阀体、泵体、液压缸、阀门等
		10~20	≥195	148~222	
		20~30	≥170	134~200	
		30~50	≥160	129~192	
	HT250	4.0~10	≥270	175~262	
		10~20	≥240	164~247	
		20~30	≥220	157~236	
		30~50	≥200	150~225	
孕育铸铁	HT300	10~20	≥290	182~272	承受高载荷、耐磨和高气密性重要零件，如重型机床、剪床、压力机、自动机床的床身、机座、机架、高压液压件，活塞环、齿轮、凸轮、车床卡盘、衬套，大型发动机的汽缸体、缸套、汽缸盖等
		20~30	≥250	168~251	
		30~50	≥230	161~241	
	HT350	10~20	≥340	199~298	
		20~30	≥290	182~272	
		30~50	≥260	171~257	

的人工晶核，形成细小、均匀分布的石墨，减小石墨片对基体组织的割裂作用而使灰铸铁的强度、塑性得到提高。这种经过孕育处理的灰铸铁称为孕育铸铁。表中 HT300、HT350 即属于孕育铸铁。

孕育剂的种类很多，但以含硅量 $w(Si)=75\%$ 的硅铁最为常用，其原因是除价格便宜外，主要是它在孕育后的短时间内（约 5~6min）有良好的孕育效果。进行孕育处理时，一般加入量为铁液质量的 0.4% 左右。

3.1.2.3　灰铸铁的热处理

对灰铸铁来说，热处理仅能改变其基体组织，而不能改变石墨存在的形态，因此，热处理不能明显改善灰铸铁的力学性能，并且灰铸铁的低塑性又使快速冷却的热处理方法难以实施，所以灰铸铁的热处理受到一定的局限性。灰铸铁进行热处理的目的主要是减少铸件的内应力，消除白口组织，提高表面的硬度和耐磨性等。灰铸铁常用的热处理方法主要有以下三种。

（1）时效退火。铸件在冷却过程中，由于各部位冷却速度不同导致其收缩不一致，形成内应力。这种内应力能通过铸件的变形得到缓解，但这一过程一般是较缓慢的，因此，铸件在形成后都需要进行时效处理，尤其对一些大型、复杂或加工精度较高的铸件（如床身、机架等）。时效处理一般有两种方法，即自然时效和人工时效。自然时效是将成型铸件长期放置在室温下以消除其内应力的方法。这种方法时间较长（半年甚至一年以上）。为缩短时效时间，现在大多数情况下采用时效退火（即人工时效）的方法来减缓铸件内应力。其原理是将铸件重新加热到 530~620℃，经长时间保温（2~6h），利用塑性变形降低应力，然后在炉内缓慢冷却至 200℃ 以下出炉空冷。经时效退火后可消除 90% 以上的内应力。典型时效退火工艺曲线如图 3-6 所示。

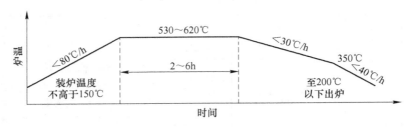

图 3-6　时效退火工艺

时效退火温度越高，铸件残余应力消除越显著，铸件尺寸稳定性越好；但随着时效温度的提高，时效后铸件力学性能会有所下降，因此，要合理制定铸件时效退火的最高加热温度。一般可按下式选择：

$$T(℃) = 480℃ + 0.4\sigma_b$$

保温时间一般按每小时热透铸件 25mm 计算。加热速度一般控制在 80℃/h 以下，复杂零件控制在 20℃/h 以下。冷却速度应控制在 30℃/h 以下，200℃ 后空冷。

铸件表面被切削加工后破坏了原有应力场，会导致铸件应力的重新分布，所以时效退火最好在粗加工后进行。对于要求特别高的精密零件，可在铸件成型和粗加工后进行两次时效退火。

（2）石墨化退火。铸件在冷却时，表面及薄壁部位有时会产生白口组织，在后续成分控制不当、孕育处理不足时会使整个铸件形成白口、麻口，使切削加工难以进行。石墨化退火是一种有效的补救措施，在高温下使白口部分的渗碳体分解，达到石墨化。

石墨化退火是将铸件以 70~100℃/h 的速度加热至 850~900℃，保温 2~5h（取决于铸件壁厚），然后炉冷至 400~500℃ 后空冷。

若需要得到铁素体基体，则可在 720~760℃ 保温一段时间，炉冷至 250℃ 以下空冷。

另外，也可在 950℃ 进行正火，得到珠光体基体，使铸铁保持一定的强度和硬度，提高铸铁的耐磨性。

应当指出的是，在实际生产中，应从化学成分、孕育技术上进行严格控制，尽量减少白口的产生，而不应该依靠石墨化热处理去消除，以简化生产工艺降低零件成本。

（3）表面热处理。要求耐磨的铸件，如缸套、机床导轨等可以用火焰或中、高频感应加热淬火方法进行表面强化处理，但淬火前铸件需进行正火处理，保证其获得大于 65%以上的珠光体。淬火后表面能获得马氏体+石墨组织，硬度可达 55HRC。

近年来，机床导轨表面还经常采用电接触表面加热自冷淬火法。其基本原理是采用低压（2～5V）、大电流（400～700A）进行表面接触加热，使零件表面迅速被加热至 900～950℃，利用零件自身的散热以达到快速冷却的效果。其特点是加热时间短、变形小（导轨下凹仅 0.01mm），用油石稍加打磨即可使用，并且容易进行再修复。

3.1.3　球墨铸铁

球墨铸铁是指铁液经过球化剂处理而不是经过热处理，使石墨全部或大部分呈球状的铸铁。球墨铸铁最早是由德国人在 1935～1936 年间发现的，但当时并未用于工业生产。后来经过英国人和美国人的不断研究发现，当铁液中加入一定量的镁并以硅铁孕育时可得到球状石墨，从此，球墨铸铁进入了大规模生产时期，并迅速发展。我国于 1950 年开始镁球墨铸铁的研究，于 1964 年底成功地研制生产出稀土镁球墨铸铁。球墨铸铁已迅速发展为仅次于灰铸铁的、应用十分广泛的铸铁材料。"以铁代钢"，主要就是指球墨铸铁。

3.1.3.1　球墨铸铁的化学成分

球墨铸铁是在铁液中加入球化剂（镁、稀土合金等）使铸铁中的石墨呈球状，然后在出铁液时加入孕育剂（75SiFe）促进石墨化而获得的。

由于球化剂有阻止石墨化的作用，因此，要求球墨铸铁比普通灰铸铁的含碳、硅量高，硫、磷杂质含量严格控制。一般 $w(C) = 3.6\% \sim 4.0\%$，$w(Si) = 2.0\% \sim 3.2\%$，这样既能保证碳的石墨化进程，同时又可避免由于碳含量过高而造成石墨飘浮于铸件表面，使铸件力学性能下降；锰有去硫脱氧作用，并可稳定和细化珠光体；有害杂质含量应控制在 $w(S) < 0.05\%$，$w(P) < 0.06\%$。

3.1.3.2　球墨铸铁的组织和性能

球墨铸铁在铸态下，其基体往往是由不同数量的铁素体、珠光体、甚至自由渗碳体组成的混合组织。通过热处理可以获得以下几种不同基体组织的球墨铸铁：（1）铁素体球墨铸铁，如图 3-7（a）所示；（2）珠光体球墨铸铁。如图 3-7（b）所示；（3）铁素体+珠光体球墨铸铁。如图 3-7（c）所示；（4）贝氏体球墨铸铁。如图 3-7（d）所示。

铸态中的石墨呈球状，不仅造成的应力集中较小，而且在相同的石墨体积下球状石墨的表面积最小，因而对基体的割裂作用也较小，能充分发挥基体组织的作用。球墨铸铁的金属基体强度的利用率可以高达 70%～90%，而普通灰铸铁仅为 30%～50%。因此，球墨铸铁的强度、塑性、韧性均高于其他铸铁，可以与相应组织的铸钢相媲美。疲劳强度可接近一般中碳钢。特别应该指出的是，球墨铸铁的屈强比几乎是一般结构钢的两倍（球墨铸铁为 0.7～0.8，普通钢为 0.35～0.5），因此，对于承受静载荷的零件，用球墨铸铁代替铸钢可以减轻机器重量。

近年来由于断裂力学的发展，发现含有 10%～15%铁素体的球墨铸铁 KIC 值（断裂韧性）并不像它的 α_K 值（冲击韧性）那么低。如强度相近的球墨铸铁与 45 号钢比较，前者的冲击韧度不到后者的 1/6，但前者的断裂韧度 KIC 却可达到后者的 1/3 以上，而 KIC

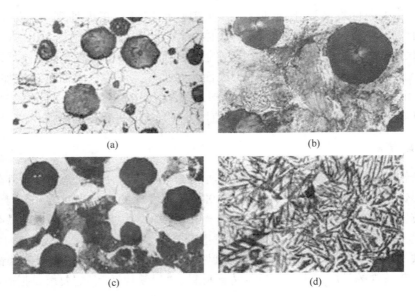

图 3-7　球墨铸铁显微组织

（a）铁素体基体球墨铸铁；（b）珠光体基体球墨铸铁；（c）铁素体+珠光体基体球墨铸铁；（d）贝氏体基体球墨铸铁

比 α_K 更能准确地反映材料的韧性指标。因此许多重要的零件可以安全地使用球墨铸铁，如大型柴油机、内燃机曲轴等。球墨铸铁的减震作用比钢好，但不如普通灰铸铁，球化率越高，其减震性越不好。

球墨铸铁的缺点是铸造性能低于普通灰铸铁，凝固时收缩较大。另外，对铁液的成分要求较严。

3.1.3.3　球墨铸铁的牌号和用途

球墨铸铁的牌号及性能和用途见表 3-2。其中牌号中的 QT 是球铁汉语拼音首字母大写，后面两组数字分别表示最低抗拉强度和最小延伸率。由于球墨铸铁可以通过热处理获得不同的基体组织，所以其性能可以在较大范围内变化，因而扩大了球墨铸铁的应用范围，使球墨铸铁在一定程度上代替了不少碳钢、合金钢等，用来制造一些受力复杂，强度、韧性和耐磨性要求较高的零件，如曲轴、连杆、机床主轴等。

表 3-2　球墨铸铁的牌号、性能及用途

牌　号	力学性能				基体组织类型	用 途 举 例
	σ_b/MPa	$\sigma_{0.2}$/MPa	δ/%	HBS		
QT400-18	≥400	≥250	≥18	130~180	铁素体	承受冲击、振动的零件，如汽车、拖拉机轮毂、差速器壳、拨叉、农机具零件、中低压阀门、上下水及输气管道、压缩机高低压汽缸、电机机壳、齿轮箱、飞轮壳等
QT400-15	≥400	≥250	≥15	130~180	铁素体	
QT450-10	≥450	≥310	≥10	160~210	铁素体	
QT500-7	≥500	≥320	≥7	170~230	铁素体+珠光体	机器座架、传动轴飞轮、电动机架、内燃机的机油泵齿轮、铁路机车车轴瓦等

续表 3-2

牌 号	力学性能				基体组织类型	用 途 举 例
	σ_b/MPa	$\sigma_{0.2}$/MPa	δ/%	HBS		
QT600-3	≥600	≥370	≥3	190~270	珠光体+铁素体	载荷大、受力复杂的零件,如汽车、拖拉机曲线、连杆、凸轮轴,部分磨床、铣床、车床的主轴,机床蜗杆、蜗轮、轧钢机轧辊,大齿轮,汽缸体,桥式起重机大小滚轮等
QT700-2	≥700	≥420	≥2	225~305	珠光体	
QT800-2	≥800	≥480	≥2	245~335	珠光体或回火组织	
QT900-2	≥900	≥600	≥2	280~360	贝氏体或回火马氏体	高强度齿轮,如汽车后桥螺旋锥齿轮,大减速器齿轮,内燃机曲轴、凸轮轴等

3.1.3.4 球墨铸铁的热处理

A 球墨铸铁的热处理特点

由于球墨铸铁中含硅量较高,因此其共析转变发生在一个较宽的温度范围,并且共析转变温度升高,组织转变温度发生改变,图 3-8 所示为稀土镁球墨铸铁中硅含量对共析转变温度的影响。

球墨铸铁的 C 曲线显著右移,使临界冷却速度明显降低,增大了过冷度,从而增加了材料的淬透性,在热处理过程中很容易实现油淬和等温淬火,能够更好地获得马氏体组织,使钢材的力学性能得到提高。

B 常用的热处理方法

根据热处理目的的不同,球墨铸铁常用的热处理方法有以下几种:

(1) 退火。球墨铸铁的铸态组织中常会出现不同数量的珠光体和渗碳体,使切削加工变得困难。为了改善其加工性能,获得高韧性的铁素体球铁,同时消除铸造应力,需进行退火处理,使其中的珠光体和渗碳体分解。根据其铸态组织不同,可分为高温退火和低温退火两种。

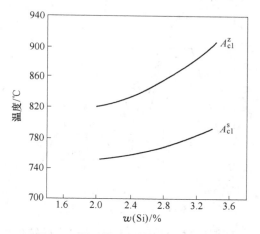

图 3-8 稀土镁球墨铸铁中硅含量对
共析温度转变的影响

A_{c1}^s—共析转变开始;A_{c1}^z—共析转变终了

当铸态组织为 F+P+Fe$_3$C+G(石墨)时,则进行高温退火,即将铸件加热至共析温度以上(约 900~950℃),保温 2~5h,然后随炉冷至 600℃ 出炉空冷,其工艺曲线如图 3-9 所示。当铸态组织为 F+P+G(石墨)时,则进行低温退火,即将铸件加热至共析温度附近(约 700~760℃),保温 3~6h,然后随炉冷至 600℃ 出炉空冷。其工艺曲线如图 3-10 所示。

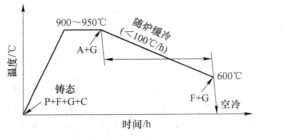

图 3-9　球墨铸铁高温退火工艺曲线

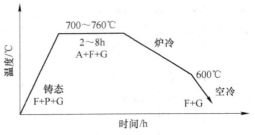

图 3-10　球墨铸铁低温退火工艺曲线

（2）正火。正火可分为高温正火和低温正火两种。

高温正火是将铸件加热至共析温度以上，一般为 880～920℃，保温 1～3h，然后空冷，使其在共析温度范围内快速冷却，以获得珠光体+石墨的球墨铸铁。因而也称完全奥氏体化正火。对厚壁铸件，应采用风冷，甚至喷雾冷却，以保证获得珠光体基体。若铸态组织中有自由渗碳体存在，正火温度应提高至 950～980℃，使自由渗碳体在高温下全部溶入奥氏体。正火后铸铁强度、硬度和耐磨性较高，但韧性、塑性较差。高温正火工艺曲线如图 3-11所示。

低温正火是将铸件加热至 840～860℃，保温 1～4h，出炉空冷。低温正火获得珠光体+铁素体+石墨的球墨铸铁。低温正火也称不完全奥氏体化正火。正火后韧性、塑性较好，但强度偏低。低温正火工艺曲线如图 3-12 所示。

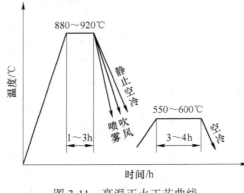

图 3-11　高温正火工艺曲线

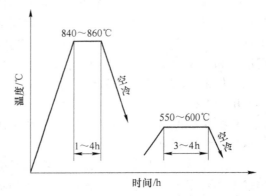

图 3-12　低温正火工艺曲线

球墨铸铁的导热性较差，正火后铸件内应力较大，因此正火后应进行一次消除应力退火，即加热到 550～600℃，保温 3～4h 出炉空冷。热处理过程如图 3-11、图 3-12 所示。

（3）等温淬火。等温淬火适用于形状复杂易变形，同时要求综合力学性能高的球墨铸铁件。其方法是将铸件加热至 860～920℃，适当保温（热透）迅速放入 250～350℃的盐浴炉中进行 0.5～1.5h 的等温处理，然后取出空冷。等温淬火后得到下贝氏体+少量残余奥氏体+球状石墨。由于等温淬火内应力不大，可不进行回火。等温淬火后其抗拉强度 σ_b 可达 1100～1600MPa，硬度 38～50HRC，冲击韧度 α_K 为 30～100J/cm^2。可见，等温淬火是提高球墨铸铁综合力学性能的有效途径，但仅适用结构尺寸不大的零件，如尺寸不大的齿轮、滚动轴承套圈、凸轮轴等。等温淬火曲线如图 3-13 所示。

（4）调质处理。对于受力复杂、截面尺寸较大的铸件，一般采用调质处理来满足高综合力学性能的要求。调质处理时将铸件加热至 860～920℃，保温后油冷，而后在 550～620℃ 高温回火 2～6h，获得回火索氏体和球状石墨组织，硬度为 250～300HBS，具有良好的综合 力学性能，常用来处理柴油机曲轴、连杆等零件。调质处理工艺曲线如图 3-14 所示。

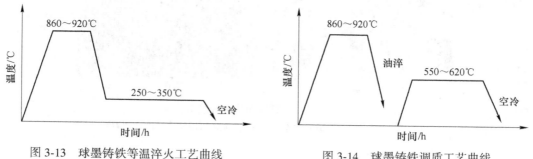

图 3-13　球墨铸铁等温淬火工艺曲线　　　　　图 3-14　球墨铸铁调质工艺曲线

球墨铸铁除了能采用上述热处理工艺外，还可以采用表面强化处理，如渗氮、离子渗 氮渗硼等。

3.1.4　可锻铸铁

可锻铸铁是由一定化学成分的铁液浇铸成白口坯料，再经过石墨化退火而成。可锻铸铁 中石墨为团絮状，对基体的割裂和引起应力集中作用比灰铸铁小。因此，与灰铸铁相比，可 锻铸铁有较好的强度和塑性，特别是低温冲击性能较好；耐磨性和减震性优于普通碳素钢； 铸造性能较灰铸铁差；切削性能则优于钢和球墨铸铁而与灰铸铁接近。可锻铸铁广泛应用于 管类零件和农机具、汽车、拖拉机及建筑扣件等大批量生产的薄壁中小型零件。

3.1.4.1　可锻铸铁的化学成分和组织

为了保证浇铸后获得白口铸铁，要求可锻铸铁的含碳和硅量较低。目前，生产中可锻 铸铁的化学成分范围为 $w(C) = 2.2\% \sim 2.8\%$、$w(Si) = 1.2\% \sim 2.0\%$、$w(Mn) = 0.4\% \sim 1.2\%$，一般要求 $w(S+P) < 0.2\%$。

为了缩短退火周期，常在浇铸前加入少量孕育剂，如 Al-Bi 孕育剂。加入量一般为铁 液质量 0.01%～0.015% 的 Al，0.006%～0.02% 的 Bi。孕育剂中 Al 有细化晶粒作用，同时 可形成 Al_2O_3，起到脱氧去气作用，并且 Al_2O_3 可成为石墨核心，从而增加了石墨晶核数 量，缩短退火时间。Bi 可抑制铸铁石墨的生成，Al 与 Bi 同时加入，有增强白口倾向的作 用，这样能够保证在铸态下获得白口组织。铝钡孕育剂在石墨化退火过程中有促进固态石 墨化的效果。

由于白口铸件的退火工艺不同，可出现铁素体基体可锻铸铁和珠光体基体可锻铸铁， 铁素体可锻铸铁有时又称为黑心可锻铸铁。可锻铸铁显微组织如图 3-15 所示。

3.1.4.2　可锻铸铁退火处理

白口铸件经过石墨化退火才能获得可锻铸铁。其工艺是将白口铸件装箱密封，入炉加 热至 900～980℃，在高温下经过 15h 保温后，按图 3-16 所示的两种不同的冷却方式进行 冷却，若按曲线①慢速冷却，可获得铁素体基体可锻铸铁；若曲线②快速冷却，可获得珠 光体基体可锻铸铁。

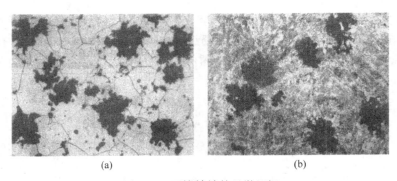

图 3-15　可锻铸铁的显微组织

（a）黑心可锻铸铁（α+G 团絮）；（b）珠光体可锻铸铁（P+G 团絮）

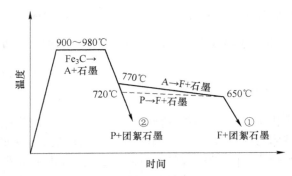

图 3-16　可锻铸铁的石墨化退火工艺

3.1.4.3　可锻铸铁牌号、性能及应用

可锻铸铁的牌号是由 KTH 或 KTZ 及后面的两组数字组成的，其中，KT 是可铁汉语拼音首字母大写，H 表示黑心（即铁素体基体），Z 表示珠光体基体，后面两组数字分别表示最低抗拉强度和最小伸长率。表 3-3 列出我国可锻铸铁牌号、主要性能及应用举例。

表 3-3　常用可锻铸铁的牌号、力学性能和用途

种类	牌　号	试样直径/mm	力学性能				用途举例
			σ_b/MPa	$\sigma_{0.2}$/MPa	δ/%	HBS	
黑心可锻铸铁	KTH300-06	12 或 15	≤300	—	≤6	≤150	制造弯头、三通管件、中低压阀门等
	KTH330-08*		≤330	—	≤8		制造机床扳手、犁刀、犁柱、车轮壳、钢丝绳轧头等
	KTH350-10		≤350	≤200	≤10		汽车、拖拉机前后轮壳、后桥壳、减速器壳、转向节壳，制动器，铁道零件等
	KTH370-12*		≤370	—	≤12		
珠光体可锻铸铁	KTZ450-06		≤450	≤270	≤6	150~200	载荷较高和耐磨损零件，如曲轴、凸轮轴、连杆、齿轮、活塞环、摇臂、轴套、耙片、万向接头、棘轮、扳手、传动链条、犁铧、矿车轮等
	KTZ550-04		≤550	≤340	≤4	180~250	
	KTZ650-02		≤650	≤430	≤2	210~260	
	KTZ700-02		≤700	≤530	≤2	240~290	

注：1. 试样直径 12mm 只适用于主要壁厚小于 10mm 的铸件；

　　2. 带 * 号为过渡牌号。

目前，我国主要以生产铁素体可锻铸铁为主，同时也少量生产珠光体可锻铸铁。铁素体可锻铸铁具有一定的强度和较高的塑性和韧性，主要用于承受冲击载荷和振动的铸件。珠光体可锻铸铁具有较高的强度、硬度和耐磨性，但塑性和韧性较差，主要用于要求强度、硬度和耐磨性高的铸造零件。

近些年来，随着稀土球墨铸铁的发展，不少可锻铸铁的零件已经逐步被球墨铸铁所代替。但可锻铸铁的一个重要特点是先制成白口，然后退火成灰口组织，非常适合生产形状复杂的薄壁细小铸件和壁厚仅 1.7mm 的管件，这是其他铸铁不能相比的。

3.1.5　蠕墨铸铁

蠕墨铸铁作为一种新型铸铁材料出现在 20 世纪 60 年代，是近 20 多年迅速发展起来的一种新型铸铁材料。由于其石墨大部分呈蠕虫状，间有少量球状，其组织和性能介于球墨铸铁和灰铸铁之间，具有良好的综合性能。另外，蠕墨铁的铸造性能比球墨铸铁好，接近灰铸铁，并且具有较好的耐热性，因此形状复杂的铸件或高温下工作的零件可以用蠕墨铸铁制造。

蠕墨铸铁是在铁液中加入一定的蠕化剂并经孕育处理生产出来的。蠕化剂的种类很多，我国广泛使用的是稀土硅铁合金，如 SiFeRE21、SiFeRE27 等。孕育处理可采用包底冲入法，操作简便，处理效果稳定，如图 3-17 所示。

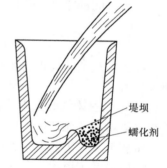

图 3-17　包底冲入法

3.1.5.1　蠕墨铸铁的化学成分

蠕墨铸铁生产中采用共晶附近的成分以有利于改善制造性能，一般 $w(C)=3.0\%\sim4.0\%$，薄件取上限值，以免出现白口，厚件取下限值以免产生石墨飘浮。$w(Si)=1.4\%\sim2.4\%$，主要用来防止白口，控制基体。随含硅量增加，基体中珠光体量相对减少，铁素体量增加，同时硅有强化铁素体的作用。锰在蠕墨铸铁中起稳定珠光体的作用，生产混合基体的蠕墨铸铁可对锰进行调整，如要求铸态下获得韧性好的铁素体基体蠕墨铸铁，则 $w(Mn)<0.4\%$；如希望获得强度、硬度较高的珠光体蠕墨铸铁，则需将锰提高至 $w(Mn)=2.5\%$ 左右。磷一般控制在 $w(P)=0.08\%$，对于耐磨零件可将磷提高到 $w(P)=0.2\%\sim0.35\%$。硫和蠕化元素的亲和力较强，会削弱蠕化剂的作用，因此要求硫含量 $w(S)<0.03\%$。

3.1.5.2　蠕墨铸铁的组织、性能、牌号及应用

根据成分、蠕化率及热处理的不同，可获得铁素体、珠光体、铁素体+珠光体（混合基体）三种基体组织的蠕墨铸铁。

蠕墨铸铁中的石墨呈蠕虫状，是片状与球状之间的一种中间形态石墨。蠕虫状石墨片的长厚比小，端部圆钝，对基体的割裂作用较小，抗拉强度可达 $300\sim450MPa$。蠕墨铸铁不仅强度较好，而且具有一定的韧性和耐磨性，同时具有良好的铸造性和热导性，因此，较适合制造要求强度较高或承受冲击负荷及热疲劳的零件。

蠕墨铸铁抗拉强度和塑性随基体的不同而不同，如在相同的蠕化率时，随基体中珠光

体量增加，铁素体量减少，则强度增加而塑性降低。

蠕墨铸铁的牌号列于表 3-4。牌号中 RuT 表示蠕铁，后面的一组数字表示最低抗拉强度。

表 3-4　蠕墨铸铁牌号、性能及应用举例（蠕化率不小于 50%）

牌号	σ_b/MPa	δ/%	硬度 HBS	基体组织	应 用 举 例
RuT420	≥420	≥75	200~280	珠光体	活塞环、汽缸套、刹车鼓、钢球研磨盘、制动盘、玻璃模具、泵体等
RuT380	≥380	≥75	193~274	珠光体	
RuT340	≥340	≥100	170~249	珠光体+铁素体	龙门铣横梁、飞轮、起重机卷筒、液压阀体等

蠕墨铸铁的选择，一般是要求强度、硬度和耐磨性较高的零件，选用珠光体基体蠕墨铸铁；要求塑性、韧性、导热率和耐热疲劳性能较高的零件，选用铁素体基体蠕墨铸铁；介于二者之间的零件，选用混合基体蠕墨铸铁。

3.1.5.3　蠕墨铸铁的热处理

蠕墨铸铁的热处理主要是为了调整其基体组织，以获得不同的力学性能要求。常用的热处理有：

（1）蠕墨铸铁的正火。普通蠕墨铸铁在铸态时，其基体中含有大量的铁素体，通过正火可以增加珠光体量，以提高强度和耐磨性。

常用的正火工艺有全奥氏体化正火和两阶段低碳奥氏体正火，如图 3-18、图 3-19 所示。两阶段低碳奥氏体正火后，在强度、塑性方面都较全奥氏体化正火高。

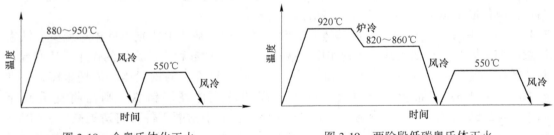

图 3-18　全奥氏体化正火　　　　　图 3-19　两阶段低碳奥氏体正火

（2）蠕墨铸铁的退火。蠕墨铸铁退火的目的是为了获得 85% 以上的铁素体基体，或消除薄壁处的游离渗碳体，退火工艺分别如图 3-20 及图 3-21 所示。

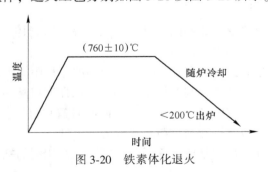

图 3-20　铁素体化退火

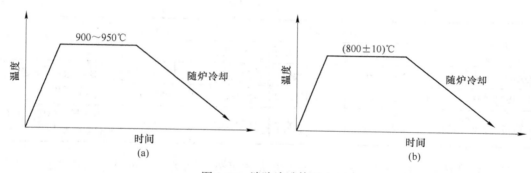

图 3-21　消除渗碳体退火

（a）用于渗碳体较多时；（b）用于渗碳体较少时

3.1.6　合金铸铁

随着铸铁在各行业中越来越广泛的应用，对铸铁便提出了各种各样的特殊性能要求，如耐热、耐磨、耐蚀及其他特殊性能。这些铸铁大都属于合金铸铁，与相似条件下使用的合金钢相比，熔炼简便、成本低廉、有良好的使用性能；但其力学性能低于合金钢，且脆性较大。

（1）耐热铸铁。耐热铸铁具有良好的耐热性能，可以代替耐热钢制造加热炉底板、坩埚、废气道、热交换器及压铸模等。

铸铁的耐热性主要指它在高温下抗氧化和抗热膨胀的能力。普通铸铁在加热到 450℃以上的高温下，除了会发生表面氧化外，还会出现热生长现象，即铸铁的体积产生不可逆的胀大，严重时可胀大 10%左右。热生长现象主要是由于氧化性气体沿石墨的边界和裂纹渗入铸铁内部所造成的内部氧化，形成密度小而体积大的氧化物。此外，也由于渗碳体在高温下发生分解，析出密度小而体积大的石墨。热生长的结果会使铸件失去精度和产生显微裂纹。

为了提高铸铁的耐热性，向铸铁中加入硅、铝、铬等合金元素，使铸件表面在高温下形成一层致密的氧化膜，保护内层不继续受氧化。此外，这些元素还会提高铸铁的临界点，使其在工作温度范围不发生固态转变，减少因相变体积变化产生的显微裂纹。石墨最好呈球状，独立分布，互不相连，不致构成氧化性气体渗入铸铁的通道。耐热铸铁的牌号用 RT 表示，如 RTSi5，RTCr16 等。如牌号中有 "Q"，则表示球墨铸铁。表 3-5 列出几种常用耐热铸铁的牌号、成分、使用温度和应用举例。

表 3-5　几种常用耐热铸铁的牌号、成分、使用温度及应用　（《耐热铸铁件》GB/T 9437—2009）

牌　号	$w(Me)/\%$						使用温度/℃	应　用
	C	Si	Mn	P	S	其他		
RTSi15	2.4~3.2	4.5~5.5	<1.0	<0.2	<0.12	0.5~0.1(Cr)	≤850	烟道挡板、换热器等
RQTSi5	2.4~3.2	4.5~5.5	<0.7	<0.1	<0.03	0.015~0.035(RE)	900~950	加热炉底板、化铝电阻炉坩埚等

续表 3-5

牌　号	$w(Me)/\%$						使用温度 /℃	应　用
	C	Si	Mn	P	S	其他		
RQTAl22	1.6~2.2	1.0~2.0	<0.7	<0.1	<0.03	21~24（Al）	1000~1100	加热炉底板、渗碳罐、炉子传送链构件等
RTAl5Si5	2.3~2.8	4.5~5.2	<0.5	<0.1	<0.02	>5.0~5.8（Al）	950~1050	
RTCr16	1.6~2.4	1.5~2.2	<1.0	<0.1	<0.05	15~18.00（Cr）	900	退火罐、炉棚、化工机械零件等

（2）耐磨铸铁。耐磨铸铁按其工作条件大致可分为两类：一种是在润滑条件下工作的，如机床导轨、气缸套、活塞环和轴承等；另一种是在无润滑条件下工作的，如犁铧、轧辊及球磨机零件等。

在干摩擦条件下工作的铸件，应有均匀高硬度组织，可用前述白口铸铁。但白口铸铁脆性较大，不能承受冲击载荷，因此生产中常用激冷的方法来获得冷硬铸铁，即用金属型制出铸件的耐磨表面，其他部位采用砂型。

在润滑条件下工作的铸件，要求在软的基体组织上牢固地嵌有硬的组织组成物。软基体磨损后形成沟槽，可以保持油膜，珠光体基体的灰铸铁可满足这种要求。组成珠光体的铁素体为软基体，渗碳体为硬组成物。同时石墨本身也是良好的润滑剂，且由于石墨的组织"松散"，能起一定的储油作用。为了进一步改善珠光体灰铸铁的耐磨性，常将铸铁的含磷量提高到 $w(P)=0.4\%\sim0.6\%$，形成磷共晶体以断续网状形式分布，形成坚硬的骨架，有利于提高铸铁的耐磨性。在此基础上还可以加入 Cr、Mo、W、Cu 等合金元素，以改善组织，使基体的强度进一步提高，从而使铸铁的耐磨性得到大大改善。

（3）耐蚀铸铁。普通铸铁的耐蚀性较差，这是因为其组织中有石墨、渗碳体、铁素体等不同相，它们在电解质中的电极电位不同，易形成微电池，使作为阳极的铁素体不断溶解而被腐蚀。加入合金元素后，铸件表面形成致密的保护膜（如高硅耐蚀铸铁中形成的 SiO_2 保护膜），并提高铸铁基体的电极电位，从而增大铸铁的耐蚀能力。常用的主加元素有 Si、Cr、Al、Mo、Cu、Ni 等。

耐蚀铸铁广泛应用于化工部门，制作管道、阀门、泵类、反应锅及容器等。它分为高硅、高硅钼、高铝、高铬等耐蚀铸铁，其中最常用的是普通高硅耐蚀铸铁。这种铸铁含碳量 $w(C)<0.8\%$，含硅量 $w(Si)=14\%\sim18\%$，组织为含硅合金铁素体+石墨+硅铁碳化物。它在含氧酸（如硝酸、硫酸等）中的耐蚀性不亚于 1Cr18Ni9 钢，但在碱性介质和盐酸、氢氟酸中，由于表面层的 SiO_2 保护膜受到破坏，耐蚀性下降。

在高硅耐蚀铸铁中加入 $w(Cu)=6.5\%\sim8.5\%$ 可以改善它在碱性介质中的耐蚀性；加入 $w(Mo)=2.5\%\sim4.0\%$，可以改善它在沸腾盐酸中的耐蚀性。此外，还可以向高硅耐蚀铸铁中加入微量的硼或用稀土镁合金进行球化处理，以提高它的力学性能。

常用的高硅耐蚀铸铁的牌号有 STSi11Cu2CrR、STSi5R、STSi15Mo3R 等。牌号中 ST 表示耐蚀铸铁，R 是稀土代号，数字表示合金元素含量。

【任务实施】

·实训　灰铸铁的组织观察与检验

（1）实训目的：观察灰铸铁的石墨类型和显微组织特点；了解灰铸铁的特殊性能与

化学性能与化学成分、组织之间的关系。

（2）实训器材与材料：金相显微镜、灰铸铁。

（3）实训步骤：

1）观察灰铸铁的石墨状态的显微组织；

2）评价灰铸铁的集体组织、珠光体间距、珠光体数量、磷共晶数量；

3）计算共晶团的平均直径，确定等级。

（4）实训结果：填写工作页。

【小结】

（1）普通灰铸铁。含碳量较高，碳主要以片状石墨形态存在，断口呈灰色，简称灰铁。熔点低，凝固时收缩量小，抗压强度和硬度接近碳素钢，减震性好。由于片状石墨存在，故耐磨性好。铸造性能和切削加工较好。用于制造机床床身、汽缸、箱体等结构件。

（2）白口铸铁。碳、硅含量较低，碳主要以渗碳体形态存在，断口呈银白色。凝固时收缩大，易产生缩孔、裂纹。硬度高，脆性大，不能承受冲击载荷。多用作可锻铸铁的坯件和制作耐磨损的零部件。

（3）可锻铸铁。由白口铸铁退火处理后获得，石墨呈团絮状分布，其组织性能均匀，耐磨损，有良好的塑性和韧性。用于制造形状复杂、能承受强动载荷的零件。

（4）球墨铸铁。将灰口铸铁铁水经球化处理后获得，析出的石墨呈球状，碳全部或大部分以自由状态的球状石墨存在，断口成银灰色。与普通灰口铸铁比，有较高的强度、较好的韧性和塑性。用于制造内燃机、汽车零部件及农机具等。

（5）蠕墨铸铁。将灰口铸铁铁水经蠕化处理后获得，析出的石墨呈蠕虫状。力学性能与球墨铸铁相近，铸造性能介于灰口铸铁与球墨铸铁之间。用于制造汽车的零部件。

（6）合金铸铁。普通铸铁加入适量合金元素（如硅、锰、磷、镍、铬、钼、铜、铝、硼、钒、锡等）获得。合金元素使铸铁的基体组织发生变化，从而具有相应的耐热、耐磨、耐蚀、耐低温或无磁等特性。用于制造矿山、化工机械和仪器、仪表等的零部件。

【习题】

3-1-1　解释下列名词：石墨化、孕育处理、白口铸铁、可锻铸铁、普通灰铸铁、球墨铸铁。

3-1-2　下列铸件宜选用何种铸铁制造：（1）机床床身；（2）汽车、拖拉机曲轴；（3）化工企业的管道、阀门、泵等；（4）球磨机的衬板。

3-1-3　试述石墨形态对铸铁性能的影响。

3-1-4　与钢相比，灰口铸铁有哪些优缺点？

3-1-5　要求球墨铸铁分别获得珠光体、铁素体、贝氏体的基体组织，工艺上应如何控制？

3-1-6　灰铸铁为什么一般不进行淬火和回火，而球墨铸铁可以进行这类热处理？

3-1-7　与灰口铸铁相比，球墨铸铁的力学性能有哪些特点？

3-1-8　说明下列铸铁牌号中各符号和数字表示的意义：HT250、KTZ600-03、QT700-2、RuT420、QT400-15。

3-1-9　灰铸铁磨床床身铸造后进行切削加工，可采取什么方法防止和改善加工后的变形？

任务 3.2　特殊性能钢

【任务简介】

·任务内容

（1）班级学生自由组合为学习小组，各学习小组自行选出组长。

（2）组长召集组员利用课余时间认真预习特殊性能钢的有关工作任务。

（3）完成任务工作页资讯、决策、计划部分。

（4）在完成以上任务的基础上根据情况制订实施方案。

（5）通过网络收集有关特殊性能钢的资料。

·任务要求

（1）掌握特殊性能钢各元素的作用。

（2）了解不锈钢的种类。

（3）能分析各元素在特殊性能钢的作用。

（4）能利用金相分析技术分析不锈钢的金相组织。

（5）能主动学习、查找资料，在完成任务过程中发现问题、分析问题和解决问题。

（6）能与小组成员协商、交流、配合完成本学习任务。

·建议课时

4 课时

【相关知识】

特殊性能钢是指具有特殊物理、化学、力学性能的钢，简称特殊钢。因用其制造在特殊条件下工作的零件或结构件，所以，除要求其具有一定的力学性能外，还要求具有某些特殊性能。如耐蚀、耐热、耐磨等。因此分别将其称为不锈钢、耐热钢、耐磨钢等。

3.2.1　不锈钢

不锈钢是不锈钢和耐酸钢的总称，统称不锈钢。不锈钢是指在大气或弱腐蚀性介质（如水蒸气等）中能够抵抗腐蚀的钢。耐酸钢是指在强腐蚀性介质（酸、碱、盐）溶液中能够抵抗腐蚀的钢。由此看来，不锈钢不一定耐酸，而耐酸钢却具有不锈的性能。

良好的耐蚀性是不锈钢的最大特点。此外，还具有较高的强度，较好的韧性，以及良好的焊接性能和冷变形性能。这主要是合金元素的作用。

铬是不锈钢提高耐蚀性的主要元素。铬比铁优先与氧化合，在钢的表面形成一层富铬的氧化物（Cr_2O_3）薄膜，这层氧化膜很致密，并且与金属基体结合很牢固，能保护钢免受外界介质进一步氧化侵蚀。钢中含铬量越高，钢的耐蚀性越好。因此，不锈钢中含铬量都较高，一般为 $w(Cr) > 12\%$。铬还可以使钢的基体组织的电极电位提高，形成单相组织，从而阻止形成微电池，提高抗蚀性。

镍、钼、锰也能提高钢的耐蚀性，特别是镍含量较高时，钢的耐蚀性大为提高，镍还能提高钢的塑性、韧性和焊接性能。

碳是不锈钢中降低耐蚀性的元素。因为碳与铬化合,形成铬的碳化物,降低了金属基体中铬的含量,使钢的表面难以形成氧化铬薄膜,从而降低钢的耐蚀性。但是,钢的强度硬度随含碳量的增加而提高。所以,在要求强度、硬度较高时,为了保证耐蚀性,必须在提高含碳量的同时相应地增加含铬量。

钛、铌都是强碳化物形成元素,它们与碳的亲和力比铬大,能优先与碳形成碳化物,从而保证基体中的含铬量,防止晶间腐蚀,同时减轻碳对耐蚀性的不利影响。

常用的不锈钢按组织类型分为马氏体不锈钢、铁素体不锈钢和奥氏体不锈钢等。常用不锈钢的牌号、成分、热处理工艺及用途见表 3-6。

表 3-6 常用不锈钢的牌号、成分、热处理工艺、力学性能及用途

类别	牌号	化学成分 w/%			热处理工艺/℃		力学性能				用途举例
		C	Cr	其他	淬火	回火	σ_s /MPa	σ_b /MPa	δ /%	硬度	
马氏体不锈钢	1Cr13	≤0.15	12~14	—	1000~1050 水、油	700~790	≥420	≥600	≥20	≥187HBS	汽轮机叶片、水压机阀、螺栓、螺母等抗弱腐蚀介质并承受冲击的零件
	2Cr13	0.16~0.25	12~14	—	1000~1050 水、油	660~770	≥450	≥600	≥16	≥197HBS	
	3Cr13	0.26~0.25	12~14	—	1000~1050 油	200~300	—	—	—	≥48HRC	耐磨的零件,如加油泵轴、阀门零件、轴承弹簧以及医疗器械
	4Cr13	0.35~0.45	12~14	—	1050~1100 油	200~300	—	—	—	≥50HRC	
铁素体不锈钢	0Cr13	≤0.08	12~14	—	1000~1050 水、油	700~790	≥350	≥500	≥24	—	耐水蒸气及热含硫石油腐蚀的设备
	1Cr17	≤0.12	16~18	—	—	700~800	≥250	≥400	≥20	—	硝酸工厂、食品工厂的设备
	1Cr28	≤0.15	27~30	—	—	700~800	≥300	≥450	20	—	制浓硝酸的设备
	1Cr17Ti	≤0.12	16~18	~0.8(Ti)	—	700~800	≥300	≥450	≥20	—	同 1Cr17,但晶间耐蚀性较高
奥氏体不锈钢	0Cr19Ni9	≤0.08	18~20	8~10.5(Ni)	固溶处理 1050~1100 水	—	≥180	≥490	≥40	—	深冲零件、焊NiCr钢的焊芯
	1Cr19Ni9	0.04~0.10	18~20	8~11(Ni)	固溶处理 1100~1150 水	—	≥200	≥550	≥45	—	耐硝酸、有机酸、盐、碱溶液腐蚀的设备
	1Cr18Ni9Ti	≤0.12	17~19	8~11(Ni) 0.8(Ti)	固溶处理 1000~1100 水	—	≥200	≥550	≥40	—	做焊芯、抗磁仪表医疗器械耐酸容器输送管道

注:表中奥氏体不锈钢中 $w(Si)$<1%,$w(Mn)$<2%,其余钢中 $w(Si)$、$w(Mn)$ 一般不大于 0.8%。

（1）马氏体不锈钢。常用的马氏体不锈钢钢号有 1Cr13、2Cr13、3Cr13、4Cr13 等。含铬都较高（$w(Cr)=12\%\sim19\%$），属铬不锈钢。含碳一般在 $w(C)=0.1\%\sim1.00\%$，比铁素体和奥氏体不锈钢都高。因其含碳、含铬都较高，钢的淬透性较高，同时合金元素还有延缓奥氏体转变的作用，通常在油中淬火，甚至在空气中淬火都可获得马氏体组织，所以称其为马氏体不锈钢。

1Cr13、2Cr13 钢需经调质处理后使用，调质后韧性较高，主要用于制造要求韧性较高、承受冲击载荷、在弱腐蚀性介质中工作的零件，如汽轮机叶片、水压机阀、热裂设备器件等。3Cr13、4Cr13 钢经淬火-低温回火后使用，淬火-回火后强度、硬度较高，主要用于制造要求强度高、硬度好的耐蚀零件，如弹簧、轴承、医疗器械等。9Cr18、9Cr18MoV 钢经淬火-低温回火后使用，淬火-回火后硬度高、耐磨性好，主要用于制造耐蚀性、耐磨性要求高的零件，如机械刃具、手术刀片、滚动轴承等。

（2）铁素体不锈钢。这种钢的组织由单相铁素体组成，在加热或冷却时不发生相变，所以称为铁素体不锈钢。常用的铁素体钢牌号有 0Cr13、1Cr17、1Cr28、1Cr17Ti 等。铁素体不锈钢含铬高（$w(Cr)=12\%\sim30\%$），含碳较低（$w(C)<0.15\%$）。因而它具有优良的耐蚀性，能抵抗硝酸等介质的侵蚀，且具有良好的塑性，含钛的铁素体钢还会细化晶粒，提高固溶体含铬量，防止晶间腐蚀。所以，这类钢被广泛地用于硝酸、磷酸、氮肥等化学工业和食品工业中。

铁素体不锈钢的热处理是回火。用于消除因焊接或冷变形而引起的内应力，以获得均匀而稳定的铁素体组织。

（3）奥氏体不锈钢。这类钢在高温时呈单相奥氏体组织，而在较快冷却的情况下，奥氏体被保持到室温，从而在室温下获得单相奥氏体组织，故称奥氏体钢。它是在铬不锈钢的基础上加入一定量的镍和其他元素形成，因此也称铬镍不锈钢。奥氏体不锈钢含碳量较低，含铬量为 $w(Cr)=18\%\sim20\%$，含镍量为 $w(Ni)=8\%\sim12\%$。镍的加入扩大了奥氏体区域，因而在室温下就能获得单相奥氏体组织。其典型代表是 0Cr18Ni9、1Cr18Ni9 等。奥氏体不锈钢不仅比马氏体和铁素体不锈钢的耐蚀性更强，而且还具有良好的耐热性、焊接性及良好的常温和低温韧性。同时也不具磁性。因此，奥氏体不锈钢被广泛地用于制造耐酸设备、医疗器械、抗磁零件等。

奥氏体不锈钢的主要缺点是易产生晶间腐蚀。在 $450\sim850\,℃$ 时，在晶界处析出碳化物（$Cr_{26}C_6$），造成晶界处贫铬，使该处电极电位降低，当受到腐蚀介质作用时便沿晶界产生腐蚀，稍受力就会开裂或破碎。防止晶间腐蚀的方法有：降低含碳量，使钢中不形成铬的碳化物；加入强碳化物形成元素钛、铌等，使之优先形成 TiC、NbC 而不形成 $Cr_{26}C_6$，以保证奥氏体中的含铬量；进行固溶处理，使奥氏体纤维均匀化，抑制 $Cr_{26}C_6$ 等铬的碳化物形成。

（4）其他类型不锈钢。

1）奥氏体-铁素体不锈钢。奥氏体-铁素体不锈钢是新型的双钼不锈钢，它的成分是在 $w(Cr)=18\%\sim26\%$，$w(Ni)=4\%\sim7\%$ 的基础上，再加入锰、钼、硅等元素组成。双相不锈钢通常在 $1000\sim1100\,℃$ 淬火后，获得铁素体（60%左右）及奥氏体组织。这类钢具有较高的抗应力腐蚀、晶间腐蚀能力，良好的可焊性、韧性，而且还降低了脆性。适用于制作硝酸、尿素、尼龙等生产设备及零件。常用的双相不锈钢有 1Cr21Ni5Ti、

1Cr17Mn9Ni3Mo3Cu2N、1Cr18Mn10Ni5Mo3N 等。

2）沉淀硬化不锈钢。奥氏体不锈钢虽然可通过加工硬化途径实现强化，但对于大截面的零件，特别是形状复杂的零件，各处变形程度不同，造成各处强化不均匀，因此很难达到目的，为了解决这一问题，出现了沉淀硬化不锈钢。

这类钢在 18-8 型奥氏体不锈钢基础上降低了镍含量，适当加入了 Al、Cu、Mo 等元素，以便在热处理过程中析出金属间化合物，再经过时效处理实现沉淀硬化。该类钢主要用作高强度、高硬度而又耐腐蚀的化工机械设备、零件及航天设备等零件。常用的沉淀硬化不锈钢有 0Cr17Ni7Al、0Cr15Ni7Mo2Al 等钢种。

3.2.2 耐热钢

钢的耐热性表现在两个方面，即抗氧化性和热强性。抗氧化性指钢在高温下抵抗介质腐蚀的能力。具有这种能力的钢称抗氧化钢（或称不起皮钢）。热强性指钢在高温下既能抵抗介质腐蚀又具有较高的高温强度。具备这种性质的钢称热强钢。抗氧化钢和热强钢合称为耐热钢。

（1）抗氧化钢。抗氧化钢在高温下具有较高的抗氧化能力，并有一定的强度。但并非抗氧化钢在高温下绝对不氧化，只不过是氧化的速度极其缓慢而已。因为大多数金属都能与氧化合形成氧化物，且这种氧化作用随温度的升高而明显加剧。但是，在钢中加入适量的铬、铝、硅等合金元素，就能阻止氧化腐蚀，提高钢的抗氧化能力。这是由于这些元素与氧的亲和力大，优先与氧化合形成氧化物，如 Cr_2O_3、Al_2O_3、SiO_2 等，这些氧化物在钢的表面形成一层结构致密、熔点高、与基体结合牢固而稳定的氧化膜，覆盖在钢的表面，使之与腐蚀介质隔绝，从而阻止内层金属的进一步氧化。

能否形成这样一层保护膜，不仅与加入合金的种类有关，而且与加入的数量也有直接关系。一般地说，加入的抗氧化元素含量越高，抗氧化能力越强。例如：钢中 $w(Cr)=$5%时，在 600～650℃尚具有良好的抗氧化能力；$w(Cr)=10\%～12\%$时，抗氧化温度则可提高到 800℃；$w(Cr)=20\%～22\%$，则可提高到 950～1000℃；$w(Cr)=27\%～30\%$时，则在 1100℃时钢的抗氧化能力仍很强。提高钢中铝或硅的含量，也能提高钢的抗氧化温度，如：$w(Cr)6\%+w(Al)2\%$在 800℃时几乎完全防止钢的继续氧化；含 $w(Cr)13\%+w(Si)1\%+w(Al)1\%$ 在 900～950℃ 时有极好的抗氧化性；含 $w(Cr)17\%+w(Si)1\%+w(Al)4\%$ 在 1000～1100℃ 有很好的不起皮性。但是，钢中含铝、硅量过高，会使钢变脆，造成加工困难。抗氧化钢按金相组织可分为铁素体型和奥氏体型两类。其牌号、化学成分，用途见表 3-7。

表 3-7 常用抗氧化钢的牌号、成分、热处理及用途

类别	牌号	化学成分 w/%						热处理	用途举例
		C	Mn	Si	Ni	Cr	其他		
铁素体钢	2Cr25N	≤0.20	≤1.50	≤1.00	≤0.60	23.00～27.00	≤0.25（N）	退火 780～880℃ （快冷）	耐高温腐蚀性强，1082℃以下不产生易剥落的氧化皮，用作1050℃以下炉用构件

类别	牌　号	化学成分 $w/\%$						热处理	用途举例
		C	Mn	Si	Ni	Cr	其他		
铁素体钢	0Cr13Al	≤0.08	≤1.00	≤1.00	≤0.60	11.50~14.50	0.10~0.30(Al)	退火 780~830℃ (空冷)	最高使用温度 900℃，制作各种承受应力不大的炉用构件，如喷嘴、退火炉罩、吊挂等
奥氏体钢	0Cr25Ni20	≤0.08	≤2.00	≤1.50	19.00~22.00	24.00~26.00	—	固溶处理 1030~1180℃ (快冷)	可作 1035℃ 以下的炉用材料
	1Cr16Ni35	≤0.15	≤2.00	≤1.50	33.00~37.00	14.00~17.00	—	固溶处理 1030~1180℃ (快冷)	抗渗碳、抗渗氮性好，在 1035℃ 以下可反复加热
	3Cr18Mn12Si2N	0.22~0.30	10.50~12.50	1.40~2.20	—	17.00~19.00	0.22~0.33(N)	固溶处理 1100~1150℃ (快冷)	最高使用温度 1000℃，制作渗碳炉构件、加热炉传送带，料盘等
	2Cr20Mn9Ni2Si2N	0.17~0.20	8.50~11.00	1.80~2.70	2.00~3.00	18.00~21.00	0.20~0.30(N)	固溶处理 1100~1150℃ (快冷)	最高使用温度 1050℃，用途同上。还可制造盐浴坩埚，加热炉管道，可代 0Cr25Ni20

1）常用的铁素体抗氧化钢有 2Cr25N、0Cr13Al 等。铁素体抗氧化钢的特点是抗氧化性好，但高温强度低，不宜用作高承载的零件。只适宜制造承受载荷不大的加热设备构件。如加热设备支架、喷嘴、炉罩，热交换器等。

2）常用的奥氏体抗氧化钢有 0Cr25Ni20、1Cr16Ni35 等。具有较好的抗氧化性和一定的热强性，但在含硫介质中热稳定性差。可用于制造能承受一定载荷的炉内构件、渗碳罐等。还有 3Cr18Mn12Si2N、2Cr20Mn9Ni2Si2N 等节镍奥氏体抗氧化钢，它们除具有抗氧化性和一定的高温强度外，还有较好的抗硫性，可代替高镍奥氏体钢作渗碳罐、加热炉管道，高温正火料盘等。

（2）热强钢。热强钢在高温下不仅具有良好的抗氧化能力，并且具有较高的高温强度。我们已经知道，高温强度是金属在高温下对机械载荷的抗力，它可以用蠕变极限和持久强度来衡量。

热强钢之所以具有较高的高温强度，主要与其化学成分和组织有关。在钢中加入高熔点元素钨、钼、钒等，使它们溶于固溶体中，增强了铁原子之间以及合金元素与铁原子之间的结合力，使原子扩散困难，延缓再结晶过程。加入镍、锰、氮等元素，使钢具有面心立方晶格结构，比体心立方晶格致密，原子间结合力强。以上各元素均使钢的再结晶温度提高，从而提高了钢的高温强度。向钢中加钒、钛、铌元素，形成高度弥散分布的稳定碳化物，这些碳化物即使在高温下也不易聚集长大，阻碍位错移动，稳定组织，从而使高温强度进一步提高。此外，高温下金属晶界的强度低于晶粒内部，因而，采取粗化晶粒，减少晶界的方法和加入强化晶界的元素，也可提高钢的高温强度。热强钢按金相组织可分为珠光体钢、马氏体钢和奥氏体钢。

1）珠光体热强钢。该类钢一般含碳量较低，合金元素总含量也较低，一般为 $w(Me)$ <5%。常用的钢号有 15CrMo 等。这类钢在高温下的组织是奥氏体，在退火或正火—回火状态下，获得铁素体和珠光体组织。使用温度在 600℃ 以下为宜。这类钢由于含合金元素总量较少，具有良好的工艺性能（如压力加工、焊接、切削加工等），并且有线胀系数小、导热系数大的物理特性。因此，广泛用于制造高压锅炉的过热器管、蒸汽导管、螺母、螺栓以及其他高温管道等。

2）马氏体热强钢。该类钢含合金元素总量较高，一般都为 $w(Me)$>10%，大部分钢号属于高合金钢。常用的钢号有 1Cr13、1Cr11MoV、1Cr12WMoV、4Cr10Si2Mo 等。这类钢在高温下的组织为奥氏体，在空气冷却条件下就能获得马氏体，全部经调质处理后使用。其中 1Cr13、1Cr11MoV、1Cr12WMoV 等有较好的抗氧化性，良好的耐震性，主要用于工作温度为 500℃ 以下的汽轮机叶片和阀等。4Cr9Si2、4Cr10Si2Mo 具有较高的热强性、耐磨性、耐蚀性等，可用于制造内燃机的排气阀、进气阀等。

3）奥氏体热强钢。该类钢是在铬镍钢的基础上加入钼、钨、钒、钛等元素制成。热强钢在水中淬火可获得奥氏体组织。这类钢具有优良的热强性和抗氧化性，一般在 600～700℃ 温度范围内使用。0Cr18Ni11Ti 钢在 600℃ 时仍具有足够的热强性，在 850℃ 时不起皮，常用于制造超过 600℃ 的工作温度的加热炉构件，高压锅炉过热器，燃烧室火焰筒等。常用热强钢的牌号、化学成分、热处理及使用温度见表 3-8。

表 3-8　常用热强钢的牌号、成分、热处理及使用温度

类别	牌　号	化学成分 w/%						热　处　理		最高使用温度/℃	
		C	Cr	Mo	Si	W	其他	淬火温度/℃	回火温度/℃	抗氧化	热强性
珠光体钢[①]	15CrMo	0.12～0.18	0.80～1.10	0.40～0.55	—	—		9.30～960（正火）	680～730	<560	—
	35CrMoV	0.30～0.38	1.00～1.30	0.20～0.30	—	—	0.10～0.20(V)	980～1020（正火）	720～760	<580	—
马氏体钢	1Cr13	0.08～0.15	12.00～14.00	—	—	—	—	950～1000 油	700～750 快冷	800	480

类别	牌号	化学成分 w/%						热 处 理		最高使用温度/℃	
		C	Cr	Mo	Si	W	其他	淬火温度/℃	回火温度/℃	抗氧化	热强性
马氏体钢	1Cr13Mo	0.16~0.24	12.00~14.00	—	—	—	—	970~1000 油	650~750 快冷	800	500
	1Cr11MoV	0.11~0.18	10.00~11.50	0.50~0.70	—	—	0.25~0.40(V)	1050~1100 空冷	720~740 空冷	750	540
	1Cr12WMoV	0.12~0.18	11.0~13.00	0.50~0.70	—	0.70~1.10	0.18~0.30(V)	1000~1050 油	680~700 空冷	750	580
	4Cr9Si2	0.35~0.50	8.00~10.00	—	2.00~3.00	—	—	1020~1040 油	700~780 油冷	800	650
	4Cr10Si2Mo	0.35~0.45	9.00~10.50	0.70~0.90	1.90~2.60	—	—	1020~1040 油、空	720~760 空冷	850	650
奥氏体钢	0Cr18Ni11Ti②	≤0.08	17.00~19.00	—	≤1.00	—	9.00~13.00(Ni)	920~1150 快冷	—	850	650
	4Cr14Ni14W2Mo (14-14-2)	0.40~0.50	13.00~15.00	0.25~0.40	≤0.80	2.00~2.75	13~15(Ni)	1170~1200 固溶处理	—	850	750

① 15CrMo、35CrMoV 为 GB/T 3077—1999 牌号（按合金结构钢牌号表示）。

② 0Cr18Ni11Ti 中，$w(Ti) \geq 5 \times w(C)$，$w(Mn) \leq 2\%$。

3.2.3　耐磨钢

耐磨钢是指在强烈冲击载荷作用下产生硬化而具有高耐磨性的钢。因其含锰量高（$w(Mn) \approx 13\%$ 左右），也称高锰钢。ZGMn13 钢是典型的耐磨钢。

ZGMn13 钢高锰、高碳，属于奥氏体钢，铸态组织为奥氏体和碳化物，有脆性。为获得单一奥氏体组织，将这种钢加热至 1000~1100℃，保温一段时间，使碳化物完全溶于奥氏体中，然后进行水淬，碳化物来不及从奥氏体中析出，于是便得到单一奥氏体组织。此法称为水韧热处理。高锰钢经水韧处理后，韧性、塑性特别好，而硬度并不高。但当工作中承受较大的冲击力作用时，它表面产生塑性变形而能迅速引起加工硬化，从而使硬度提高到 500~550HBS，耐磨性变好。

高锰钢之所以具有高的耐磨性，是由于塑性变形引起强烈的加工硬化所致，且在使用过程中会因加工硬化而得到不断强化。因此，这种钢适用于制造工作中承受冲击载荷的零部件。例如，制造破碎机的颚板、球磨机的衬板、铁道道岔、装载机的铲斗等。它们在工作中都受到强烈的冲击和严重的磨损，用高锰钢来制造，能充分发挥其高耐磨性。铸造高锰钢的牌号及化学成分、适用范围见表 3-9。

表 3-9　铸造高锰钢牌号、成分及适用范围

牌　号①	化学成分 w/%					适用范围
	C	Mn	Si	S	P	
ZGMn13-1	1.10~1.50	11.00~14.00	0.30~1.00	≤0.050	≤0.090	低冲击件
ZGMn13-2	1.00~1.40					普通件
ZGMn13-3	0.90~1.30		0.30~0.80		≤0.080	复杂件
ZGMn13-4	0.90~1.20				≤0.070	高冲击件

① "-"后阿拉伯数字表示品种代号。

应该指出，由于高锰钢易产生加工硬化，不宜进行机械加工，但其具有良好的铸造性能，所以高锰钢一般都是铸造成型后，水韧处理使用。

【任务实施】

· 实训　特殊性能钢的组织观察与检验

（1）实训目的：观察耐磨钢、耐热钢、不锈钢的显微组织特点；了解耐磨钢、耐热钢、不锈钢所具有的特殊性能与化学性能与化学成分、组织之间的关系。

（2）实训器材与材料：金相显微镜；1Gr17 钢、304 钢。

（3）实训步骤：

1）观察特殊性能钢的各种状态的显微组织。

2）根据每个试样的实验内容画出组织图，在图中注明各组织组成物。

3）根据相应检验标准评定级别，标明放大倍数。

（4）实训结果：填写工作页。

【小结】

不锈耐酸钢指耐空气、蒸汽、水等弱腐蚀介质和酸、碱、盐等化学浸蚀性介质腐蚀的钢。实际应用中，常将耐弱腐蚀介质腐蚀的钢称为不锈钢，而将耐化学介质腐蚀的钢称为耐酸钢。不锈钢基本合金元素有镍、钼、钛、铌、铜、氮等，以满足各种用途对不锈钢组织和性能的要求。不锈钢容易被氯离子腐蚀，因为铬、镍、氯是同位元素，同位元素会进行互换同化从而形成不锈钢的腐蚀。

【习题】

3-2-1　什么是特殊性能钢，主要有哪几种，它们各有什么特点和用途？

3-2-2　比较不锈钢、耐热钢、耐磨钢的成分、热处理、性能的区别和应用范围。

3-2-3　腐蚀的根本原因是什么？

3-2-4　提高钢的耐蚀性的实质是什么，提高钢的耐蚀性的合金元素有哪几种，作用如何？

3-2-5　提高钢的耐磨性为什么要加入合金元素锰？

任务 3. 3　有色金属及合金

【任务简介】

· 任务内容

（1）班级学生自由组合为学习小组，各学习小组自行选出组长。

（2）组长召集组员利用课余时间认真预习有色金属及合金的有关工作任务。

（3）完成任务工作页资讯、决策、计划部分。

（4）在完成以上任务的基础上根据情况制订实施方案。

（5）通过网络收集有关有色金属及合金的资料。

· 任务要求

（1）掌握有色金属及合金中相图转化过程。

（2）了解有色金属及合金的种类及用途。

（3）能分析有色金属及合金相图转化过程。

（4）能利用金相分析技术分析有色金属及合金的金相组织。

（5）能主动学习、查找资料，在完成任务过程中发现问题、分析问题和解决问题。

（6）能与小组成员协商、交流、配合完成本学习任务。

· 建议课时

4 课时

【相关知识】

在工业生产中，通常把钢、铸铁、铬和锰称为黑色金属，而称其他金属或合金为有色金属及合金或非铁金属及合金，主要包括铝、铜、铅、锌、镁、钛等。有色金属及其合金的种类很多，虽然它们的产量和使用量总的来说不如黑色金属，但它们具有某些独特的性能和优点。例如铝、镁、钛等有色金属的密度小，比强度高，并具有优良的抗蚀性；铜具有优良的导电性、导热性、抗蚀性和无磁性等。因此有色金属及其合金无论作为结构材料还是功能材料，在工业领域特别是高新技术领域具有非常重要的地位。有色金属不仅是生产各种有色金属合金、耐热、耐蚀、耐磨等特殊钢以及合金结构钢所必需的合金元素，而且是现代工业，尤其航空、航天、航海、汽车、石化、电力、核能以及计算机等工业部门赖以发展的重要战略物资和工程材料。

但是，各种有色金属在地壳中的储量极不均衡。铝、镁、钛等在地壳中的储存量较丰富，如铝的储存量甚至比铁还多；而某些有色金属（如钼、钒、铅、钨等）储量很稀缺，且在不同地域和国家的分布情况差别很大。而且大多有色金属的化学活性很高，冶炼、提取困难，产量低、成本高，所以要十分注意节约有色金属材料和矿产资源。

有色金属及其合金大致可以按如下方法进行分类：

（1）有色金属分为重金属、轻金属、贵金属、半金属和稀有金属 5 类。其中重有色金属是指密度大于 4.5g/cm^3 的有色金属，主要包括铜、镍、钴、铅、锌、锑、镉、铋、锡等。轻有色金属是密度小于 4.5g/cm^3 的有色金属，主要包括铝、镁、钾、钠、钙等。

贵金属在地壳中含量极少，开采和提炼比较困难，所以价格昂贵。主要包括金、银和铂族元素。半金属的物理化学性质介于金属与非金属之间，主要包括硅、硒、砷、硼等元素。稀有金属通常指在自然界中储量少、分布稀散、提炼困难的金属，主要包括钛、钨、钼、钒、锗、铀等。

（2）有色合金按合金系统可分为重有色金属合金、轻有色金属合金、贵金属合金、稀有金属合金等；按合金用途则可分为变形（压力加工用）合金、铸造合金、轴承合金、印刷合金、硬质合金、焊料、中间合金、金属粉末等。

（3）有色金属材料按化学成分可分铜和铜合金材料、铝和铝合金材料、铅和铅合金材料、镍和镍合金材料、钛和钛合金材料等。按加工后形状分类可分为板、条、带、箔、管、棒、线、型等品种。

3.3.1　铝及铝合金

铝是一种轻金属，密度小，具有良好塑性。铝的导电性较好，用于制造各种导线。铝具有良好的导热性，可用作各种散热材料。铝还具有良好的抗腐蚀性能和较好的塑性，适合于各种压力加工。铝及其合金是机械工业（尤其是航空、航天等工业）中用量最大的有色金属。目前，工业上实际应用的主要是工业纯铝及铝合金。

铝合金按加工方法可以分为变形铝合金和铸造铝合金。变形铝合金又分为不可热处理强化型铝合金和可热处理强化型铝合金。不可热处理强化型不能通过热处理来提高力学性能，只能通过冷加工变形来实现强化，它主要包括高纯铝、工业高纯铝、工业纯铝以及防锈铝等。可热处理强化型铝合金可以通过淬火和时效等热处理手段来提高力学性能，它可分为硬铝、锻铝、超硬铝和特殊铝合金等。

3.3.1.1　工业纯铝

铝是地壳中储量最多的一种金属元素，其总质量分数约为地壳的 8.0%。工业纯铝（简称纯铝）的纯度为 98%~99.7%，常存杂质元素主要是 Fe 与 Si，熔点为 660℃，固态下具有面心立方晶格，无同素异构转变现象，所以，铝的热处理机理与钢不同。工业用纯铝呈银白色，并具有下列特征：

（1）密度小。纯铝的密度为 2.7g/cm³，仅为铁的 1/3。

（2）导电性和导热性较好。室温时铝的导电能力约为铜的 62%，若按单位质量材料的导电能力计算，铝的导电能力约为铜的 200%。

（3）强度、硬度低而塑性好，可进行冷热压力加工。铝的抗拉强度仅为 40~50MPa，硬度为 20~35HBS，断面收缩率为 80%。

（4）抗大气腐蚀性能好。因为在铝的表面能生成一层极致密的氧化铝薄膜，能有效地隔绝铝与氧的接触，而阻止铝表面的进一步氧化，但是在酸、碱、盐溶液中则不抗腐蚀。

（5）无低温脆性，无磁性，无火花，反射光和热的能力较强，耐核辐射等。

（6）可以通过合金化处理和热处理的方法获得不同程度的强化，超硬铝合金的强度可达 600MPa，普通硬铝合金的抗拉强度也达 200~450MPa，它的比强度基本与钢相同。

由于工业纯铝的上述特性，纯铝一般可制造导电体，例如电线、电缆等。还可以制造要求质轻、导热性好、具有一定的耐大气腐蚀能力但强度不高的器具。

工业纯铝分为冶炼产品（铝锭）和压力加工产品（铝材）两种。铝锭一般用于冶炼铝合金，配制合金钢成分或脱氧剂，或作为加工铝材的坯料。铝锭的牌号按杂质含量可分为 AL99.7、AL99.6、AL99.5、AL99.0、AL98.0 五种。铝材的代号包括 L1、L2、L3、L4、L5、L6。符号 L 表示铝，后面的数字越大，表示杂质含量越高。工业纯铝一般是通过冷、热压力加工制成的各种规格的线、管、板、棒以及型材、箔材等

3.3.1.2　铝合金的分类及热处理

在纯铝中加入适量的硅、铜、镁、锌等合金元素后，可以配制成具有较高强度和良好加工性能的铝合金。

A　铝合金的分类

根据铝合金的成分及生产工艺特点，可将铝合金分为变形铝合金和铸造铝合金两大类。铝与其他合金元素组成的合金一般为共晶合金。

（1）变形铝合金。变形铝合金能够适合压力加工，所以具有塑性较高的单相结构。如图 3-22 所示，在 D 点左侧的合金在加热到固溶线以上时，可形成单相的 α 固溶体，适合压力加工，所以在 D 点左侧的铝合金称为变形铝合金。

变形铝合金以 F 点为分界线。F 点左侧合金 α 固溶体的成分和合金组织不随温度的变化而变化，不能用热处理的方法进行强化；而 F 点右侧的合金 α 固溶体的成分和合金组织随温度的变化而变化，所以可以用热处理的方法进行强化。

（2）铸造铝合金。图 3-22 中 D 点右侧的铝合金在结晶过程中将会发生共晶转变，形成两相的共晶组织，不能采用压力加工的方法进行处理，

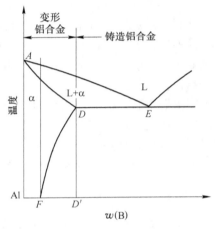

图 3-22　铝合金分类示意图

但其熔点低，流动性好，适合于铸造，所以把 D 点右侧的铝合金称为铸造铝合金。由于铸造合金也具有 α 固溶体，所以也可以采用热处理的方法进行强化，但随着组织中 α 固溶体的减少，热处理的效果逐渐降低。

B　铝合金的热处理

铝合金不仅可以通过冷变形加工硬化提高强度，还可以通过热处理进一步提高其强度。但铝合金的热处理与钢不同，它不能通过控制同素异构转变完成，而是通过控制第二相的析出来完成的。

a　铝合金的退火

（1）铸造铝合金退火。铸造铝合金退火主要目的是用来消除铸造内应力及成分偏析，同时达到稳定组织和提高塑性的目的。退火温度需要根据铝合金的成分决定。加热到 510℃，保温 5h，然后随炉冷却，每小时冷却温度小于 10℃。冷至 200℃ 出炉空冷。

（2）变形铝合金退火。变形铝合金退火主要用于消除加工硬化，对于一次难以成型的复杂钣金零件（如飞机蒙皮、深冲器具、管材等），都需要进行再结晶退火，改善其加工工艺性。一般加热温度为 350~450℃，保温一定时间，空气冷却。对于不能热处理强化

的铝合金冷变形零件，为了保持较高强度，可以用去应力退火，即在低于再结晶温度下（180~300℃）加热，保温后空冷，以消除内应力和适当提高塑性。

　　b　铝合金的固溶+时效处理

　　（1）铝合金的固溶处理。固溶处理将铝合金加热到 α 单相区内一温度，使第二相 θ 溶入 α 相中形成均匀的单相固溶体组织，然后在水中快速冷却，使第二相来不及重新析出而形成过饱和的 α 固溶体单相组织，这种处理方法称为固溶处理或固溶（俗称淬火）。固溶后铝合金的强度不高，但塑性好，可以进行冷压成型。为了进一步提高强度和硬度，需要在室温下停留相当长的时间或在低温加热并保温一段时间，但同时塑性下降。同碳钢比较，铝合金的热处理温度控制要求严格，加热温度一般要控制在规定温度±5℃范围。通常变形铝合金是在硝盐槽内加热，铸造铝合金是在空气循环炉中加热。

　　（2）铝合金的时效处理。固溶处理后获得的过饱和固溶体是不稳定的组织，它有逐渐向稳定组织转变的趋势。在一定条件下（温度或时间等），第二相从过饱和固溶体中缓慢析出，使合金的强度和硬度明显提高，这种现象称为时效。淬火后铝合金的强度和硬度随时间延长而显著升高的现象，称为时效强化或时效硬化。例如，$w(Cu) = 4\%$，并含有少量镁、锰元素的铝合金，在退火状态下，$\sigma_b = 180 \sim 200$MPa，$\delta = 18\%$。经固溶处理后，$\sigma_b = 240 \sim 250$MPa，$\delta = 20\% \sim 22\%$；经过 4~5 天放置后，其强度显著提高，这时 $\sigma_b = 420$MPa，但伸长率下降为 $\delta = 18\%$。

　　时效包括自然时效和人工时效两种。在室温下所进行的时效称为自然时效，而在加热条件下所进行的时效称为人工时效。图 3-23 所示为铝合金自然时效的曲线。由图 3-23 可见，时效强化初期有一段孕育期，对合金强度影响不大，然后在 5~15h 内强化速度最快，经 4~5 天后强度和硬度达到最高值。铝合金时效强化的效果还与加热温度有关。图 3-24 表示了铝合金在不同温度下的时效曲线。由图 3-24 可见，时效温度增高，时效强化过程加快，即合金达到最高强度所需的时间缩短，但最高强度值却降低，强化效果不好。如果时效温度在室温以下，则时效过程进行很慢。例如，在-50℃以下长期放置后，铝合金的力学性能几乎没有变化。利用这一点，生产中对某些需要进一步加工变形的零件（如铆钉等），可在固溶后置于低温状态下保存，使其在需要加工变形时仍具有良好的塑性。但若人工时效的时间过长或温度过高，反而会使合金软化，这种现象称为过时效。

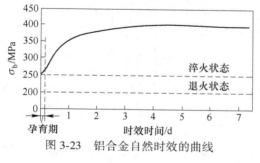

图 3-23　铝合金自然时效的曲线

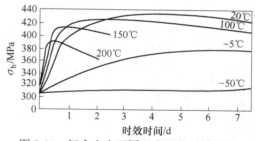

图 3-24　铝合金在不同温度下的时效曲线

　　c　铝合金的回归处理

　　回归处理是将已强化的铝合金重新加热（温度 200~270℃），经保温后在水中急冷，使合金恢复到固溶后的状态。经回归后的铝合金与新固溶处理合金一样，仍可进行正常的自然时效，但其强度有所下降。

C　变形铝合金

变形铝合金的塑性好，可通过压力加工方法生产出板、带、线、管、棒、型材或锻件。按其主要性能特点的不同，变形铝合金可分为防锈、硬铝、超硬铝和锻造铝4种。

a　变形铝合金的代号、牌号及表示方法

变形铝合金按《变形铝及铝合金化学成分》（GB/T 3190—2008）规定，其牌号可用四位字符体系来表示。牌号的第一、三、四位为数字，第二位为字母"A"。第一位数字是依据主要合金元素铜、锰、硅、镁、Mg_2S、锌的顺序来表示变形铝合金的组别。例如，2A××表示以铜为主要合金元素的变形铝合金。最后两位数字表示同一组别中的不同铝合金。常用变形铝合金的牌号、成分、力学性能见表3-10。

表3-10　常用变形铝合金的牌号、成分、力学性能

类别	代号	$w(Me)/\%$					半成品状态[①]	力学性能			新牌号
		Cu	Mg	Mn	Zn	其他		σ_b/MPa	$\delta/\%$	HBS	
防锈铝	LF5	0.10	4.8~5.5	0.3~0.6	0.20	0.50(Fe), 0.50(Si), 0.20(Zr)	B0	270	23	70	
	LF11	0.10	4.8~5.5	0.3~0.6	0.20	0.02~0.15(Ti或V), 0.50(Fe), 0.50(Si), 0.20(Zn)	B0	270	23	70	
	LF21	0.20	0.05	1.0~1.6	0.1	0.15(Ti)	B0	130	20	30	3A21
							BY	160	10	40	
硬铝	LY1	2.2~3.0	0.20~0.5	0.20	0.10	0.15(Ti)	B0	160	24	38	
							BT4	300	24	70	
	LY11	3.8~4.8	0.4~0.8	0.4~0.8	0.30	0.70(Fe), 0.10(Ni), 0.70(Si), 0.15(Ti)	0	180	18	45	2A11
							T4	380	18	100	
	LY12	3.8~4.9	1.2~1.8	0.3~0.9	0.30	0.50(Fe), 0.10(Ni), 0.50(Si), 0.15(Ti)	0	180	18	42	2A12
							T4	430	18	105	
超硬铝	LC3	1.8~2.4	1.2~1.6	0.10	6.0~6.7	0.20(Fe), 0.05(Cr), 0.20(Si), 0.02~0.08(Ti)	T4	(抗剪)290	—	—	7A03
	LC4	1.4~2.0	1.8~2.8	0.2~0.6	5.0~7.0	0.50(Fe), 0.50(Si), 0.10~0.25(Cr)	0	220	18	—	7A04
							B0	260	13	—	
							T6	540	10	—	
							BT6	600	12	150	
锻铝	LD2	0.2~0.6	0.45~0.9	或Cr 0.15~0.35	0.20	0.5~1.2(Si), 0.50(Fe), 0.15(Ti)	B0	130	24	30	2A20
							BC	220	22	65	
							BT6	330	12	95	
	LD6	1.8~2.6	0.4~0.8	0.4~0.8	0.30	0.01~0.2(Cr), 0.02~0.1(Ti), 0.7~1.2(Si), 0.70(Fe), 0.10(Ni)	T6	390(模锻)	10(模锻)	100(模锻)	2A60
	LD10	3.9~4.8	0.4~0.8	0.40~1.0	0.30	0.70(Fe), 0.60~1.2(Si), 0.10(Ni), 0.15(Ti)	T6	40(模锻)	10(模锻)	120(模锻)	2A14

① 半成品状态：B—不包铝（无B者为包铝的）；0—退火；Y—硬化；T4—固溶+自然时效；T6—固溶+人工时效。

　　b　变形铝合金的分类

变形铝合金按热处理时效强化效果的不同可分为不能时效强化和可时效强化两类。

（1）不能时效强化的变形铝合金。这类铝合金主要是铝锰系或铝镁系合金，即防锈铝合金。此类铝合金在铸造退火后为单相的固溶体，故抗腐蚀能力好、塑性好，比纯铝具有更高的耐蚀性和强度，不能进行时效强化，只能用冷变形来提高强度，但同时会使塑性显著下降。

　　在防锈合金中所加入的合金元素主要包括锰元素和镁元素。其中锰元素的主要作用是在铝中可通过固溶强化来提高铝合金的强度，并能显著提高铝合金的抗蚀性，所以含锰的防锈铝合金具有比纯铝更好的抗蚀性。镁元素的主要作用是在铝中具有较好的固溶强化效果，尤其能够降低合金的密度，使制成的零件比纯铝更轻。

　　防锈铝合金具有很好的塑性及焊接性，常用来制造受力小、质轻、抗蚀的制品与结构件，如油箱、容器、防锈蒙皮、管道、窗框、灯具等。常用牌号有 3A21、5A50 等。

　　（2）可时效强化的铝合金。这类合金主要包括硬铝合金、超硬铝合金、锻造铝合金等。它们主要通过淬火+时效处理或形变热处理等方法使合金强化。

　　1）硬铝合金。硬铝合金基本上是由铝-铜-镁合金系组成。其中还含有少量的锰。经淬火时效后，能保持足够的塑性，同时有较高的强度和硬度，其比强度（强度与密度之比）与高强度钢相近，故名硬铝，但抗蚀性差，在海水中表现的特别明显。为提高其抗蚀性，常在其表面进行表面喷涂或进行包覆纯铝处理。硬铝分为铆钉硬铝、标准硬铝、高强度硬铝，广泛应用于飞机、火箭等制造中。常用的硬铝有 2A01、2A11、2A12 等。2A11（标准硬铝）既有相当高的硬度又有足够的塑性，退火状态可进行冷弯、卷边、冲压。提高其强度可采用时效处理。常用来制造形状复杂、载荷较低的结构零件和仪器制造零件。2A12（高强度硬铝），经固溶处理后具有中等塑性，可采用自然时效，切削加工性较好，焊接性差，只适宜点焊。2A12 经固溶处理+自然时效后可获得高强度，用于制造飞机翼肋、翼梁等受力构件。

　　2）超硬铝合金。超硬铝合金是铝-铜-镁-锌系合金，时效强化效果最好，强度最高，经固溶时效后强度比硬铝还高，其比强度已相当于超高强度钢，故名超硬铝。但塑性、抗蚀性很差。在超硬铝合金中时效强化相除 θ 及 S 相外，还有强化效果很大的 $MgZn_2$（η 相）及 $Al_2Mg_3Zn_3$（T 相）。使用中也常在其表面包覆纯铝或进行表面喷涂处理以提高其耐蚀性。另外耐热性也较差，超过 120℃就会融化。常用于制造飞机上机翼大梁、桁架以及起落架等受力大且使用温度不高的构件。

　　3）锻造铝合金。锻造铝合金基本上是铝-铜-镁-硅系合金。其主要特点是热塑性及抗蚀性好，适合锻造，故名锻铝。主要强化相为 Mg_2Si，力学性能与硬铝相近。主要用于飞机和仪表工业中要求形状复杂且比强度较高的零件。

　　D　铸造铝合金

铸造铝合金是指用于制造铸件的铝合金。可用于各种铸造成型工艺，生产形状复杂或要求特殊性能的零件，如发动机缸体、活塞、曲轴箱等。此类合金除要求具有一定的使用性能之外，还要求具有良好的铸造性能，所以合金成分基本处于共晶点成分。但由于此类合金组织中会出现大量硬而脆的化合物，使合金脆性很大，所以实际使用的铸造合金并非都是共晶合金。它与变形铝合金比较只是合金元素含量稍高一些。

　　按照主要合金元素的不同，铸造铝合金主要分为铝硅系、铝铜系、铝镁系和铝锌系 4 类，其中以铝硅系应用最为广泛。铸造铝合金的代号用 "ZL" 及 3 位数字表示。第一位数字表示铝合金的类别（1 为铝硅系、2 为铝铜系，3 为铝镁系，4 为铝锌系）；后面两位数字表示合金顺序号。例如，ZL102 表示 2 号铝硅系铸造铝合金。若代号后面加 "A"，则表示优质。

　　铸造铝合金的牌号用 "Z+铝元素符号+合金元素符号+合金质量分数的百倍" 来表示，若优质合金则在牌号后面加 "A"。常用铸造铝合金的代号、牌号、成分、力学性能见表 3-11。

　　铸造铝合金与变形铝合金比较，它的组织粗大，有严重的枝晶偏析和粗大针状物。此外，铸件的形状一般都比较复杂。因此，铸造铝合金的热处理除了具有一般变形铝合金的热处理特性外，还有不同之处。首先，为了强化相充分溶解、消除枝晶偏析和使针状化合物 "团化"，淬火加热温度比较高，保温时间比较长（一般在 15~20h）。其次，由于铸件形状复杂，壁厚也不均匀，为了防止淬火变形和开裂，一般在 60~100℃ 的水中冷却。此外，为了保证铸件的耐蚀性以及组织性能和尺寸稳定，凡是需要时效的铸件，一般都采用人工时效。

　　根据铝合金铸件的工作条件和性能要求，可以选择不同的热处理方法。各种热处理的代号，工艺特点、目的和应用见表 3-11。其中 T1 热处理表示不经淬火就进行时效，这是由于铸件凝固冷却时，冷却速度较快（特别是湿砂型和金属型），固溶体有一定的过饱和程度。铸造铝合金中除 ZL102 及 ZL302 外，其他合金均能热处理强化。

　　铸造铝合金是机械工程中应用较广泛的有色铸造合金。各种铸造铝合金的性能特点如下。

　　（1）铝硅系铸造合金。铝硅系铸造合金为共晶型铝合金，其特点是铸造性能好，抗蚀性好，密度小，力学性能好。并且实验证明，在铝硅系合金中随着共晶体数量的增加，不但合金的铸造性能越来越好，而且力学性能也越来越高，所以以 Al-Si 为基础而发展起来的铸造合金是最重要的铸造铝合金。

　　普通的铝硅二元合金，因硅的脆性大，必须经过变质处理，并且不能进行热处理强化。若向普通硅铝合金中加入铜、镁、锰等元素，可大大改善其性能。除个别合金外，大部分合金无须变质处理，而可以通过热处理方式进行强化。稀土元素对铝硅铸造铝合金有精炼、变质和合金化的作用，可明显改善铝硅铸造合金的性能。

　　铝硅系合金主要包括 ZL101、ZL102、ZL104、ZL105 等合金，其共同特点是流动性好，且流动性随含硅量的增加而增大。ZL102 中 $w(Cu) = 11\% \sim 13\%$，正好为共晶成分，所以在铸造铝合金中它的流动性最好。此外，这些合金没有热裂倾向，而且具有比较好的耐磨性，但 ZL105 差些。

　　ZL102 是简单的二元铝硅合金，铸造后的组织为粗大的针状硅与铝基固溶体组成的共晶体和少量板块状初生硅。这种组织力学性能差，$\sigma_b \leqslant 140\text{MPa}$，伸长率 $\delta < 3\%$。ZL102 不能进行时效强化，强度低，只适宜于铸造形状复杂受力很小的零件。如仪表壳及其他薄壁零件。

　　为了改善组织，使硅呈球状分布以及细化组织来提高力学性能，须进行变质处理。铝合金的变质处理是浇注前向合金中加入一定量的钠盐，如 $w(NaF)67\% + w(NaCl)33\%$

表 3-11　常用铸造铝合金的代号、牌号、成分、力学性能

类别	代号（牌号）	w(Me)/%						铸造方法与合金状态①	力学性能			用途
		Si	Cu	Mg	Mn	Zn	Ti		σ_b/MPa	δ/%	HBS	
铝硅合金	ZL101 (ZAlSi7Mg)	6.5~7.5	—	0.25~0.45	—	—	—	J, T5	≥210	≥2	≥60	形状复杂的砂型、金属型和压力铸造零件,如飞机,仪器的零件,抽水机壳体,工作温度不超过185℃的化油器等
								S, T5	≥200	≥2	≥60	
	ZL102 (ZAlSi12)	10.0~13.0	—	—	—	—	—	J	≥160	≥2	≥50	形状复杂的砂型、金属型和压力铸造零件,如仪表,抽水机壳体,工作温度在200℃以下,要求气密性承受低载荷的零件
								SB, JB	≥150	≥4	≥50	
								SB, JB, T2	≥140	≥4	≥50	
	ZL105 (ZAlSi5Cu1Mg)	4.5~5.5	1.0~1.5	0.40~0.6	—	—	—	J, T5	≥240	≥0.5	≥70	砂型、金属型铸造的,形状复杂的,在225℃以下工作的零件,如风冷发动机的气缸头,机匣,液压泵壳体等
								S, T5	≥200	≥1.0	≥70	
								S, T6	≥230	≥0.5	≥70	
	ZL108 (ZAlSi2Cu2Mg1)	11.0~13.0	1.0~2.0	0.4~1.0	0.3~0.9	—	—	J, T1	≥200	—	≥85	砂型、金属型铸造的,要求高温强度及低膨胀系数的高速内燃机活塞及其他耐热零件
								J, T6	≥260	—	≥90	
铝铜合金	ZL201 (ZAlCu5Mn)	—	4.5~5.3	—	0.6~1.0	—	0.15~0.35	S, T4	≥300	≥8	≥70	砂型铸造在 175~300℃以下工作的零件,如支臂,挂架梁,内燃机气缸盖,活塞等
								S, T5	≥340	≥4	≥90	
	ZL202 (ZAlCu10)	—	9.0~11.0	—	—	—	—	S, J	≥110	—	≥50	形状简单,对表面粗糙度要求较高的中等承载零件
								S, J, T6	≥170	—	≥100	
铝镁合金	ZL301 (ZAlMg10)	—	—	9.5~11.0	—	—	—	S, T4	≥280	≥9	≥60	砂型铸造在大气或海水中工作的零件,承受大振动载荷,工作温度不超过150℃的零件
铝锌合金	ZL401 (ZAlZn11Si7)	6.0~8.0	—	0.1~0.3	—	9.0~13.0	—	J, T1	≥250	≥1.5	≥90	压力铸造零件,工作温度不超过200℃,结构形状复杂的汽车、飞机零件
								S, T1	≥200	≥2	≥80	

① 铸造方法与合金状态的符号：J—金属型铸造；S—砂型铸造；B—变质处理；T—冷却方式。

或 $w(NaF)$ 25%+$w(NaCl)$ 62%+$w(KCl)$ 13% 以及成分更复杂的变质剂。其力学性能 σ_b 可达 180MPa，δ 可达 8%。

ZL104、ZL105、ZL108 等铝硅合金是在铝硅合金中加入适量的铜与镁时，从而形成 Mg_2Si、$CuAl_2$ 等强化相，所以可以采用固溶+时效处理来提高力学性能。例如 ZL104 和 ZL105 在固溶和时效后可以获得较高的强度，一般用于承受较高载荷的发动机零件及飞机零件。

（2）铝铜系铸造合金。铝铜系铸造合金是应用最早的铝合金，主要包括 ZL201、ZL202 等合金。其特点是热强性比其他铸造铝合金都高，使用温度可达 300℃，熔铸操作简单，但密度较大，抗蚀性较差。ZL201 的铜和锰含量接近硬铝成分。经过固溶和不完全时效后（不完全时效，是指时效温度较低或时效时间较短，不获得最高强度，使合金保持较好塑性），可以得到铸铝中最大的强度，且在 300℃ 以下能保持较高的强度，属于铸造耐热铝合金。它的缺点是铸造性和耐蚀性均差。可用于 300℃ 以下工作的形状简单的铸件，如内燃机气缸盖、活塞等。

（3）铝镁系铸造合金。铝镁系铸造合金的室温力学性能高，密度小，抗蚀性能好，但热强性低，铸造性能差，使用时受到一定的限制。主要包括 ZL301 和 ZL302 两种。应用最多的是 ZL301。镁的主要作用是固溶后镁部分溶入铝中，起到良好的固溶强化效果。因为铝镁合金的淬火组织是单相固溶体，故其强度和塑性均高，而且耐蚀性优良。但这种合金铸造性能差，浇铸时容易氧化，易形成显微疏松。ZL301 广泛用于承受高载荷和要求耐腐蚀、但外形不太复杂的零件，如飞机、舰船和动力机械的零部件。

（4）铝锌系铸造合金。铝锌系铸造合金是成本最低的一种铸造合金，但却具有良好的综合性能。其缺点是密度较大，热强性、抗蚀性不高。锌在铝中的溶解度可达 32%，铝中加入 $w(Zn)$ >10% 就能显著提高合金的强度。

常用的铝锌铸造合金是 ZL401，其中 $w(Al)$ = 9%～13%，$w(Si)$ = 5%～17%。铸造性能很好，流动性好，易充满铸型。该合金在铸态下即具有较高的力学性能，特别是铸造后不需要淬火就有明显的时效强化能力。这是由于在低温阶段，锌在铝中原子扩散能力很弱，所以在铸造条件下锌原子很难从过饱和固溶体中析出，因而这种合金在铸造冷却时能自行淬火，并且冷却后可直接进行人工时效。缺点是耐蚀差，热裂倾向大，需变质处理。

ZL401 主要用于温度不超过 200℃，结构形状复杂的汽车零件、飞机零件、医疗机械和仪器零件。

3.3.2　铜及铜合金

铜元素在地壳中的储量较少，但是铜及其合金却是人类史上应用最早的金属。我国在殷商时代就制造出重达 875kg 的世界最大的青铜器——司母戊鼎。历史学家也曾以铜器具为标志来划分人类社会的发展阶段——铜器时代。现代工业上使用的铜及铜合金，主要有工业纯铜、黄铜和青铜，白铜应用较少。纯铜和铜合金均属于贵重金属，应尽可能应用于有特殊性能要求的零部件，一般机械制造的结构零件应尽量以铝代铜。

3.3.2.1　工业纯铜

铜是人类发现最早和使用最广泛的金属之一。纯铜又名工业纯铜，外表呈玫瑰红色，表面氧化膜呈紫色，故又称紫铜。其纯度为 $w(Cu)=99.5\% \sim 99.9\%$，密度为 $8.9g/cm^3$，熔点为 1083℃，具有面心立方晶格，无同素异构转变。在有色金属材料中，铜的产量仅次于铝。

纯铜的强度、硬度不高（退火状态下 $\sigma_b=200 \sim 250MPa$，HBS40～50），但塑性极好（$\delta=50\%$），焊接性良好，并能经受各种冷热加工成型（铸、焊、切削、压力加工）。在冷塑性变形后，有明显加工硬化现象，随着变形度的增加，强度可以提高到 400～500MPa，但塑性指标也急剧下降到 5%，所以如需继续冷变形，必须经过再结晶退火来恢复塑性。

纯铜具有仅次于银的优良的导电性和导热性，是理想的导电和导热材料；纯铜又是抗磁性材料，对于制作不受外磁场干扰的磁性仪器、定位仪和其他防磁器械具有重要意义。

纯铜的化学稳定性较高，在非工业污染的大气、淡水等介质中均有良好的耐蚀性，在非氧化性酸溶液中也能耐蚀，而在氧化性酸（HNO_3、浓 H_2SO_4 等）溶液以及各种盐类溶液（包括海水）中则易受腐蚀。

如上所述，纯铜最突出的优点是具有优良的导电性、导热性、冷热加工性、良好的抗蚀性和抗磁性，但纯铜的强度、硬度很低，价格贵，具有明显的加工硬化性。所以主要用于制作导电材料、导热材料、防磁材料以及配制各种铜合金。

工业纯铜按产品种类可分为未加工产品（铜锭、电解铜）和压力加工产品（铜材）两种。未加工产品（铜锭）按其纯度可分为 Cu-1、Cu-2、Cu-3、Cu-4 四种代号；压力加工产品（铜材）按其纯度可分为 T1、T2、T3、T4 四种代号，代号中数字表示序号，序号越大，表示含有有杂质含量越多，纯度越低。

3.3.2.2 铜合金

纯铜不宜用于工程材料，所以在工业上应用较广的为铜合金。按生产方式的不同，铜合金可分为压力加工产品和铸造产品两类；按化学成分可以分为黄铜、青铜和白铜三大类。前两类主要用于机械制造工业，而白铜（Cu-Ni 合金）主要是制造精密机械与仪表的耐蚀件及电阻器、热电偶等。

A 黄铜

黄铜就是以锌为主加元素的铜合金。铜锌组成的二元合金称为普通黄铜；在铜锌合金中加入其他合金元素时，则称为特殊黄铜。黄铜色泽鲜明，具有较好的抗海水和大气腐蚀能力，并且具有很好的加工性及铸造性。

a 普通黄铜

（1）普通黄铜的组织特征。从图 3-25 可以看出，当 $w(Zn)<45\%$ 时，黄铜在室温下平衡状态有 α 及 β′ 两个基本相。α 相是锌溶于铜的固溶体，塑性好，适宜冷、热压力加工。β′ 相是以化合物 CuZn 为基体的固溶体，在室温下比较硬而脆，但加热到 456℃ 以上时，却有良好的塑性，故含有 β′ 相的黄铜适宜热压力加工。

工业中应用的普通黄铜，按其平衡状态的组织有两种。当 $w(Zn)<39\%$ 时，室温下组织 α 为单相固溶体（单相黄铜）；当 $w(Zn)=39\% \sim 45\%$ 时，室温下的组织为 α+β′（双相黄铜）。在实际生产中，当 $w(Zn)>32\%$ 时，就已经出现了出现 α+β′ 组织。黄铜组织如图 3-26 和图 3-27 所示。

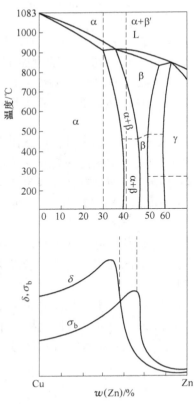

图 3-26　α 单相黄铜的显微组织

图 3-25　Cu-Zn 合金部分相图及
含锌量对黄铜性能的影响

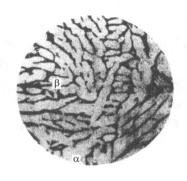

图 3-27　α+β′双相黄铜的显微组织

（2）普通黄铜的性能特点。普通黄铜的性能由含锌量和组织共同决定。从图 3-25 可以看出，黄铜的强度和塑性与含锌量有很大关系。当含锌量增加时，由于固溶强化，黄铜的强度、硬度提高，塑性改善。当 $w(\mathrm{Zn}) \approx 32\%$ 时，塑性最高；当 $w(\mathrm{Zn}) > 32\%$ 时，由于在实际生产条件下已出现 β 相，故塑性开始下降；$w(\mathrm{Zn}) \approx 45\%$ 时，强度最高；当 $w(\mathrm{Zn}) > 45\%$ 时，组织中已全部为脆性的 β′相，合金的强度和塑性均急剧下降，在生产中已无实用价值。所以黄铜中 $w(\mathrm{Zn})$ 应小于 50%，此时黄铜的抗蚀性较好，与纯铜相近。但当普通黄铜经冷加工后，在海水及潮湿大气中，尤其是含氨的情况下，容易产生应力腐蚀破裂现象，防止方法是再进行去应力退火。

铸造黄铜的铸造性能好，它的熔点比纯铜低，结晶温度间隔较小，使黄铜有较好的流动性、较小的偏析倾向，且铸件组织致密。

（3）普通黄铜的表示方法及应用。普通黄铜的代号用"黄"字的汉语拼音字首"H"加数字表示。数字表示平均含铜的质量分数。普通黄铜的牌号表示方法为"H+铜的质量分数×100"。例如 H62 表示 $w(\mathrm{Cu}) = 62\%$，余量为锌的普通黄铜。

H90 及 H80 等的普通黄铜的 $w(\mathrm{Zn}) < 20\%$，属于 α 单相黄铜，有优良的耐蚀性、导热性和冷变形能力，并呈金黄色，故有金色黄铜之称，常用于镀层、艺术装饰品、奖章、散

热器等。H68 及 H70 也属于 α 单相黄铜。它具有优良的冷、热塑性变形能力，适宜用冷冲压（拉伸、弯曲等），用于制造形状复杂而又耐蚀的管、套类零件，如弹壳、波纹管等，故又有弹壳黄铜之称。H62 及 H59 属于 α+β′ 双相黄铜。它的强度较高，并有一定的耐蚀性，而且因含铜量少，价格便宜，则广泛用来制作电器上要求导电、耐蚀及适当强度的结构件，如螺栓、螺母、垫圈、弹簧及机器中的轴套。这种材料一般都是热轧成型的棒料或板料，再切削加工成零件。

用于铸造的黄铜称为铸造黄铜，其牌号表示方法为"Z+铜元素符号+主加元素符号及质量分数×100+其他合金元素及元素的质量分数×100"。例如，ZCuZn38 表示 $w(Zn)$ = 38%、余量为铜的铸造黄铜。

  b 特殊黄铜

在普通黄铜中加入其他合金元素（如铝、锰、锡、镍、铅、铁、硅等）即形成特殊黄铜，可依据加入的第二合金元素来命名，如铝黄铜、铅黄铜、锰黄铜等。加入合金元素可以在不同程度上提高黄铜的强度或其他性能，其中锡、铝、锰、镍可以提高抗蚀性和耐磨性，加硅可以改善铸造性，加铅可以改善切削加工性等。

特殊黄铜的牌号的表示方法为"H+主加元素（除锌以外）+铜质量分数×100-主加合金元素的质量分数×100"，例如 HPb59-1 表示 $w(Cu)$ = 59%、$w(Pb)$ = 1%、余量为锌的铅黄铜。

常用普通黄铜和特殊黄铜的代号、牌号、成分、力学性能和用途见表 3-12。

表 3-12 常用普通黄铜和特殊黄铜的代号（牌号）、成分、力学性能及用途

类别	代号（牌号）	$w(Me)/\%$		力学性能[①]			主要用途
		Cu	其他	σ_b/MPa	δ/%	HBS	
普通黄铜	H90（90 黄铜）	88.0~91.0	余量 Zn	$\frac{260}{480}$	$\frac{45}{4}$	$\frac{53}{130}$	双金属片、供水和排水管、证章、艺术品（又称金色黄铜）
	H68（68 黄铜）	67.0~70.0	余量 Zn	$\frac{320}{660}$	$\frac{55}{3}$	$\frac{—}{150}$	复杂的冷冲压件、散热器外壳、弹壳、导管、波纹管、轴套
	H62（62 黄铜）	60.5~63.5	余量 Zn	$\frac{330}{600}$	$\frac{49}{3}$	$\frac{56}{164}$	销钉、铆钉、螺钉、螺母、垫圈、弹簧、夹线板、散热器等
	ZH62（ZCuZn38）	60.0~63.0	余量 Zn	$\frac{300}{300}$	$\frac{30}{30}$	$\frac{60}{70}$	散热器、螺钉
特殊黄铜	HSn62-1（62-1 锡黄铜）	61.0~63.0	0.7~1.1（Sn）余量 Zn	$\frac{400}{700}$	$\frac{40}{4}$	$\frac{50}{95}$	与海水和汽油接触的船舶零件（又称海军黄铜）
	HSi80-3（80-3 硅黄铜）	79.0~81.0	2.5~4.5（Si）余量 Zn	$\frac{300}{350}$	$\frac{15}{20}$	$\frac{90}{100}$	船舶零件，在海水、淡水和蒸汽（低于 265℃）条件下工作的零件

续表 3-12

类别	代号 (牌号)	w(Me)/%		力学性能[①]			主要用途
		Cu	其他	σ_b/MPa	δ/%	HBS	
特殊 黄铜	HMn58-2 (58-2 锰黄铜)	57.0~60.0	1.0~2.0(Mn) 余量 Zn	$\frac{400}{700}$	$\frac{40}{10}$	$\frac{85}{175}$	海轮制造业和弱电用零件
	HPb59-1 (59-1 铅黄铜)	57.0~60.0	0.8~1.9(Pb) 余量 Zn	$\frac{400}{650}$	$\frac{45}{16}$	$\frac{44}{80}$	热冲压及切削加工零件, 如销、螺钉、螺母、轴套 (又称易削黄铜)
	HA159-3-2 (59-3-2 铝黄铜)	57.0~60.0	2.5~3.5(Al) 2.0~3.0(Ni) 余量 Zn	$\frac{380}{650}$	$\frac{50}{15}$	$\frac{75}{155}$	船舶、电机及其他在常温 下工作的高强度、耐蚀零件
	ZHMn55-3-1 (ZCuZn40Mn3Fe1)	53.0~58.0	3.0~4.0(Mn) 0.5~1.5(Fe) 余量 Zn	$\frac{450}{500}$	$\frac{15}{10}$	$\frac{100}{110}$	轮廓不复杂的重要零件, 海轮上在300℃以下工作的管 配件,螺旋桨

① 力学性能中数字的分母为对压力加工黄铜为硬化状态(变形程度50%)时的数值,对铸造黄铜为金属型铸造时的数值;分子为对压力加工黄铜为退火状态(600℃)时的数值,对铸造黄铜为砂型铸造时的数值。

B　青铜

青铜原指铜和锡的合金,是人类历史是应用最早的一种合金。现在把黄铜和白铜(铜镍合金)以外的铜合金统称为青铜。青铜可以分为普通青铜和特殊青铜。通常把以锡为主加元素的青铜称为普通青铜(或锡青铜);把锡青铜以外的其他青铜称为特殊青铜(或无锡青铜)。无锡青铜的名称可以依据加入的元素来命名,如铝青铜、铅青铜、锰青铜等。

青铜的牌号表示方法为"Q+第一主加元素的化学符号及元素的质量分数×100+其他合金元素及元素的质量分数×100"(Q 为"青"字汉语拼音的第一个字母)。例如,QA17 表示 $w(Al)=7\%$、余量为铜的压力加工铝青铜。用于铸造的青铜称为铸造青铜,其牌号表示方法同铸造黄铜。例如 ZCuAl10Fe3 表示 $w(Al)=10\%$、$w(Fe)=3\%$、余量为铜的铸造铝青铜。

a　普通青铜(锡青铜)

工业用普通青铜的 $w(Sn)=3\%\sim14\%$。它具有较高的强度、硬度,良好的耐磨性、抗蚀性及铸造性,此外还具有良好的减摩性、抗磁性和低温韧性等。

(1) 锡青铜的组织与性能特点。在一般铸造条件下,$w(Sn)<7\%$ 的锡青铜为 α 单相固溶体。从图 3-28 可知,在一定范围之内,强度随着锡含量的增大而提高,塑性也较好,所以可以进行冷压力加工(冷轧、深冲、冷拉丝等)。这类锡青铜不仅强度高、塑性较好,还具有良好的弹性和耐磨性,通常加工成板、带、线材供应。

当 $w(Sn)>7\%$ 时,合金中析出硬脆的化合物 δ 相($Cu_{31}Sn_8$),室温组织为 α+共析体(α+δ),如图 3-28 所示,这种合金的强度、硬度很高,但随着锡含量的增大,塑性急剧下降,因而不能进行冷压力加工,只能铸造成型。当 $w(Sn)>20\%$ 时,强度也急剧下降,合金完全变脆,没有使用价值。因此,要求铸造锡青铜的含锡量 $w(Sn)\leqslant14\%$。

（2）常用普通青铜。普通青铜按生产方法可以分成压力加工锡青铜和铸造锡青铜两类。

压力加工锡青铜的 $w(Sn) \leqslant 8\%$，适宜于冷热加工，用于制造精密仪器中要求抗蚀及耐磨的零件、弹性零件、抗磁性零件以及机器的轴承、轴套等。锡青铜通常加工成板、带、棒、管等型材使用。常用的压力加工锡青铜有 QSn4-3 等。

铸造锡青铜因其锡、磷的含量较压力加工锡青铜高，具有良好的铸造性、耐磨性、减摩性、抗磁性及低温韧性，适合制造滑动轴承、蜗轮、齿轮等零件以及抗腐蚀的蒸汽管、水管附件等。常用的铸造锡青铜的牌号有 ZCuSn10Pb1 和 ZCuSn5Pb5Zn5 等。

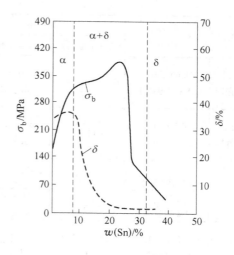

图 3-28　锡含量对青铜力学性能的影响

b　无锡青铜

无锡青铜的种类很多，下面主要介绍铝青铜和铍青铜。

（1）铝青铜。以铝为主加元素的铜合金称为铝青铜，其中 $w(Al) = 5\% \sim 10\%$。铝青铜与锡青铜和黄铜相比，具为更高的强度、抗蚀性和耐磨性，此外还有耐寒性、冲击时不产生火花等特性。铝青铜的结晶温度范围小，具有很好的流动性，易于获得组织致密的铸件，还可以通过热处理进行强化。在铝青铜中加入铁、锰、镍等元素可以进一步提高其力学性能和其他性能。

铝青铜的价格低廉，性能优良，可以作为价格昂贵的锡青铜的替代品，常用于制造强度和耐蚀性、耐磨性要求都较高的齿轮、轴套及船用零件。常用铝青铜的牌号有 QAl7、QAl9-4 等。

（2）铍青铜。以铍为主加元素的铜合金称为铍青铜，通常 $w(Be) = 1.6\% \sim 2.5\%$。铍青铜的时效强化效果极大，经淬火、冷压成型并时效处理后，可以获得很高的强度、硬度、弹性和耐磨性，而且抗蚀性、导电性、耐寒性也很好，此外还具有抗磁性、受冲击时无火花等特点。在工艺性能方面，它的冷热加工性都很好，同时具有较好的铸造性能。

铍青铜主要用于制造精密仪器、仪表中的各种重要的弹性元件、抗蚀性和耐磨性都较高的零件以及防爆工具、航海罗盘等。但由于铍价格昂贵，生产工艺复杂，所以它的使用受到的比较大的限制。

常用青铜的代号、牌号、成分、力学性能和用途见表 3-13。

表 3-13　常用青铜的代号、牌号、成分、力学性能及用途

类别	代号（牌号）	$w(Me)/\%$		力学性能[①]			主 要 用 途
		第一主加元素	其他	σ_b/MPa	δ/%	HBS	
压力加工锡青铜	QSn4-3（4-3 锡青铜）	3.5~4.5（Sn）	2.7~3.3（Zn）余量 Cu	$\dfrac{350}{550}$	$\dfrac{40}{4}$	$\dfrac{60}{160}$	弹性元件、管配件、化工机械中耐磨零件及抗磁零件

续表 3-13

类别	代号（牌号）	$w(Me)/\%$		力学性能[①]			主 要 用 途
		第一主加元素	其他	σ_b/MPa	$\delta/\%$	HBS	
压力加工锡青铜	QSn6.5-0.1（6.5-0.1 锡青铜）	6.0~7.0(Sn)	0.1~0.25（P）余量 Cu	$\dfrac{350\sim450}{700\sim800}$	$\dfrac{60\sim70}{7.5\sim12}$	$\dfrac{70\sim90}{160\sim200}$	弹簧、接触片、振动片、精密仪器中的耐磨零件
铸造锡青铜	ZQSn10-1（ZCuSn10Pb1）	9.0~11.0(Sn)	0.6~1.2（P）余量 Cu	$\dfrac{220}{250}$	$\dfrac{3}{5}$	$\dfrac{80}{90}$	重要的减摩零件，如轴承、轴套、蜗轮、摩擦轮、机床丝杆螺母
特殊青铜	QAl7（7 铝青铜）	6.0~8.0(Al)	—	$\dfrac{470}{980}$	$\dfrac{70}{3}$	$\dfrac{70}{154}$	重要用途的弹簧和弹性元件
	QAl9-4（9-4 铝青铜）	8.0~10.0(Al)	2.0~4.0(Fe)余量 Cu	$\dfrac{550}{900}$	$\dfrac{40}{5}$	$\dfrac{110}{180}$	齿轮、轴套等
	ZQPb30（ZCuPb30）	27.0~33.0（Pb）	余量 Cu	$\dfrac{-}{-}$	$\dfrac{-}{-}$	$\dfrac{-}{245}$	大功率航空发动机、柴油机曲轴及连杆的轴承、减摩件
	QBe2（2 铍青铜）	1.9~2.2(Be)	0.2~0.5(Ni)余量 Cu	$\dfrac{500}{850}$	$\dfrac{40}{3}$	HV $\dfrac{90}{250}$	重要的弹簧与弹性元件、耐磨零件以及在高速、高压和高温下工作的轴承
	QSi3-1（3-1 硅青铜）	2.75~3.5(Si)	1.0~1.5(Mn)余量 Cu	$\dfrac{350\sim400}{650\sim750}$	$\dfrac{50\sim60}{1\sim5}$	$\dfrac{80}{180}$	弹簧、在腐蚀介质中工作的零件及蜗轮、蜗杆、齿轮、衬套、制动销等

① 力学性能中数字的分母为对压力加工黄铜为硬化状态（变形程度 50%）时的数值，对铸造黄铜为金属型铸造时的数值；分子为对压力加工黄铜为退火状态（600℃）时的数值，对铸造黄铜为砂型铸造时的数值。

3.3.3　其他有色金属及其合金

3.3.3.1　镁及镁合金

镁是银白色金属，原子序数 12，密度为 1.738g/cm³，熔点为 648.8℃，沸点为 1090℃。纯镁的力学性能较低，导热性和导电性都较差。通常在冶炼球墨铸铁时作为球化剂，在冶炼铜镍合金时作为脱氧剂和脱硫剂，也可以作为化工原料使用。纯镁在燃烧时能够产生高热和强光，因此镁常用于制造焰火、照明弹和信号弹等。

镁合金是实际应用中最轻的金属结构材料，但与铝合金相比，镁合金的研究和发展还很不充分，镁合金的应用也还很有限。目前，镁合金的产量只有铝合金的 1%。镁合金作为结构应用的最大用途是铸件，其中 90% 以上是压铸件。

限制镁合金广泛应用的主要问题是：由于镁元素极为活泼，镁合金在熔炼和加工过程中极容易氧化燃烧，因此，镁合金的生产难度很大；镁合金的生产技术还不成熟和完善，特别是镁合金成型技术有待进一步发展；镁合金的耐蚀性较差；现有工业镁合金的高温强度、蠕变性能较低，限制了镁合金在高温（150~350℃）场合的应用；镁合金的常温力学性能，特别是强度和塑韧性有待进一步提高；镁合金的合金系列相对很少，变形镁合金的研究开发严重滞后，不能适应不同应用场合的要求。

镁合金可分为铸造镁合金和变形镁合金。镁合金按合金组元不同主要有 Mg-Al-Zn-Mn

系、Mg-Al-Mn 系和 Mg-Al-Si-Mn 系、Mg-Al-RE 系等合金。

(1) 耐热镁合金。耐热性差是阻碍镁合金广泛应用的主要原因之一，当温度升高时，它的强度和抗蠕变性能大幅度下降，使它难以作为关键零件（如发动机零件）材料在汽车等工业中得到更广泛的应用。已开发的耐热镁合金中所采用的合金元素主要有稀土元素（RE）和硅（Si）。稀土是用来提高镁合金耐热性能的重要元素。含稀土的镁合金 QE22 和 WE54 具有与铝合金相当的高温强度。

Mg-Al-Si（AS）系合金在 175℃ 时，AS41 合金的蠕变强度明显高于 AZ91 和 AM60 合金。但是，AS 系镁合金由于在凝固过程中会形成粗大的 Mg_2Si 相，损害了铸造性能和力学性能。研究发现，微量 Ca 的添加能够改善 Mg_2Si 相的形态，细化 Mg_2Si 颗粒，提高 AS 系列镁合金的组织和性能。

(2) 耐蚀镁合金。镁合金的耐蚀性问题可通过两个方面来解决：1) 严格限制镁合金中的 Fe、Cu、Ni 等杂质元素的含量。例如，高纯 AZ91HP 镁合金的耐蚀性大约是 AZ91C 的 100 倍，超过了压铸铝合金 A380，比低碳钢还好得多。2) 对镁合金进行表面处理。根据不同的耐蚀性要求，可选择化学表面处理、阳极氧化处理、有机物涂覆、电镀、化学镀、热喷涂等方法处理。例如，经化学镀的镁合金，其耐蚀性超过了不锈钢。

(3) 高强高韧镁合金。现有镁合金的常温强度和塑韧性均有待进一步提高。在 Mg-Zn 和 Mg-Y 合金中加入 Ca、Zr 可显著细化晶粒，提高其抗拉强度和屈服强度；加入 Ag 和 Th 能够提高 Mg-RE-Zr 合金的力学性能，如含 Ag 的 QE22A 合金具有高室温拉伸性能和抗蠕变性能，已广泛用作飞机、导弹的优质铸件。通过快速凝固粉末冶金、高挤压比等方法，可使镁合金的晶粒处理得很细，从而获得高强度、高塑性甚至超塑性。

(4) 变形镁合金。虽然目前铸造镁合金产品用量大于变形镁合金，但经变形的镁合金材料可获得更高的强度，更好的延展性及更多样化的力学性能，可以满足不同场合结构件的使用要求。如通过挤压+热处理后的 ZK60 高强变形镁合金，其强度及断裂韧性可相当于时效状态的 Al7075 或 Al7475 合金，而采用快速凝固（RS）+粉末冶金（PM）+热挤压工艺开发的 Mg-Al-Zn 系 EA55RS 变形镁合金，其性能大大超过常规镁合金，具有较高的比强度、塑性和抗腐蚀性。

3.3.3.2 钛及钛合金

钛是一种银白色的金属，原子序数为 22，密度为 $4.5g/cm^3$，熔点 1668℃，沸点为 3287℃。钛属于高强度金属，韧性比钢好，且具有耐高温和耐低温的性能，在 -253℃ 到 550℃ 之间均能保持良好的强度。钛具有同素异构转变，转变温度为 882℃。

钛合金因具有比强度高、耐蚀性好、耐热性高等特点而被广泛用于各个领域。常用的钛合金是 Ti-6Al-4V 合金，由于它的耐热性、强度、塑性、韧性、成形性、可焊性、耐蚀性和生物相容性均较好，而成为钛合金中的主要品种，该合金使用量已占全部钛合金的 75%~85%。其他许多钛合金都可以看作是 Ti-6Al-4V 合金的改型。目前，世界上已研制出的钛合金有数百种，最著名的合金有 20~30 种，如 Ti-6Al-4V、Ti-5Al-2.5Sn 等。

(1) 高温钛合金。典型的高温钛合金是 Ti-6Al-4V，使用温度为 300~350℃。随后相继研制出使用温度达 400℃ 的 IMI550、BT3-1 等合金，以及使用温度为 450~500℃ 的 IMI679、IMI685、Ti-6246、Ti-6242 等合金。

（2）钛铝化合物为基的钛合金。与一般钛合金相比，以钛铝化合物为基体的 Ti_3Al 和 TiAl 金属化合物，其最大优点是高温性能好（最高使用温度分别为 816℃ 和 982℃）、抗氧化能力强、抗蠕变性能好和质量轻（密度仅为镍基高温合金的 1/2），这些优点使其成为未来航空发动机及飞机结构件最具竞争力的材料。

（3）高强高韧 β 型钛合金。典型的 β 型钛合金为 B120VCA 合金（Ti-13V-11Cr-3Al）。β 型钛合金具有良好的冷热加工性能，易锻造，可轧制、焊接，可通过固溶+时效处理获得较高的力学性能、良好的环境抗力及强度与断裂韧性的良好配合。

（4）医用钛合金。钛无毒、质轻、强度高且具有优良的生物相容性，是非常理想的医用金属材料，可用作植入人体的植入物等。目前，在医学领域中广泛使用的仍是 Ti-6Al-4V ELI 合金，但会析出极微量的钒和铝离子，降低了细胞适应性且有可能对人体造成危害。

3.3.3.3　钨和钨合金

钨为银白色或白色体心立方结构的金属，原子序数 74，原子量 183.85，熔点 3410℃，沸点 5660℃，密度 19.35g/cm³。钨在地壳中的含量为 0.00015%，居第 54 位。自然界中的钨主要以钨酸盐的形式存在。钨的力学性能优良，具有高强度和较大的弹性模量，并具有比较好的高温性能和高硬度。

钨广泛用于制备钨钢，能提高钨钢的耐高温强度，增加钢的硬度和抗腐蚀能力。它广泛应用于金属切削刀具，还有军事工业中枪、炮、坦克等武器装备的耐热、耐压部件。此外钨的碳化物具有极高的硬度、耐磨性和红硬性，在硬质合金的制造中具有极为重要的作用。

钨及钨合金具有高密度、高强度、低热膨胀系数、抗腐蚀性和良好的机械加工等综合性能，已在航空航天、军事装备、电子、化工等许多领域中得到了广泛应用。其主要的应用范围包括：（1）用于切削、焊接和喷涂方面的碳化物，如碳化钨。（2）用于电子工业中大量的灯丝和电子管的阴极，高温电阻炉的加热元件，如目前研究较多的耐震钨丝、复合稀土钨电极等。（3）用于高温领域，以至军事上制作的穿甲弹、药型罩等。

另外钨铜基粉末冶金复合材料是由高熔点、高硬度的钨和高电导率、高热导率的铜所构成的假合金。因其具有良好的耐电弧侵蚀性、抗熔焊性和高强度、高硬度等优点，目前被广泛地用作电触头材料，电阻焊、电火花加工和等离子电极材料，电热合金和高密度合金，特殊用途的军工材料（如火箭喷嘴、飞机喉衬），以及计算机中央处理系统、大规模集成电路的引线框架等。

3.3.3.4　镍、铅、锡、金、银

（1）镍。镍，原子序数 28，原子量 58.69。元素名来源于德文，原意是"假铜"。1751 年由瑞典化学和矿物学家克龙斯泰德发现并分离出来。镍是一种相当丰富的元素，在地壳中约 0.018%，占第 23 位。镍为银白色的金属，熔点 1455℃，沸点 2730℃，密度 8.9g/cm³。镍比铁硬度高、韧性好，有铁磁性和延展性，能导电和导热。

镍的化学性质和铁、钴相似，在常温下与水和空气不起作用，能抗碱性腐蚀；镍能缓慢地溶于稀盐酸、硫酸和硝酸中，放出氢气；细粉末状的金属镍在加热时可吸收相当量的

氢气；镍加热时与氧、硫、氯、溴等发生剧烈反应。

　　工业上大部分镍用于制不锈钢和其他抗腐蚀合金；镍还用于镀镍、陶瓷制品、电池、聚丙烯着色；在化学中主要作加氢催化剂。

　　（2）铅。铅，原子序数 82，原子量 207.2。铅是人类最早使用的金属之一，公元前 3000 年，人类已会从矿石中熔炼铅。铅在地壳中的含量为 0.0016%。铅在自然界中常以化合物的状态出现，铅的矿物主要是方铅矿。

　　铅为带蓝色的银白色重金属，熔点 327.502℃，沸点 1740℃，密度 11.3437g/cm^3，硬度小，质地柔软，抗张强度小。铅的密度很大，高能辐射几乎不能通过较厚的铅板，故铅板可用来防护 X 射线、γ 射线等辐射。

　　金属铅在空气中受到氧、水和二氧化碳作用，其表面会很快氧化生成保护薄膜；在加热下，铅能很快与氧、硫、卤素化合；铅与冷盐酸、冷硫酸几乎不起作用，能与热或浓盐酸、硫酸反应；铅与稀硝酸反应，但与浓硝酸不反应；铅能缓慢溶于强碱性溶液。

　　铅主要用于制造铅蓄电池。铅、锡和锑合金可铸铅字，锡和铅的合金可做焊锡。在化学、原子能、建筑、桥梁和船舶工业中，铅常用来制造防酸蚀的管道和各种构件。铅及其化合物对人体有较大毒性，并可在人体内积累，对人体具有比较大的危害。

　　（3）锡。锡，原子序数 50，原子量 118.71。在约公元前 2000 年，人类就已开始使用锡。锡在地壳中的含量为 0.004%，几乎都以锡石（氧化锡）的形式存在，此外还有极少量的锡的硫化物矿。

　　金属锡柔软，易弯曲，熔点 231.89℃，沸点 2260℃，有三种同素异形体：四方晶系的白锡、金刚石形立方晶系的灰锡和正交晶系的脆锡。

　　在空气中锡的表面由于生成二氧化锡保护膜而稳定，但加热时氧化反应加快；锡与卤素加热下反应生成四卤化锡；也能与硫反应；锡对水稳定，能缓慢溶于稀酸，较快溶于浓酸中；锡能溶于强碱性溶液；在氯化铁、氯化锌等盐类的酸性溶液中会被腐蚀。

　　金属锡主要用于制造合金。含锡合金包括以锡为主的锡合金，以及锡为主要添加元素的合金。主要包括铜-锡合金、巴氏合金、铝-锡合金、易熔合金和超导铌-锡合金，主要用于汽车、机车、拖拉机轴瓦和重型机器轴瓦，其中锡基巴氏合金应用最广泛。

　　（4）金。金，原子序数 79，原子量 196.96654。公元前 3000 年埃及即已采集黄金，用作饰物。金的分布很广，主要以游离金和碲化物矿形式存在。

　　金为深黄色有光泽的贵金属，熔点 1064.43℃，沸点 3080℃，密度 18.88g/cm^3。晶体结构为面心立方。金是热和电的良导体，延展性特别好，很容易被打成厚仅 0.00001mm 的半透明金箔。金能与大多数金属形成合金。

　　金是极不活泼的金属之一，在任何温度下都不会被空气或氧氧化，也不会被硫侵蚀；金与强碱和所有纯酸都不起作用，仅溶于王水；金与干燥氯气不起作用，但与氯水反应。

　　金的主要用途是作为黄金储备、装饰品和货币，约占生产总量的 75%；此外在二极管和晶体管中可作引线的触点和抑制器；还用作能量反射器。

　　（5）银。银，原子序数 47，原子量 107.8682。银在古代已被发现，公元前 4000 年左右，埃及人已使用银。在地壳中的含量为百万分之五，居第 63 位。在自然界主要以自然银和银化合物矿的形式存在。

　　银为白色有光泽的贵金属，质地较软，熔点 961.93℃，沸点 2212℃，密度 10.5g/

cm^3；晶体结构为面心立方。银是导电性和导热性最高的金属，延展性仅次于金。银的反光能力特别强，经抛光后能反射 95% 的可见光。银能与铜、金、锌、铅等金属形成合金。

银是不活泼金属，一般不与氧作用，约 240℃ 时能与臭氧直接反应；常温下能与卤素逐渐化合；银不与除硝酸外的稀酸或强碱反应，但能与浓硫酸反应；硝酸银是重要的可溶性银盐，其他银盐一般不溶于水。

银的最大用途是与其他金属制成合金，用于货币、饰物、电池等方面；银的化合物用途很广，硝酸银可用于镀银和银镜，磷酸银可作催化剂，卤化银可用于照相，碘化银可用于降雨等。

3.3.4　轴承合金

轴承是支撑轴进行工作的机械零件。根据其工作特点可以分为滚动轴承和滑动轴承两大类。与滚动轴承相比，滑动轴承具有承载面积大，工作平衡无噪音以及检修方便等优点。所以在机械中应用十分广泛。

滑动轴承是直接与轴配合使用的。在工作过程中，轴在滑动轴承中转动，由于轴与轴承之间的高速相对运动，轴与轴瓦之间必然产生强烈的摩擦，所以轴与轴承之间的磨损较大。因轴是机器上最重要的零件，价格较贵，更换困难，所以在磨损不可避免的情况下应从轴瓦材料上确保轴受到最小的磨损，必要时可以更换轴瓦而继续保证轴的使用。

在滑动轴承中，制造轴瓦及其内衬的合金称为轴承合金。

3.3.4.1　轴承合金的性能要求

为了确保轴承对轴的磨损最小，并适应轴承的其他工件条件，轴瓦材料必须具有以下一些主要特性。

（1）在工作温度下具有足够的强度和硬度，以便承受轴颈所施加的较大的单位压力，并要耐磨。

（2）有足够的塑性和韧性，以保证与轴的配合良好并能抵抗冲击和振动。

（3）与轴之间的摩擦系数小，并能够储存润滑油。

（4）具有良好的磨合能力，使负荷能够均匀分布。

（5）具有良好的抗蚀性和导热性，较小的膨胀系数。

（6）易于制造且价格低廉。

3.3.4.2　轴承合金的组织特征

为使构成轴瓦材料的轴承合金能够满足上要求，除了要求保证材料的力学性能和物理化学性能的基础之外，还对轴瓦材料的组织提出了要求。目前轴承合金的组织主要包括软基体硬质点组织和硬基体软质点组织两种。

（1）软基体硬质点组织。软基体硬质点组织是在软的基体上分布着硬的质点，如图 3-29 所示，当轴进入工作状态后，软的基体很快被磨凸出，比较抗磨的硬质点（一般为化合物，其体积约占总体积的

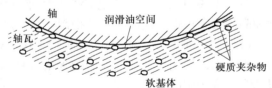

图 3-29　软基体硬质点轴瓦与轴的分界面

15%~30%）突出于表面以承受轴载荷，凹下去的地方可以储存润滑油，有利于形成连续的油膜，保证有极低的摩擦系数，同时软的基体还能起到嵌藏外来硬质点的作用，以保证轴颈不被损伤。此外，软基体还有很好的磨合性与抗冲击以及抗振动性，但此类组织承载能力较差，难以承受较大的载荷。属于这类组织的轴承合金有锡基轴承合金和铅基轴承合金等。

（2）硬基体软质点组织。硬基体软质点组织同样可以达到上述作用，而且较软基体硬质点组织具有更大的承载能力，但磨合性能较差，通常用来制造重载、高转速的重要轴承。属于这类组织的轴承合金有铜基轴承合金和铝基轴承合金。

3.3.4.3 常用轴承合金

常用轴承合金按主要化学成分可以分为锡基、铅基、铜基和铝基轴承合金。锡基轴承合金和铅基轴承合金使用温度较低，称为低熔点合金，也称为巴氏合金。

轴承合金的牌号为"Z（'铸'的汉语拼音字首）+基体元素与主加元素的符号+主加元素质量分数×100+辅加元素符号+辅加元素质量百分数×100"。如 ZPbSb15Sn5 为铸造铅基轴承合金，表示主加元素锑 $w(Sb)=15\%$，辅加元素锡 $w(Sn)=5\%$，余量为铅。

（1）锡基轴承合金（锡基巴氏合金）。锡基轴承合金是以锡为基体元素，加入锑、铜等元素组成的软基体硬质点合金。ZSnSb11Cu6 显微组织如图 3-30 所示，组织中暗色的软基体为锑溶入锡中的 α 固溶体，硬度为 30HBS；硬质点以化合物 SnSb 为基的 β 固溶体（图中白色方块）和化合物 Cu_6Sn_5（图中针形和星形结构）。该合金的热膨胀系数和摩擦系数小，具有良好的韧性、减摩性和导热性。常用做重要的轴承，如发动机、汽轮机等巨型机器的高速轴承。其主要缺点是疲劳强度较低，价格较高，工作工作不宜高于150℃。

图 3-30 ZSnSb11Cu6
显微组织（100×）

（2）铅基轴承合金（铅基巴氏合金）。铅基轴承合金是以铅、锑为基体元素，加入锡、铜等元素而组成的合金，也是一种软基体硬质点的轴承合金。这种合金组织的软基体是由锑溶于铅中的 α 固溶体和铅溶入 SnSb 化合物的 β 固溶体组成的共晶组织；硬质点是初生 β 相和 Cu_2Sb 化合物。该合金的强度、硬度、韧性、导热性及抗蚀性均低于锡基合金，且摩擦系数较大，但价格较便宜。因此常用来制造承受中、低载荷的中速轴承，如汽车、拖拉机的曲轴、连杆轴承及电动机轴承等。

为提高锡基、铅基轴承合金的疲劳强度、承压能力和使用寿命，生产时需对其进行挂衬，形成双金属轴承。挂衬，即是采用离心浇注法将其镶铸在钢质轴瓦上，形成一层薄而均匀的内衬。常用锡基与铅基轴承的牌号、成分及用途见表 3-14 所示。

表 3-14 常用锡基与铅基轴承的牌号、成分及用途

类别	牌号	$w(Me)/\%$					硬度 HBS	用途举例
		Sb	Cu	Pb	Sn	杂质		
锡基轴承合金	ZSnSb12Pb10Cu4	11.0~13.0	2.5~5.0	9.0~11.0	余量	0.55	≥29	一般发动机的主轴承，但不适于高温工作

类别	牌号	$w(\mathrm{Me})/\%$					硬度 HBS	用途举例
		Sb	Cu	Pb	Sn	杂质		
锡基轴承合金	ZSnSb11Cu4	10.0~12.0	5.5~6.5	—	余量	0.55	≥27	1500kW 以上蒸汽机、370kW 涡轮压缩机，涡轮泵及高速内燃机轴承
	ZSnSb8-4	7.0~8.0	3.0~4.0	—	余量	0.55	≥24	一般大机器轴承及高载荷汽车发动机的双金属轴承
	ZSnSb4-4	4.0~5.0	4.0~5.0	—	余量	0.50	≥20	涡轮内燃机的高速轴承及轴承衬
铅基轴承合金	ZPbSb16-16-2	15.0~17.0	1.5~2.0	余量	15.0~17.0	0.6	≥30	110~880kW 蒸汽涡轮机，150~750kW 电动机和小于 1500kW 起重机及重载荷推力轴承
	ZPbSb15Sn5Cu3	14.0~16.0	2.5~3.0	Cd 1.75~2.25 As0.6~1.0 Pb 余量	5.0~6.0	0.4	≥32	船舶机械、小于 250kW 电动机、抽水机轴承
	ZPbSb15Sn10	14.0~16.0	—	余量	9.0~11.0	0.5	≥24	中等压力的机械，也适用于高温轴承
	ZPbSb15Sn5	14.0~15.5	0.5~1.0	余量	4.0~5.5	0.75	≥20	低速、轻压力机械轴承
	ZPbSb10Sn6	9.0~11.0	—	余量	5.0~7.0	0.75	≥18	重载荷、耐蚀、耐磨轴承

（3）铜基轴承合金。铜基轴承合金是指以铅为主要元素的铜合金。主要有锡青铜、铅青铜、铝青铜、铍青铜、铝铁青铜等，属于硬基体软质点轴承合金。

1）锡青铜。常用的锡青铜包括锡磷青铜和锡锌铅青铜。其中锡锌铅青铜（ZCuSn10Pb1）属于软基体硬质点轴承合金，其组织中存在较多的分散缩孔，有利于储存润滑油。这种合金能承受较大的载荷，广泛用于中等速度及受较大的固定载荷的轴承，如电动机、泵、金属切削机床轴承；锡青铜还可以直接制成轴瓦，但与其配合的轴颈应具有较高的硬度（300~400HBS）。

2）铅青铜。常用的铅青铜是 ZCuPb30。属于硬基体软质点轴承合金，与巴氏合金相比，它具有较高的疲劳强度和承载能力，优良的耐磨性、导电性和低的摩擦系数，并可在较高温度下（250℃）正常工作。因此适合制造高负荷、高速度下工作的重要轴承，如航空发动机、高速柴油机及其他高速机器的主轴承。

（4）铝基轴承合金。铝基轴承合金是以铝为基体元素，锡或锑为主加元素所形成的合金，也是一种硬基体软质点轴承合金。该合金密度小、导热性好，具有高的疲劳强度、抗蚀性和化学稳定性等，并且原料丰富，价格低廉。其缺点是热膨胀系数较大，抗咬合性不如巴氏合金。我国已逐步用它来代替巴氏合金与铜基轴承合金，目前使用的铝基轴承合金有 ZAlSn6Cu1Ni1 和 ZAlSn20Cu 两种。铝基轴承合金适合高速、重载发动机轴承。目前已在汽车、拖拉机、内燃机车上广泛使用。

除上述轴承合金外，珠光体灰口铸铁也常作为滑动轴承材料。它也是一种硬基体软质点轴承合金。硬基体由珠光体构成，主要用来保证轴承强度；软质点由石墨构成，具有润滑和吸振的作用。铸铁轴承可承受较大的压力，价格低廉，但摩擦系数较大，导热性低，只适宜于低速的不重要轴承。各种轴承合金的性能见表 3-15。

表 3-15 各种轴承合金的性能比较

种类	抗咬合性	磨合性	耐蚀性	耐疲劳性	合金硬度 HBS	轴颈处硬度 HBS	最大允许压力 /MPa	最高允许温度 /℃
锡基巴氏合金	优	优	优	劣	20~30	150	600~1000	150
铅基巴氏合金	优	优	中	劣	15~30	150	600~800	150
锡青铜	中	劣	优	优	50~100	300~400	700~2000	200
铅青铜	中	差	差	良	40~80	300	2000~3200	220~250
铝基合金	劣	中	优	良	45~50	300	2000~2800	100~150
铸铁	差	劣	优	优	160~180	200~250	300~600	150

【任务实施】

·实训 有色金属的组织观察与检验

（1）实训目的：观察铝合金、黄铜的显微组织特点；了解铝合金、黄铜的特殊性能与化学性能与化学成分、组织之间的关系。

（2）实训器材与材料：金相显微镜；铝合金、黄铜。

（3）实训步骤：

1）观察铝和金、黄铜的各种状态的显微组织。

2）根据每个试样的实验内容画出组织图，在图中注明各组织组成物。

3）根据相应检验标准评定级别，标明放大倍数。

（4）实训结果：填写工作页，并分析铝合金、黄铜的各种状态的显微组织。

【习题】

3-3-1 解释下列名词：自然时效、人工时效、过时效、回归处理、巴氏合金。

3-3-2 说明有色金属的基本分类。

3-3-3 说明工业纯铝的基本特征。

3-3-4 说明防锈铝合金中锰元素、镁元素的主要作用。

3-3-5 说明工业纯铜的主要性能。

3-3-6 说明锌的含量对普通黄铜力学性能的影响。

3-3-7　说明锡的含量对青铜力学性能的影响。

3-3-8　说明限制镁合金广泛应用的因素。

3-3-9　说明钨及钨合金的主要用途。

3-3-10　比较各种轴承合金的力学性能。

任务 3.4　非金属材料

【任务简介】

·任务内容

（1）班级学生自由组合为学习小组，各学习小组自行选出组长。

（2）组长召集组员利用课余时间认真预习非金属材料的有关工作任务。

（3）完成任务工作页资讯、决策、计划部分。

（4）在完成以上任务的基础上根据情况制订实施方案。

（5）通过网络收集有关非金属材料发展的资料。

·任务要求

（1）掌握非金属材料的用途及分类。

（2）了解非金属材料的性能特点。

（3）能分析各非金属材料的分类及应用。

（4）能利用网络等多种途径了解非金属材料的用途。

（5）能主动学习、查找资料，在完成任务过程中发现问题、分析问题和解决问题。

（6）能与小组成员协商、交流、配合完成本学习任务。

·建议课时

4 课时

【相关知识】

3.4.1　高分子材料

高分子材料是以相对分子质量特别大的高分子化合物为主要组分的材料。它由大量的低分子化合物聚合而成，故又称为高分子化合物或高聚物。

高分子化合物可分为天然和人工合成两大类。天然高分子材料有淀粉、羊毛、纤维素、天然橡胶、木材、蛋白脂等；人工合成高分子材料有塑料、合成纤维、合成橡胶等。高分子材料以其优良的特性，发展迅猛，已经广泛地用于生活、生产等各个领域。

3.4.1.1　高分子材料概述

A　高分子材料的合成

高分子化合物的合成是指把低分子化合物聚合起来形成高分子化合物的过程。该反应称为聚合反应。能聚合成大分子链的低分子化合物称为单体。大分子链中的重复结构单元称为链节，链节的重复次数称为聚合度。显然，聚合度越大，高分子材料的相对分子质量也就越大。合成高分子化合物的方法主要有两类，即加聚反应和缩聚反应。

（1）加聚反应。加聚反应是指由一种或多种单体相互加成而生成聚合物的反应，其产物称为加聚物。在加聚反应过程中，没有低分子产物析出，而且生成的聚合物和原料具有相同的化学组成，其相对分子质量为低分子化合物相对分子质量的整数倍。加聚反应是目前高分子合成工业的基础，有 80% 的高分子材料是由加聚反应得到的，如聚氯乙烯是由氯乙烯单体聚合而成的，氯乙烯单体在化学引发剂的作用下，双键打开，逐个连接起来，形成一条大分子链，成为聚氯乙烯高分子化合物。

由一种单体进行的加聚反应称为均聚反应，简称均聚。所得产物称为均聚物（如聚氯乙烯）。由两种或两种以上单体进行的加聚反应，称为共聚反应，所得的产物称为共聚物（如 ABS 塑料）。

均聚物应用广，产量也很大，但受结构限制，性能的开发受到影响。共聚物则通过单体的改变，可以改进聚合物的性能，并保持各单体的优越性能，创造出新品种。正因为共聚物能把两种或多种自聚的特性综合到一种聚合物中来，所以共聚物有"非金属的合金"之称。

（2）缩聚反应。由两种或两种以上具有可反应的官能团的低分子化合物，通过官能团之间相互缩聚作用，获得高分子化合物，同时析出某些低分子产物（如水、氨、醇、卤化氢等）的反应称为缩聚反应，所生成的聚合物称缩聚物。缩聚反应与加聚反应不同：加聚反应是连锁反应，有链增长过程，一次形成最后产物，不能得到中间产物；而缩聚反应则是由若干聚合反应构成，是逐步进行的，可以停留在某阶段上，获得中间产物。如酚醛树脂、环氧树脂、有机硅树脂等。还有，缩聚产物的化学结构和单体的化学结构也不完全相同，而加聚反应则是相同的。

缩聚反应是制取聚合物的主要方法之一。在近代技术发展中，对性能要求严格和特殊的新型耐热高聚物，如聚酰亚胺、聚苯并咪唑、聚苯并恶唑等，都是由缩聚反应合成的。

B　高分子材料的分类

高分子材料品种繁多，性质各异，尚无统一的分类方法。从材料的内在结构和性能特点来看，可将高分子材料按以下方法分类。

（1）按聚合反应的类型分类。聚合物的形成方式有加聚反应和缩聚反应两种。据此可将高分子材料分为加聚聚合物和缩聚聚合物两类。前者如聚烯烃等，后者如酚醛、环氧等。

（2）按高分子的几何结构分类。按高分子的几何结构高分子材料主要分为线型聚合物和体型聚合物两类。线型聚合物的高分子为线型或支链型结构，它可以是加聚反应产生的，也可以是缩聚反应产生的；体型聚合物的高分子为网状或体型结构，通常这种结构是由缩聚反应产生的，只有少数材料可以由加聚反应产生。

（3）按聚合物的热行为分类。按聚合物的热行为可分为热塑性聚合物和热固性聚合物两类。热塑性聚合物具有线型（或支链）分子结构，如热塑性塑料，受热时软化，可塑制成一定形状，冷却后变硬，再加热时仍可软化或再成型；热固性聚合物具有体型（或网状）分子结构，如热固性塑料，在初受热时也变软，这时可塑制成一定形状，但加热到一定时间或加固化剂后，就硬化定型，重复加热时不再软化。

C　高分子材料的性能特点

高分子材料的力学性能与金属材料相比，具有以下特点：

（1）低强度和较高的比强度。高分子材料的抗拉强度平均为 100MPa 左右，比金属材料低得多，即使是玻璃纤维增强的尼龙，抗拉强度也只有 200MPa，相当于灰铸铁的强度。但高分子材料的密度小，只有钢的 1/6~1/4，所以其比强度并不比某些金属低。

（2）高弹性和低弹性模量。高弹性和低弹性模量是高分子材料所特有的性能。橡胶是典型的高弹性材料，其弹性变形率为 100%~1000%，弹性模量仅为 1MPa 左右，为了防止橡胶产生弹性变形，采用硫化处理方法使分子链交联成网状结构。随着硫化程度增加，橡胶的弹性降低，弹性模量增大。

轻度交联的高聚物在 T_g 以上温度（即玻璃态温度）具有典型的高弹性，即弹性变形大，弹性模量小，而且弹性随温度升高而增大。高聚物的变形随温度的变化关系如图 3-31 所示。

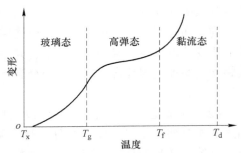

图 3-31　线性非晶态高聚物的变形-温度曲线

（3）黏弹性。高聚物在外力作用下，同时发生高弹性变形和黏性流动，其变形与时间有关，此现象称黏弹性。高聚物的黏弹性表现为蠕变、应力松弛和内耗三种现象。

蠕变是在恒定载荷下，应变随时间延长而增加的现象。它反映材料在一定载荷作用下的形状稳定性。应力松弛与蠕变的本质相同，它是在应变恒定的条件下，舒展的分子链通过热运动发生构象改变，而回缩到稳定态，从而使应力随时间延长而逐渐衰减的现象。内耗是在交变应力作用下，处于高弹态的高分子，当其变形速度跟不上应力变化速度时，会出现应变滞后的现象。这样就使有些能量消耗于材料中分子内摩擦并转化为热能放出，这种由于力学滞后使机械能转化为热能的现象称为内耗。

（4）高耐磨性。高聚物的耐磨性一般比金属高，摩擦系数较低，尤其塑料更为突出。有些塑料还具有自润滑性，可在干摩擦条件下工作。所以，广泛使用塑料制成轴承、轴套、凸轮等摩擦磨损零件。

D　高分子材料的理化性能特点

（1）绝缘性好。高分子化合物以共价键结合，没有自由电子，不能电离，故其导电能力低、介电常数小、绝缘性好。因此，高分子材料是电力电子工业中的重要绝缘材料。

（2）耐热性低。高聚物在受热过程中，容易发生链段运动和整个分子链移动，导致材料软化或熔化，使性能变坏，因而耐热性差。

（3）导热性低。高分子化合物内部没有自由电子，而且分子链互相缠绕在一起，受热后不易运动，故导热性差，约为金属的 1/1000~1/100。

（4）热膨胀性高。高分子材料的线膨胀系数较大，为金属的 3~10 倍。这是由于材料受热时，分子链间缠绕程度降低，分子间结合力减小，分子链柔性增大，导致材料的体积增加。

（5）化学稳定性好。高分子材料对酸、碱等腐蚀性介质具有良好的抗腐蚀能力。如聚四氟乙烯在浓酸、碱中化学稳定性非常好，甚至在"王水"中也不受腐蚀。

E 高分子材料的老化及防止措施

高分子材料在储存或使用过程中，由于受到氧、热、光、机械力、水蒸气、微生物等的作用会逐渐失去弹性，出现龟裂，变硬发脆，变软发黏，变色失去光泽，这些现象统称为老化。老化会使高聚物的性能降低，直到丧失使用价值。

高聚物的老化过程是一个复杂的化学和物理变化过程，它涉及高聚物的本身结构和使用条件等因素。目前认为大分子链的交联和裂解是引起老化的主要原因。高分子材料中大分子链的进一步交联反应，会使大分子链从线型结构转变为体型结构，表现出高分子材料变硬、变脆、出现龟裂等。大分子链裂解反应，会使分子链断裂，使高聚物变成低分子物质，表现为高分子材料变软、变黏、出现蠕变等。

老化是影响高分子材料制品使用寿命的关键因素，为了提高其使用寿命，必须予以防止。目前，采取防老化的措施主要有三种途径。

（1）改变高聚物的结构。改变高聚物的结构也就是改性处理，如采用共聚法，制取共聚物，可提高其抗老化能力，ABS 就是典型的例子。

（2）表面处理。表面处理是指在高聚物的表面镀一层金属或喷涂一层耐老化涂料作为保护层，使高聚物与空气、日光等隔绝，达到防老化的目的。

（3）化学处理。化学处理是指在生产过程中添加防老化剂，以抑制老化过程。如在高聚物中加入水杨酸脂、二甲苯酮类有机化合物和炭黑，可吸收紫外线防止老化。

3.4.1.2 常用高分子材料

近年来，高分子材料发展迅速，已经越来越多地应用于工程中，高分子材料是机械工程不可缺少的材料之一。常用的高分子材料有塑料、橡胶、合成纤维、胶黏剂和涂料 5大类。

A 塑料

塑料是指以树脂为主要成分，并加入某些添加剂，在一定温度和压力下制成的材料或制品。按塑料的使用范围可分为通用塑料、工程塑料和特种塑料。

（1）通用塑料。通用塑料主要包括聚乙烯、聚氯乙烯、聚苯乙烯、聚丙烯、酚醛塑料和氨基塑料 6 大品种。这一类塑料的特点是产量大、用途广、价格低，其大多用于日常生活用品。

1）聚乙烯（PE）。聚乙烯的生产原料是石油或天然气，在塑料工业中，产量也最大。聚乙烯的相对密度较低，耐低温，绝缘性能好，耐腐蚀性好。高压聚乙烯的质地柔软，它适合制造薄膜、软管等；低压聚乙烯质地坚硬，它适合制造塑料管、板及承载不高的零件。聚乙烯的缺点是刚度、强度、表面硬度较低，蠕变大，热膨胀系数大，耐热性低，容易老化。

2）聚氯乙烯（PVC）。聚氯乙烯是最早的塑料产品之一，产量仅次于聚乙烯。聚氯乙烯具有较高的抗拉强度，良好的抗蚀性和阻燃性；但它的耐热性差，冲击韧性低，还有一定的毒性。广泛用于制作管材、板材和棒状制品，也可用于工业包装和农业薄膜，但不能用来包装食品。

3）聚苯乙烯（PS）。聚苯乙烯也是较早的塑料品种，产量仅次于前两种。它具有良好的加工性能，其薄膜具有优良的电绝缘性，常用于制造电器零件；作为发泡材料相对密度小，具有良好的隔音、隔热、防震性能，广泛用于仪器的包装和隔音、保温材料。聚苯乙烯加入各种颜料，可制成色彩鲜艳的各种玩具和日用器皿。

4）聚丙烯（PP）。聚丙烯工业生产较晚，因其价格便宜，用途广泛，产量迅速增长。其优点是，相对密度小，它是塑料中最轻的常用塑料；强度、刚度、表面硬度比 PE 塑料大；而且无毒、耐热性也好，它是常用塑料中唯一能在水中煮沸，经受消毒温度（130℃）的品种。缺点是黏合性、染色性、印刷性均差，低温易脆化，易受热、光作用而变质，且易燃，收缩性大。聚丙烯主要用于制造各种机械零件，如法兰盘、齿轮、接头、把手、各种化工管道、容器等，还被广泛用于制造各种家用电器的外壳和药品、食品的包装材料等。

（2）工程塑料。工程塑料是指能作为结构材料在机械设备和工程结构中使用的塑料。由于它具有力学性能好，耐热、耐蚀等性能，是现代工业部门不可缺少的一种工程材料。这类塑料主要有：聚酰胺、聚甲醛、有机玻璃、聚碳酸酯、ABS 塑料、聚苯醚、聚砜、氟塑料等。

1）聚酰胺（PA）。聚酰胺又叫尼龙或锦纶。它由氨基酸脱水制成内酰胺再聚合而得，或由二元胺与二元酸缩聚而成。它是最先发现能承受载荷的热塑性塑料，在机械工业中应用比较广泛。它的优点是强度较高，耐磨和自润滑性优异，摩擦系数小，耐油，耐蚀，消音，减震。主要缺点是热导率低，热膨胀大，吸水性较大，蠕变大，受热吸湿后强度较差。主要用于制造小型机械零件，以及减震耐磨的传动件。

2）聚甲醛（POM）。聚甲醛是由单体甲醛或三聚甲醛聚合而成。聚甲醛是一种没有侧链的高密度、高结晶性的线型聚合物。综合性能优异，特别是它在热塑性工程塑料中具有较高的耐疲劳性。它的摩擦系数低而稳定，在干摩擦情况下尤为突出。但它的热稳定性差，尤其是高温下易分解，成型困难，不耐辐射，易燃，易老化。适用于制造无润滑条件下的轴承、齿轮等减摩、耐磨传动件。

3）聚碳酸酯（PC）。聚碳酸酯是由双酚 A 与碳酸二烷酯进行酯交换而成。它是一种新型热塑性工程塑料，品种多、产量高。它的强度与尼龙差不多，弹性模量高，尤其是抗冲击，抗蠕变性能突出，具有良好的透光性；但疲劳强度差，制品有应力开裂倾向。其一般用于耐冲击的机械传动结构件，仪器仪表零件、透明件、电气绝缘件，如机械设备上的涡轮、凸轮、棘轮、轴类及光学照明方面的大型灯罩、防爆灯、飞机驾驶室外窗、医疗器械等。

4）有机玻璃（PMMA）。有机玻璃学名聚甲基丙烯酸甲酯。它是目前最好的透明材料，它耐冲击，耐紫外线及大气老化，在低温下冲击韧度的变化很小；但耐磨性差，且易溶于有机溶剂中。常用于制造需要一定透明度和强度的零件，如飞机座舱、汽车风挡、仪器设备的防护罩、光学镜片等。

5）ABS 塑料。ABS 由丙烯腈、丁二烯、苯乙烯三种组元共聚而成。ABS 塑料是在改性聚苯乙烯基础上发展起来的，类似"合金"，兼有三种组元的共同特性，丙烯腈使其耐化学腐蚀，有一定的表面硬度，丁二烯使其具有韧性，苯乙烯使其具有热塑性塑料的加工特性。因此 ABS 是具有"坚韧、质硬、刚性"的材料。由于其综合性能好，价格便宜、易于加工，所以，ABS 在机械工程、电器制造、纺织、汽车、飞机、轮船、化工等工业中得到广泛应用。

6）聚苯醚（PPO）。聚苯醚是线型、非结晶的工程塑料，具有很好的综合性能。最大优点是使用温度宽（-190~190℃），达到热固性塑料的水平，耐摩擦磨损性能和电性能也很好，还具有耐水、耐蒸汽性能。所以，聚苯醚主要用于较高温度下工作的齿轮、轴承、泵叶轮、鼓风机叶片、化工管道、阀门等。

7）聚砜（PSF）。聚砜是分子链中具有硫键的透明树脂，综合性能良好。它的抗蠕变性能、耐热性能好，长期使用温度为 150~174℃，脆化温度为-100℃，广泛用于制作高强度、耐热、抗蠕变的机械结构件和电气绝缘体。

8）聚四氟乙烯（PTFE）。聚四氟乙烯是氟塑料中的一种，氟塑料品种很多，聚四氟乙烯在机械工程中用的较多。它具有突出的耐高、低温性能和化学稳定性。几乎不受所有化学药品的腐蚀，抗蚀性能胜过玻璃、陶瓷、不锈钢，甚至超过了金、铂。它的摩擦系数也小。聚四氟乙烯主要用作减摩擦密封材料、化工机械中的耐腐蚀零件等。

（3）特种塑料。特种塑料是指具有某些特殊性能、满足某些特殊要求的塑料。这类塑料产量有限，价格也贵，只用于特殊需要的场合，如医用塑料等。

B　橡胶

橡胶是一种具有高弹性的高分子材料。橡胶根据原料来源可分为天然橡胶和合成橡胶两大类。合成橡胶根据用途又可分为通用橡胶和特种橡胶。

橡胶最突出的特性是高弹性，它在很高的温度范围内处于高弹态。一般橡胶在-40~80℃范围内具有高弹性，某些特种橡胶在-100℃的低温和200℃高温下仍保持高弹性。橡胶的弹性模量很低，在外力作用下变形量很大，去除外力又能很快地恢复原状。还有优良的伸缩性、抗撕性、耐磨性、隔音、绝缘和良好的储能能力等性能。

由于橡胶具有一系列的优良性能，从而成为重要的工程材料，在国民经济各领域中获得了广泛的应用。如用于制作密封件、减振件、传动件、轮胎和电线绝缘套等。常用橡胶的性能及用途列于表 3-16 中。

表 3-16　常用橡胶的性能及用途

名称	通用橡胶						特种橡胶				
	天然	丁苯	顺丁	丁醛	氯丁	丁腈	聚氨酯	乙丙	氟	硅	聚硫
代号	NR	SBR	BR	HB	CR	NBR	UR	EPDM	FPM	Si	TR
抗拉强度/MPa	25~30	15~20	18~25	17~21	25~27	15~30	20~35	10~25	20~22	4~10	9~15
伸长率/%	650~900	500~800	450~800	650~800	800~1000	300~800	300~800	400~800	100~500	50~500	100~700
使用温度/℃	-50~120	-50~140	-73~120	120~170	-35~130	-35~175	-30~80	-40~150	-50~300	-70~275	-7~130
抗撕性	好	中	中	中	好	中	中	好	中	差	差
耐磨性	中	好	好	中	中	中	好	中	中	差	差
回弹性	好	中	好	中	中	中	中	中	中	差	差
耐油性	差			中	好	好	好		好		好
耐碱性	好	好	好	好	好		差	好	好		好
抗老化	中	中	中	好	好	中		好	好	好	好
价格		高			高				高	高	

续表 3-16

名称	通 用 橡 胶						特 种 橡 胶				
	天然	丁苯	顺丁	丁醛	氯丁	丁腈	聚氨酯	乙丙	氟	硅	聚硫
特殊性能	高强、绝缘、防震	耐磨	耐磨、耐寒	耐酸碱气密、绝缘	耐酸碱、耐燃	耐油、耐水、气密	高强、耐磨	耐水、绝缘	耐油碱、耐热、真空	耐热、绝缘	耐油、耐碱
用途举例	通用制品、轮胎	通用制品、轮胎、胶板、胶布	轮胎、耐寒运输带	内胎、水胎、化工衬里、防震品	胶管、电缆胶黏剂、汽车门窗嵌条	油管、耐油密封垫圈、汽车配件	实心轮胎、耐油件	气配件、散热胶辊、热耐热胶管、绝缘件	化工衬里、高级密封件、高真空橡胶件	耐高低温制品、耐高温绝缘件、印模	腻子密封胶、丁腈橡胶改性用

C　合成纤维

凡能保持长度比本身直径大 100 倍的均匀条状或链状的高分子材料称为纤维。包括天然纤维和化学纤维。化学纤维又可分为人造纤维和合成纤维。人造纤维是以天然的纤维为原料加工制成，根据人造纤维的形状和用途，分为人造丝、人造棉和人造毛三种。重要品种有粘胶纤维、醋酸纤维、铜氨纤维等。

合成纤维是以石油、天然气、煤等为原料，经过化学合成而制成的化学纤维。合成纤维按其用途不同又分为普通合成纤维和特种合成纤维两类。

常见的普通合成纤维以"六大纶"为主，产量占合成纤维总产量的 90% 以上，其性能及用途见表 3-17。

表 3-17　主要合成纤维的性能及用途

化学名称		聚酯纤维	聚酰胺纤维	聚丙烯腈	聚乙烯醇缩醛	聚烯烃	含氯纤维
商品名称		涤纶（的确良）	锦纶（尼龙）	腈纶（人造毛）	维纶	丙纶	氯纶
强度	干态	优	优	中	优	优	中
	湿态	优	中	中	中	优	中
相对密度		1.38	1.14	1.14~1.17	1.26~1.3	0.91	1.39
吸水率/%		0.4~0.5	3.5~5.0	1.2~2.0	4.5~5.0	0	0
软化温度/℃		238~240	180	190~230	220~230	140~150	60~90
耐蚀性		优	最优	差	优	优	中
耐日光性		优	差	最优	优	差	中
耐酸性		优	中	优	中	中	优
耐碱性		中	优	优	优	优	优
特 点		挺括、不皱、耐冲击、耐疲劳	结实、耐磨	蓬松、耐晒	成本低	轻、牢固	耐磨、不易燃

化学名称	聚酯纤维	聚酰胺纤维	聚丙烯腈	聚乙烯醇缩醛	聚烯烃	含氯纤维
工业应用举例	渔网、高级帘子布、缆绳、帆布	渔网、工业帘子布、降落伞、运输带	制作碳纤维及石墨纤维原料	工业帆布、过滤布、渔具、缆绳	军用被服、绳索、水龙带、渔网、合成纸	导火索皮、口罩、劳保用品、帐篷

特种合成纤维的品种较多，而且还在不断地发展，目前应用较多的有耐高温纤维（如芳纶 1313）、高强力纤维（如芳纶 1414）、高模量纤维（如有机碳纤维、有机石墨纤维）、耐辐射纤维（如聚酰亚胺纤维）、防火纤维、离子交换纤维、导电性纤维、导光性纤维等。

D　胶粘剂

胶粘剂一般由几种材料组成，通常是以黏性物质为基础，再加入各种添加剂组成的一种混合物。

胶粘剂按化学成分可分为有机和无机胶粘剂两类。其中有机胶粘剂又分为天然胶粘剂和合成胶粘剂两种。天然胶粘剂有虫胶、骨胶等；合成胶粘剂有环氧树脂、氯丁橡胶等。若按胶粘剂固化形式可分为三类：溶剂型，通过挥发或吸收固化；反应型，由不可逆的化学变化引起固化；热熔型，通过加热熔融胶接，随后冷却固化。还可按被胶接材料等很多方法进行分类。

胶接是工程上一种新型的、较为经济的连接方法。它的优点在于胶接处应力分布均匀，构件（机件）的整体强度高，质量轻，胶缝绝缘、密封性好，耐腐蚀。目前已部分代替铆接、焊接、螺接等工艺，并可以连接难以焊接或无法焊接的金属，还可以用于金属与塑料、橡胶、陶瓷等非金属材料的连接。随着橡胶技术的不断发展和应用，胶粘剂日益受到重视，已成为制造产品的重要材料。表 3-18 列出一些材料适用的胶粘剂。

表 3-18　一些材料适用的部分胶粘剂

胶粘剂 \ 材料		钢、铁、铝	热固性塑料	硬聚氯乙烯	聚乙烯、聚丙烯	聚碳酸酯	ABS	橡胶	玻璃、陶瓷	混凝土	木材
无机酸		可	—	—	—	—	—	—	优	—	—
聚氨酯		良	良	良	可	良	良	良	可	—	优
环氧树脂	氨类固化	优	优	—	可	—	良	可	优	良	良
	酸酐固化	优	优	—	—	良	—	—	优	良	良
环氧-丁腈		优	良	—	—	可	良	良	—	—	—
酚醛-缩醛		优	优	—	—	—	可	良	—	—	—
酚醛-氯丁		可	可	—	—	—	—	优	—	可	可
氯丁橡胶		可	可	良	—	—	可	优	可	—	良
聚酰亚胺		良	良	—	—	—	—	—	良	—	—

E　涂料

涂料是涂覆在被保护或被装饰的物体表面，并能与被涂物形成牢固附着的连续薄膜，通常是以树脂、油或乳液为主，添加或不添加颜料、填料，添加相应助剂，用有机溶剂或水配制而成的黏稠液体。

3.4.2　陶瓷材料

3.4.2.1　陶瓷材料的分类

陶瓷材料的分类方法很多。

按原料可分为普通陶瓷（传统陶瓷）和特种陶瓷（现代陶瓷）。普通陶瓷是以天然矿物，如黏土、石英、长石等为原料；特种陶瓷是以人工合成化合物，如氧化物、氮化物、碳化物、硅化物等为原料。

按用途可分为日用陶瓷和工业陶瓷。其中工业陶瓷又可分为工程结构陶瓷和功能陶瓷。

按性能可分为高强度陶瓷、高温陶瓷、压电陶瓷、磁性陶瓷、半导体陶瓷和生物陶瓷等。

特种陶瓷按化学组成可分为氧化物陶瓷、氮化物陶瓷、碳化物陶瓷和金属陶瓷等。

3.4.2.2　陶瓷材料的结构

陶瓷材料是多相材料，在其内部中存在着晶相、玻璃相和气相。各组成相的结构、相对数量、形状、大小和分布直接影响到陶瓷的性能。图 3-32 所示为陶瓷显微组织示意图。

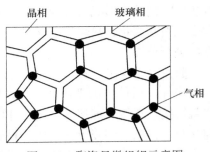

图 3-32　陶瓷显微组织示意图

（1）晶相。晶相（晶体相）是陶瓷材料的主要组成相。大多数陶瓷是由离子键构成的离子晶体（如 MgO、Al_2O_3），也有由共价键构成的共价晶体（如 Si_3N_4、SiC），一般是由两种晶体共同存在。不论哪种晶相都有各自的晶体结构。

大多数氧化物结构是氧离子排列成简单立方、面心立方和密排六方晶体结构，金属离子位于其间隙中。如 CaO 为面心立方结构，Al_2O_3 为密排六方结构。

硅酸盐是陶瓷的主要原料，这类化合物的化学组成较复杂，但构成硅酸盐的基本结构单元都是硅氧四面体（SiO_4），四个氧离子构成四面体，硅离子居四面体的间隙中。

实际陶瓷晶体与金属晶体类似，是一种多晶体，也存在着晶粒和晶界，这就不可避免地存在着晶体缺陷。这些缺陷会影响到陶瓷的性能。如晶界和亚晶界影响陶瓷的强度，细化晶粒和亚晶粒，可以提高陶瓷强度。

（2）玻璃相。在陶瓷烧结时，由各组成物和杂质经过一系列物理化学作用后形成的非晶态固体称为玻璃相。它是陶瓷材料中不可缺少的组成相，主要作用是把分散的晶相黏结在一起，还可降低烧结温度，抑制晶粒长大，并填充气孔。

玻璃相熔点低，热稳定性差，而且其中存在的金属离子会降低陶瓷的绝缘性。所以，工业陶瓷一般限制玻璃相的数量不超过 20% ~ 40%。

（3）气相。存在于陶瓷制品孔隙中的气体称为气相。在陶瓷生产过程中不可避免地形成并保留下来的气孔，常以孤立的状态分布在玻璃相和晶界内。通常陶瓷中的气孔率为 5% ~ 10%。气孔的存在对陶瓷的性能有显著影响，它会引起应力集中，降低陶瓷强度和电击穿能力，降低绝缘性能；但它能降低陶瓷密度并吸振。所以，在工业陶瓷中尽量减少气孔，控制气孔的形状、大小和分布。

3.4.2.3 陶瓷材料的性能

（1）力学性能。陶瓷材料具有极高的硬度，大多在 1500HV 以上，氮化硅和立方氮化硼更接近金刚石的硬度。而淬火钢为 500~800HV，高聚物都低于 20HV。因此陶瓷的耐磨性好，常用陶瓷制作新型的刀具和耐磨零件。

陶瓷材料由于其内部和表面缺陷（如气孔、位错、微裂纹等）的影响，其抗拉强度低，而且实际强度低于理论强度（仅为 1/200~1/100）。但抗压强度较高，约为抗拉强度的 10~40 倍。减少陶瓷中的杂质和气孔，细化晶粒，提高致密度和均匀度，可提高强度，例如热压氮化硅陶瓷在致密度增大、气孔率接近于零时，强度接近理论值。

陶瓷材料具有高弹性模量、高脆性。图 3-33 为陶瓷与金属的室温拉伸应力-应变曲线示意图。由图看出，陶瓷在拉伸时几乎没有塑性变形，在拉应力作用下产生一定弹性变形后直接脆断。其弹性模量为 $1 \times 10^5 \sim 4 \times 10^5$ MPa，大多数陶瓷的弹性模量都比金属高，陶瓷是脆性材料，故其冲击韧性、断裂韧性都很低，其断裂韧性约为金属的 1/100~1/60。

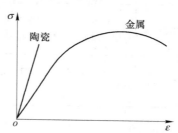

图 3-33 陶瓷与金属的拉伸应力-应变曲线示意图

（2）理化性能。陶瓷材料熔点高，大多在 2000℃ 以上，这使陶瓷具有优于金属的高温强度和高温蠕变抗力，所以广泛用作工程上耐高温材料。陶瓷的热膨胀系数小，热导率低，而且随气孔率增加而降低，故多孔或泡沫陶瓷可作为绝热材料。但陶瓷抗热振性差，当温度剧烈波动时容易破裂。

大多陶瓷具有高电阻率，是良好的绝缘体，故大量用于制作电气工业中的绝缘体、瓷瓶、套管等。少数陶瓷材料具有半导体性质，如 $BaTiO_3$ 是近年发展起来的半导体陶瓷。随着科学技术的发展，不断出现各种电性能陶瓷，如压电陶瓷已成为无线电技术和高科技领域不可缺少的材料。

陶瓷的结构稳定，所以陶瓷的化学稳定性高，抗氧化性好，在 1000℃ 高温下不会氧化，并对酸、碱、盐有良好的抗蚀性。所以陶瓷在化工工业中应用广泛，有些陶瓷还能抵抗熔融金属的侵蚀，如 Al_2O_3 制作的高温坩埚。又如透明 Al_2O_3 陶瓷可作钠灯管，能承受钠蒸汽的强烈腐蚀。

3.4.2.4 常用陶瓷材料

A 普通陶瓷

普通陶瓷是以黏土、长石、石英为原料经配制、烧结而成的陶瓷。它的显微结构中主晶相为莫来石晶体，占 25%~30%；玻璃相约为 35%~60%；气相一般为 1%~3%。

这类陶瓷具有质地坚硬，不氧化，不导电，耐高温，易加工成型，成本低等优点。缺点是玻璃相较多，强度较低。

这类陶瓷历史悠久，产量大，应用广泛。大量用于建筑、日用、卫生、化工、纺织、高低压电气等行业的结构件和容器。表 3-19 列出部分普通陶瓷的性能及用途。

表 3-19　普通陶瓷的性能及用途

种类名称	原　料	特　性	用　途
日用陶瓷	黏土、石英、长石、滑石等	具有良好的热稳定性、致密度、机械强度和硬度	生活瓷器
建筑用瓷	黏土、长石、石英等	具有较好的吸水性、耐腐蚀性、耐酸性耐碱性、耐磨性等	铺设地面、输水管道装置、卫生间等
电瓷	一般采用黏土、长石、石英等配制	介电强度高，抗拉、抗弯强度较高，耐热、耐冷急变性能较好	隔电、机械支撑件、瓷质绝缘件
过滤陶瓷	以石英砂、河砂等瘠性原料为骨架，添加结合剂和增孔剂	具有耐腐蚀、耐高温、强度大、不老化寿命长、不污染、易清洗再生及操作方便等优点	用于制作多孔 SO_2 陶瓷器件，气体、液体过滤器等
化工陶瓷	黏土、焦宝石（熟料）滑石、长石等	具有耐酸、耐碱、耐腐蚀性，不污染介质	石油化工、冶炼、造纸、化纤工业等

B　特种陶瓷

凡是具有某些特殊物理和化学性能的陶瓷材料统称为特种陶瓷。包括氧化物陶瓷、氮化硅陶瓷、碳化硅陶瓷、氮化硼陶瓷、金属陶瓷等多种。

（1）氧化铝陶瓷。这是以 Al_2O_3 为主要成分，含少量 SiO_2 的陶瓷。Al_2O_3 为主晶相，按 Al_2O_3 的质量分数可分为 75 瓷、95 瓷和 99 瓷等。75 瓷又称刚玉-莫来石瓷，95 瓷和 99 瓷称刚玉瓷。氧化铝含量越高，玻璃相越少、气孔也越少，性能就越好，但工艺复杂、成本也高。氧化铝陶瓷的强度比普通陶瓷高 2~3 倍，有时甚至更高；硬度高，耐磨性好；耐高温性能好，在空气中使用温度可达 1980℃；耐蚀性和绝缘性好。缺点是脆性大，抗热振性差。

氧化铝陶瓷可用于制作高温器皿，发动机用火花塞，石油化工用泵的密封环，机械工程中的轴承和耐磨零件，以及各种模具和切削刀具等。

（2）氮化硅陶瓷。氮化硅陶瓷是以 Si_3N_4 为主要成分，以共价键化合物 Si_3N_4 为主晶相的陶瓷。氮化硅陶瓷按生产工艺分为热压烧结法和反应烧结法两种。热压烧结法是以 Si_3N_4 粉为原料，加入少量添加剂，装入石墨模具中，在 1600~1700℃ 高温和 20265~30398kPa 的高压下成型烧结，得到组织致密、气孔率接近于零的氮化硅陶瓷。反应烧结法是以硅粉或硅粉与 Si_3N_4 粉为原料，压制成型后，放入渗氮炉中进行渗氮处理，直到所有的硅都形成氮化硅，获得氮化硅陶瓷制品。但该制品中有 20%~30% 的气孔，强度不如热压烧结氮化硅陶瓷。

氮化硅陶瓷的高温强度和硬度高，摩擦系数小，并有自润滑性，是极好的耐磨材料；热膨胀系数小，具有良好的抗热疲劳和抗热振性；化学稳定性好，除氢氟酸外，能耐各种酸、碱溶液的腐蚀，还能抵抗熔融金属的侵蚀；并具有优良的电绝缘性能。

热压烧结氮化硅陶瓷主要用于制造形状简单的耐磨、耐高温零件和工具。如切削刀具，转子发动机叶片，高温轴承等。反应烧结氮化硅陶瓷主要用于制造耐高温、耐磨、耐腐蚀、绝缘、形状复杂且尺寸精度高的零件，如腐蚀性介质下工作的机械密封环、高温轴承、热电偶套管、燃气轮机转子叶片等。

（3）碳化硅陶瓷。碳化硅陶瓷的主晶相是 SiC，也是共价晶体。生产工艺也分为反应烧结法和热压烧结法两种。碳化硅陶瓷的最大优点是高温强度高，在 1400℃ 时其抗弯强度仍保持 500~600MPa，工作温度可达 1600~1700℃；而且还具有良好的导热性、热稳定性、抗蠕变能力、耐磨性，耐蚀性以及耐辐射。

碳化硅是良好的高温结构材料，主要用于制造火箭尾喷管的喷嘴、浇注金属的喉嘴、热电偶套管、炉管、燃气轮机叶片、高温轴承、高温热交换器以及核燃料的包封材料等。

（4）氮化硼陶瓷。氮化硼陶瓷的主晶相是 BN，也是共价晶体，晶体结构与石墨相似，属六方晶系，所以又称"白石墨"。氮化硼具有良好的耐热性、热稳定性、导热性、高温介电强度，是理想的散热材料和高温绝缘材料；化学稳定性好，能抵抗大部分熔融金属的侵蚀；具有良好的自润滑性和耐磨性。氮化硼制品硬度低，可进行切削加工。

氮化硼陶瓷可用于制造熔炼半导体的坩埚、冶金用高温容器、高温轴承、高温散热、绝缘零件，以及热电偶套管和玻璃成型模具等。

（5）金属陶瓷。金属陶瓷是由金属或合金与陶瓷组成的非均质复合材料。综合了金属和陶瓷的优良性能。发挥了金属热稳定性好，韧性好及陶瓷硬度高、耐高温、抗蚀性好的优点；克服了金属易氧化、高温强度低及陶瓷热稳定性差、脆性大的缺点。使金属陶瓷具有高强度、高温强度、高韧性和高耐蚀性。

金属陶瓷中常用的陶瓷材料有各种氧化物、碳化物和氮化物，如 Al_2O_3、ZrO_2、MgO、TiC、WC、Si_3N_4 等；常用的金属有铁、铬、镍、钴及其合金等。采用不同成分和比例制成的金属陶瓷，可以得到不同性能和用途的金属陶瓷，以陶瓷为主的金属陶瓷多作为工具材料，以金属为主的金属陶瓷可作为结构材料。实际应用最多的是工具材料。

（6）氧化物基金属陶瓷。这类金属陶瓷中研究最早、应用最多的是氧化铝基金属陶瓷，以铬为黏结剂。铬的高温性能好，表面氧化时生成 Cr_2O_3 薄膜，而 Cr_2O_3 薄膜又能与 Al_2O_3 形成固溶体，把氧化铝粉牢固地粘在一起。因此，这种陶瓷比纯氧化铝陶瓷的韧性好，热稳定性和抗氧化性得到提高。如果再加入 Ni 和 Fe 等，则可进一步改善它的高温性能。

氧化铝基金属陶瓷主要用作切削工具。也可用于制作要求耐磨的喷嘴、热拉丝模、抗蚀轴承以及机械密封环等。

（7）碳化物基金属陶瓷。这类即硬质合金，它是用粉末冶金工艺制成的以碳化物为基，以金属为黏结剂的金属陶瓷。作为工具材料时，是利用碳化物的高硬度和金属的韧性；作为高温结构材料时，是利用碳化物的高温强度和金属的塑性。

碳化物基金属陶瓷抗氧化性好，熔点和硬度高，强度高。有时还加入少量难熔元素 Cr、Mo、W 等，以提高韧性和热稳定性。主要用于制造切削工具，也可用于金属成型工具、矿山工具和耐磨零件，应用领域不断扩大。

3.4.3　复合材料

随着航天、航空、原子能、电子、通讯及机械等工业的发展，材料的性能要求越来高，这对单一的金属材料、高分子材料和陶瓷材料来说都是难以满足的。若将这些具有不同性能特点的单一材料组合起来，取长补短，就能满足现代高新技术发展的需要。

复合材料是由两种或两种以上性质不同的材料，通过不同的工艺方法人工合成的多相材料。在这种多相材料中，一类组成（或相）为基体，起黏结作用；另一类为增强材料，起承载作用。复合材料既保持组成材料各自的优点，又具有组合后的新特性。所以，组合后的复合材料比单一材料更具优良的性能。

3.4.3.1　复合材料的分类

复合材料种类繁多，目前尚无统一分类方法。比较通行的是按基体相和增强相进行分类。按基体相的性质复合材料可分为金属基复合材料、高分子基复合材料和陶瓷基复合材料三类。按增强相的性质和形态复合材料可分为颗粒增强复合材料、纤维增强复合材料和叠层增强复合材料等。各类复合材料中，纤维增强复合材料发展最快，应用最广。不同种类的复合材料见表 3-20。不同种类复合材料的性能特点及应用见表 3-21。

表 3-20　复合材料的种类

增强体 ＼ 基体			金属	无机非金属				有机材料		
				陶瓷	玻璃	水泥	炭素	木材	塑料	橡胶
金属			金属基复合材料	陶瓷基复合材料	金属网嵌玻璃	钢筋水泥	无	无	金属丝增强塑料	金属丝增强橡胶
无机非金属	陶瓷	纤维	金属基超硬合金	增强陶瓷	陶瓷增强玻璃	增强水泥	无	无	陶瓷纤维增强塑料	陶瓷纤维增强橡胶
		粒料								
	炭素	纤维	碳纤维增强金属	增强陶瓷	陶瓷增强玻璃	增强水泥	碳纤维增强碳复合材料	无	碳纤维增强塑料	碳纤炭黑增强橡胶
		粒料								
	玻璃	纤维	无	无	无	增强水泥	无	无	玻璃纤维增强塑料	玻璃纤维增强橡胶
		粒料								
有机材料	木材		无	无	无	水泥木丝板	无	无	纤维板	无
	高聚物纤维		无	无	无	增强水泥	无	无	高聚物纤维增强塑料	高聚物纤维增强橡胶
	橡胶颗粒		无	无	无	无	无	橡胶合板	高聚物合金	高聚物合金

表 3-21　各种复合材料的性能特点及用途

类别	名称	主要性能及结构特点	用途举例
纤维增强复合材料	玻璃纤维（包括织物、布、带）增强复合材料，也称玻璃钢	热固性树脂与玻纤复合：抗拉（弯）、抗压、抗冲击强度高，脆性降低，收缩减少。 热塑性树脂与玻纤复合：抗拉抗弯、抗压、抗蠕变性及弹性模量均提高，缺口敏感性改善，线胀系数和吸水率降低；热变形温度显著上升，冲击韧度下降	耐磨、减摩及一般机械零件、密封件；仪器仪表零件；管道、泵阀、汽车、船舶壳体、槽车等

类别	名称	主要性能及结构特点	用途举例
纤维增强复合材料	碳、石墨纤维增强复合材料	碳-树脂复合、碳-碳复合、碳-金属复合、碳-陶瓷复合等，比强度、比模量高，线胀系数小，摩擦、磨损和自润滑性好	在航空、宇航、原子能等工业中用于制作发动机壳体、轴瓦、齿轮等
	硼纤维增强复合材料	硼纤维与环氧树脂复合，强度与弹性模量比玻璃纤维高，工艺操作较难，价格高	用于飞机、火箭等的结构件，可减轻质量 25%～40%
	晶须增强复合（包括自增强纤维复合）	晶须是单晶，一般无空穴、位错等缺陷，机械强度特别高	可用于涡轮机叶片
	石棉纤维（包括织物、布、带）增强复合材料	温石棉纤维，不耐酸；闪石棉耐酸但较脆	与树脂复合，用于密封件、制动件、绝缘材料等
	植物纤维（包括木材单板、纸、棉布、带等）	木纤维或棉纤维与树脂复合成的纸板、层压布板；综合性能好，绝缘性能好	用于轴承、电绝缘
	合成纤维复合材料	少量尼龙或聚丙烯腈纤维加入水泥中，可大幅度提高构件的冲击韧度	用于制成受强烈冲击的构件
细粒增强复合材料	金属细粒与塑料复合	金属粉加入塑料，可改善复合材料导热及导电性，能降低线胀系数等	高含量铅粉塑料作 γ 射线的罩屏和隔音材料；铅粉加氟塑料可作轴承材料
	陶瓷粒与金属复合	提高耐蚀、润滑性和高温耐磨性等	氧化物金属陶瓷作高速切削及高温材料；碳化铬用作耐腐蚀、耐磨喷嘴、重载轴承、高温无油润滑件；钴基碳化钨用于切削、拉丝模、阀门；镍基碳化钨用作火焰管喷嘴等高温零件
	弥散强化复合	将氧化钇等硬质粒子均匀分布于合金（如镍铬合金），能耐高温 1100℃ 以上	用于耐热件
夹层迭合材料	多层复合	钢—多孔性青铜—塑料三层复合材料	用于轴承、垫片、球头座耐磨件
	玻璃复层	两层玻璃板间夹一层聚乙烯醇缩丁醛	用于安全玻璃
	塑料复层	普通钢板复一层塑料，提高耐蚀性能	用于化工及食品工业
骨架增强复合材料	多孔浸渍材料	多孔材料浸渍（渗）低摩擦系数的油脂或氟塑料	作油枕及轴承；浸树脂的石墨可作抗磨材料
	夹层结构材料	质轻、抗弯强度大	作飞机机翼、舱门，大电机罩等

3.4.3.2　复合材料的性能特点

（1）比强度和比模量高。比强度（强度/密度）和比模量（弹性模量/密度）是材料承载能力的重要指标。比强度越高，在同样强度下零构件的自重越小；比模量越高，在模量相同条件下零构件的刚度越大。这对要求减轻自重和高速运转的零构件是非常重要的。表 3-22 列出了一些金属材料与纤维增强复合材料的性能。通过比较可以看出，复合材料都具有较小的密度和较高的比强度和比模量。尤以碳纤维-环氧树脂复合材料最为突出，其比强度为钢的 8 倍，比模量约为钢的 4 倍。

表 3-22　金属材料与纤维复合增强材料的性能比较

性能 材料	密度/g·cm⁻³	抗拉强度/MPa	拉伸模量/MPa	比强度 /N·m·kg⁻¹	比模量 /N·m·kg⁻¹
钢	7.8	1.03×10^3	2.1×10^5	0.13×10^6	27×10^6
铝	2.8	0.47×10^3	0.75×10^5	0.17×10^6	27×10^6
钛	4.5	0.96×10^3	1.14×10^5	0.21×10^6	25×10^6
玻璃钢	2.0	1.06×10^3	0.4×10^5	0.53×10^6	20×10^6
高强度碳纤维-环氧	1.45	1.5×10^3	1.4×10^5	1.03×10^6	97×10^6
高模量碳纤维-环氧	1.6	1.07×10^3	2.4×10^5	0.67×10^6	150×10^6
硼纤维-环氧	2.1	1.38×10^3	2.1×10^5	0.66×10^6	100×10^6
有机纤维 PRD-环氧	1.4	1.4×10^3	0.8×10^5	1.0×10^6	57×10^6
SiC 纤维-环氧	2.2	1.09×10^3	1.02×10^5	0.5×10^6	46×10^6
硼纤维-铝	2.65	1.0×10^3	2.0×10^5	0.38×10^6	75×10^6

（2）抗疲劳性能好。复合材料特别是纤维-树脂复合材料对应力集中敏感性小，而且复合材料中基体和纤维间的界面能阻止疲劳裂纹的扩展。因此，复合材料具有较高的疲劳强度。实验证明，碳纤维聚酯树脂复合材料的疲劳强度是其抗拉强度的 70%~80%，而金属材料的疲劳强度只有其抗拉强度的 40%~50%，图 3-34 所示是三种材料的疲劳性能曲线。

（3）抗断裂能力强。纤维增强复合材料中，有大量独立存在的纤维，平均每平方厘米面积上有几千甚至几万根，由具有韧性的基体把它们结合成整体。当纤维复合材料构件由于过载，造成少量纤维断裂时，载荷就会重新分配到其他未断的纤维上，构件不致短时间内发生突然破坏。因此，复合材料都具有较好的断裂安全性。

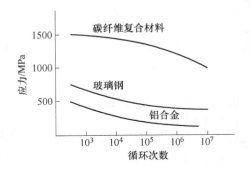

图 3-34　三种材料疲劳性能比较

（4）减振性能好。机械构件的自振频率不但与构件的结构有关，还与材料的比模量的平方根成正比。复合材料的比模量大，其自振频率也高，可避免构件在一般工作状态下产生共振及由此引起的早期破坏。另外，即使构件已产生振动，由于复合材料的基体与纤维之间的界面有吸振作用，而且阻尼特性较好，振动会很快衰减下来，所以，复合材料的减振性比钢等金属材料要好。

（5）高温性能优良。大多数增强纤维材料在高温下仍可保持较高的强度，所以，增强纤维复合材料，特别是金属基复合材料都具有较好的高温性能。例如，铝合金在 400℃时，弹性模量已降至接近于零，强度也显著降低，用碳纤维或硼纤维增强铝合金后，在同样温度下，其强度和弹性模量基本保持不变。

（6）其他性能。复合材料除上述一些特性外，还具有较优良的抗蚀性、减摩性、电绝缘性以及工艺性能。

复合材料虽然具备较多的优点，但也存在不足，如断裂伸长小，冲击韧性较低，价格高等。在科学技术飞速发展的今天，这些不足会被逐渐改善，复合材料也将会快速发展和广泛应用。

3.4.3.3　常用复合材料

A　金属基复合材料

金属材料是目前机械工程中用量最多的一类材料。这是因为它具有优良的理化性能、力学性能和工艺性能。但它有时仍不能满足性能要求。在金属材料的加工过程中虽然采用合金化、热处理、形变强化等方法处理，可提高金属材料某些性能，但效果有限，因此改善其性能的最好途径是与其他材料进行复合。

a　纤维增强金属基复合材料

纤维增强金属基复合材料是由高强度、高模量的增强纤维与具有较好韧性的低屈服强度的金属复合而成。常用的增强纤维有硼纤维、碳纤维、碳化硅纤维等；常用的基体材料有铝及铝合金、钛及钛合金、铜及铜合金、镁及镁合金等。制造方法主要有直接涂覆法（包括电镀和化学镀法、等离子喷涂法、离子涂覆法、化学气相沉积法等）、液态法（包括铸造法、液态模锻法、连续浸渍法等）和固态法（包括扩散黏结法、粉末冶金法、压力加工法等）。

纤维增强金属复合材料具有横向力学性能好，层间剪切强度高，冲击韧性好，高温强度高，耐热性、耐磨性、导电性、导热性好，不吸潮，尺寸稳定，不老化等优点。这一系列的优良特性无疑会对工程材料的发展起到推动作用，更是对高端技术的发展提供了先决条件。

（1）纤维增强铝（或铝合金）基复合材料。硼纤维增强铝基复合材料是目前较为成熟、应用最广的金属基复合材料。它由硼纤维与纯铝、变形铝合金（硬铝、超硬铝合金）、铸造铝合金等组成。由于硼和铝在高温易形成 AlB_2，与氧易形成 B_2O_3，故在复合前，在硼纤维表面要涂上一层 SiC，目的是提高硼纤维的化学稳定性，这种硼纤维又称为 SiC 改性硼纤维。硼纤维铝（或铝合金）基复合材料的性能优于硼纤维环氧树脂复合材料，也优于铝合金和钛合金等。它具有高拉伸模量、高横向模量，高抗压强度、剪切强度和疲劳强度，其比强度优于钛合金。硼纤维铝（或铝合金）基复合材料主要用于制造飞机或航天器蒙皮、大型壁板、长梁、加强肋、航空发动机叶片等。

碳纤维增强铝基复合材料是由碳（石墨）纤维与纯铝、变形铝合金和铸造铝合金组成。由于碳（石墨）与铝（或铝合金）溶液间的润湿性很差，在高温下易形成 Al_4C_3，降低强度，最好在碳纤维表面蒸镀一层 Ti-B 薄膜，以改善润湿性并防止形成 Al_4C_3。该种复合材料比强度高、比模量高、高温强度好、减摩性和导电性好。它主要用于制造飞机蒙皮、螺旋桨，航天飞机外壳，运载火箭的圆锥段、级间段、接合器、油箱，以及重返大气层运载工具的防护罩和涡轮发动机的压气机叶片等。

碳化硅纤维增强铝基复合材料是碳化硅纤维和纯铝、铸造铝合金组成。它具有比强度高、比模量高和高硬度的优点。其可用于制造飞机机身结构件及汽车发动机的活塞、连杆等零构件。

（2）纤维增强铜（或铜合金）基复合材料。纤维增强铜基复合材料主要由碳（石墨）纤维与铜或铜镍合金组成。为了增强碳纤维与基体的结合强度，常在纤维表面镀铜或镀镍后再镀铜。这类复合材料具有高强度、高电导率、低摩擦系数和高耐磨性。它主要用于制造高负荷的滑动轴承、集成电路的电刷、滑块等。

（3）纤维增强钛合金基复合材料。这类材料是由硼纤维、碳化硅改性硼纤维或碳化硅纤维与 Ti-6Al-4V 钛合金组成。这类复合材料具有低密度、高强度、高弹性模量、高耐热性、低热膨胀系数等优点，是理想的航天航空用结构材料。如碳化硅改性硼纤维与 Ti-6Al-4V 组成的复合材料，密度为 $3.6g/cm^3$，比钛还轻，抗拉强度可达 $1.21×10^3MPa$，弹性模量达 $2.34×10^5MPa$，热膨胀系数为 $1.39×10^{-6}～1.75×10^{-6}/℃$。目前，纤维增强钛合金复合材料还处于试用发展阶段。

b　颗粒增强金属基复合材料

颗粒增强的效果虽然不如纤维，但复合工艺较简单，价格也相对便宜，按照增强粒子的尺寸大小，颗粒增强金属基复合材料可分为两类：一类为金属陶瓷，其粒子尺寸大于 $0.1μm$；另一类为弥散强化合金，其粒子尺寸为 $0.01～0.1μm$。

（1）金属陶瓷。

金属陶瓷中常用的增强粒子为金属氧化物、碳化物、氮化物等陶瓷粒子，其体积分数通常大于 20%。陶瓷粒子耐热性好，硬度高，但脆性大，一般采用粉末冶金方法将陶瓷粒子与韧性金属黏结在一起。这种复合材料既具有陶瓷硬度高、耐热性好的优点，又能承受一定程度的冲击。

典型的金属陶瓷是碳化钨-钴、碳化钛-镍-钼等，即硬质合金。硬质合金是优良的切削刀具材料，还可用于制作耐磨、耐冲击的工模具等。

（2）弥散强化合金。弥散强化合金是将少量的（体积分数通常小于 20%）、颗粒尺寸极小的增强微粒高度弥散地均匀分布在基体金属中的颗粒增强金属基复合材料。常用的增强相是 Al_2O_3、ThO_2、MgO、BeO 等氧化物微粒，基体金属主要是铝、铜、钛、铬、镍等。一般采用表面氧化法、内氧化法、机械合金化法、共沉淀法等特殊工艺使增强微粒弥散分布于基体中。由于增强微粒的尺寸及粒子间距都很小，粒子对金属基中位错运动的阻力更大，因而强化效果更显著，这与沉淀强化合金（如时效强化铝合金）类似。但沉淀强化合金中的弥散相是在沉淀过程（固溶处理加时效处理）中产生的，当工作温度高于发生沉淀过程的温度时，沉淀相将粗化甚至重新溶解，使合金的高温强度显著降低。相反，弥散强化合金中的弥散相在合金的固相线温度以下均是保持稳定的，所以，弥散强化合金有更高的高温强度。如经变形强化的合金，当温度达到基体金属熔点（T_m）一半，即 $0.5T_m$ 时，其强度便明显降低。固溶强化可以使材料的强度维持到 $0.6T_m$，沉淀强化可以使强度维持到 $0.7T_m$，而弥散强化可以使强度维持到 $0.85T_m$。

1）弥散强化铝。弥散强化铝也称烧结铝，一般采用表面氧化法制备，即首先使片状铝粉的表面氧化成 Al_2O_3 薄膜，再经压制、烧结和挤压而成 Al_2O_3 增强铝基复合材料。在加工时，片状铝粉表面的氧化铝薄膜被压碎成粉粒并弥散地分布在铝基体中。弥散强化铝的优点是高温强度高，在 300~500℃ 之间，其强度远远超过形变铝合金。烧结铝可用于制造飞机的结构件，还可作为发动机的压气机叶轮、高温活塞，在动力机械设备上可用作大功率柴油机的活塞，在原子能工业中可用作冷却反应堆中核燃料元件的包套材料。

2）弥散强化铜。铜是良好的导电材料，但在较高温度下强度明显下降，采取固溶强化和时效强化又会使导电性降低。用极微小的氧化物（如 Al_2O_3、ThO_2、SiO_2、ZrO、BeO、Y_2O_5 等）与铜复合成弥散强化铜，由于极微小的弥散粒子不妨碍铜的导电性，既使这种材料具有良好的高温强度，又保持了良好的导电性。弥散强化铜的制取方法一般采用内氧化法或共沉淀法。用途是常作为高温下的导热、导电体。

B 塑料-金属多层复合材料

这类材料是由几种性质不同的材料经热压或胶合而成，以达到某种使用目的。这类复合材料一般密度较小，刚度高，热压稳定性好，并具有绝缘、绝热、耐磨、耐蚀等特殊性能。典型的三层复合材料是以钢为基体，烧结铜网或铜球为中间层，塑料为表面层的一种润滑材料，其结构如图 3-35 所示。其整体性能取决于基体，而摩擦磨损取决于塑料，

图 3-35　塑料-金属三层复合材料
1—塑料层 0.05~0.3mm；2—多孔型青铜
中间层 0.2~0.3mm；3—钢基体

中间层作用是使层间具有较强的结合力。这种复合材料与单一的塑料相比，承载能力提高了 20 倍，导热系数提高 50 倍，热膨胀系数降低 75%，同时工件尺寸的稳定性和耐磨性也得到了提高。塑料-金属多层复合材料适于制造高应力（140MPa）、高温（270℃）及低温（-195℃）和无油润滑条件下的各种滑动轴承，目前已在汽车、矿山机械、化工机械中广泛应用。

C 陶瓷基复合材料

陶瓷基复合材料是用纤维或粒子与陶瓷复合而成。陶瓷本身脆性大，但经复合后其韧性明显提高，更具有耐高温、抗氧化、耐磨、耐蚀、弹性模量高、抗压强度大等优点，显示出广泛的应用前景。

（1）纤维增强陶瓷基复合材料。纤维与陶瓷复合的目的主要是提高陶瓷材料的韧性。采用的纤维主要有碳纤维、Al_2O_3 纤维、SiC 纤维以及晶须和金属纤维等。其制造方法主要有泥浆浇注法、溶胶-凝胶法、化学气相渗透法等。

纤维增强陶瓷基复合材料不仅保持陶瓷材料的优点，而且克服了陶瓷材料的缺点，使其韧性和强度得到明显的提高。表 3-23 是部分陶瓷材料经碳化硅纤维增强前后的性能比较，由表中看出，增强后的陶瓷材料其断裂韧性和抗弯强度都远高于未增强的陶瓷材料，例如 SiC 增强玻璃的断裂韧性提高了 15 倍，抗弯强度提高 12 倍。

表 3-23　陶瓷材料经碳化硅纤维增强前后的性能比较

材　料	抗弯强度/MPa	断裂韧度/MPa·m$^{1/2}$
Al_2O_3	550	5.5
Al_2O_3/SiC	790	8.8

材　料	抗弯强度/MPa	断裂韧度/MPa·m^{1/2}
SiC	495	4.4
SiC/SiC	750	25.0
ZrO	250	5.0
ZrO/SiC	450	22
玻璃-陶瓷	200	2.0
玻璃-陶瓷/SiC	830	17.6
Si_3N_4（热压）	470	4.4
Si_3N_4/SiC 晶须	800	56.0
玻璃	62	1.1
玻璃/SiC	825	17.6

　　纤维增强陶瓷复合材料除具备一般陶瓷基复合材料的优点外，还具有比强度高、比模量高的特点，在军事上和空间技术上有广泛的应用前景。如石英纤维增强二氧化硅、碳化硅增强二氧化硅、碳化硼纤维增强石墨、碳化硅增强或氧化铝纤维增强玻璃等，可用于制造导弹的雷达罩，空间飞行器的天线窗和鼻锥、装甲、发动机零构件、换热器、汽轮机零构件、轴承和喷嘴等。

　　（2）粒子增强陶瓷基复合材料。粒子增强陶瓷基复合材料能够显著改善陶瓷的脆性，提高强度，且其工艺简单。研究较多的体系有碳化硅基、氧化铝基和莫来石基。例如 $SiC\text{-}TiC$、$SiC\text{-}ZrB_2$、$Al_2O_3\text{-}TiC$、$Al_2O_3\text{-}SiC$、莫来石-ZrO_2 等体系。如用 ZrO_2 粒子与莫来石复合后，显著提高了莫来石强度和韧性，而且还降低了烧成温度，莫来石-ZrO_2 复合材料用作发动机部件的绝热材料，已引起重视。

　　D　塑料基复合材料

　　塑料作为机械工程材料的最大优点是密度小，耐蚀性、可塑性好，易加工成型；最大的缺点是强度低、弹性模量低、耐热性差。改善其性能最有效的途径是将其制备成复合材料。

　　纤维增强塑料基复合材料常用的增强纤维为玻璃纤维、碳纤维、硼纤维、碳化硅纤维、凯夫拉（Kevlar）纤维及其织物、毡等，基体材料为热固性塑料（如不饱和聚酯树脂、环氧树脂、酚醛树脂、呋喃树脂、有机硅树脂等）和热塑性塑料（如尼龙、聚苯乙烯、ABS、聚碳酸酯等）。这类材料的复合与制品的成型是同时完成的。常用的成型方法有手糊法、喷射法、压制法、缠绕法、离心成型法和袋压法等。广泛应用的有玻璃纤维增强塑料、碳纤维增强塑料、硼纤维增强塑料、碳化硅纤维增强塑料和 Kevlar 纤维增强塑料。

　　（1）玻璃纤维增强塑料。玻璃纤维增强塑料也称玻璃钢，按塑料基体性质可分为热塑性玻璃钢和热固性玻璃钢两类。

　　1）热塑性玻璃钢。热塑性玻璃钢的种类较多，常用的有尼龙基、聚烯烃基、聚苯乙烯基、ABS 基、聚碳酸酯基等。它由体积分数为 20%～40% 的玻璃纤维与 60%～80% 的热塑性基体材料组成。这种材料具有高强度和高冲击韧性，良好的低温性能和低热膨胀系数。如 40%玻璃纤维增强尼龙 66，其抗拉强度超过铝合金；40%玻璃纤维增强聚碳酸酯，其热膨胀系数低于不锈钢铸件；玻璃纤维增强聚苯乙烯、聚碳酸酯、尼龙 66 等在-40℃时冲击韧性不但不像一般塑料那样严重降低，反而有所升高。几种热塑性玻璃钢的性能见表 3-24。

表 3-24 几种热塑性玻璃钢的性能

性能 基体材料	密度/g·cm⁻³	抗拉强度/MPa	弯曲弹性模量/MPa	热膨胀系数/℃⁻¹
尼龙 66	1.37	182	9100	3.24×10^{-5}
ABS	1.28	101.5	7700	2.88×10^{-5}
聚苯乙烯	1.28	94.5	9100	3.42×10^{-5}
聚碳酸酯	1.43	129.5	8400	2.34×10^{-5}

2）热固性玻璃钢。热固性玻璃钢是由体积百分数为 60%～70%的玻璃纤维和 30%～40%的热固性树脂复合而成。它的主要优点是密度小、比强度高、耐腐蚀、绝缘绝热性好，防磁、微波穿透性好，成型工艺简单。它的缺点是弹性模量低，只有结构钢的 1/10～1/5，刚性差、耐热性低，不超过 300℃，容易老化，容易蠕变。

为了改善和提高玻璃钢的某些性能，可进行改性处理。例如，用酚醛树脂与环氧树脂混溶后作基体进行复合，既具有环氧树脂的黏结作用，又降低了酚醛树脂的脆性，还可以保持酚醛树脂的耐热性。因此，环氧-酚醛玻璃钢热稳定性好、强度高，几种热固性玻璃钢的性能列于表 3-25 中。

表 3-25 几种热固性玻璃钢的性能

性能 基体材料	密度/g·cm⁻³	抗拉强度/MPa	抗压强度/MPa	抗弯强度/MPa
聚酯	1.7～1.9	180～350	21000～25000	210～350
环氧	1.8～2.0	70.3～298.5	18000～30000	70.3～470
酚醛	1.6～1.85	70～280	10000～27000	270～1100

玻璃钢主要用于制造要求自重轻的受力零构件和要求无磁性、绝缘、耐腐蚀的零件。例如，其用于制造航天和航空工业中的雷达罩、直升机机身、飞机螺旋桨、发动机叶轮、火箭导弹发动机壳体和燃料箱等；在船舶工业中，它用于制造轻型船、舰、艇；在车辆工业中，它用于制造汽车、机车、拖拉机车身，发动机机罩等；在电机电器工业中，它用于制造重型发电机护环、大型变压器线圈绝缘筒以及各种绝缘零件等；在化学工业中，它代替不锈钢制造耐酸、耐碱、耐油的容器、管道和反应釜等。

（2）碳纤维增强塑料。碳纤维增强塑料是由碳纤维和聚酯、酚醛、环氧、聚四氟乙烯等树脂组成的复合材料。这类材料具有低密度、高强度、高弹性模量、高比强度和比模量，优良的抗疲劳性能、耐冲击性能、自润滑性、减摩耐磨性、耐蚀性和耐热性。它的缺点是碳纤维与基体的结合力不够大，各向异性程度高，垂直方向的强度和弹性模量低。

碳纤维增强塑料的性能优于玻璃钢，主要用于制造航天和航空工业中的飞机机身、螺旋桨、尾翼、发动机风扇叶片、卫星壳体、飞行器外表面防热层等；在机械工业中，它用于制作轴承、齿轮等受载磨损零件；在汽车工业中，其用于制造汽车外壳，发动机壳体等；其在化工工业中，其用于制造管道、容器等。

（3）硼纤维增强塑料。硼纤维增强塑料是由硼纤维与环氧、聚酰亚胺等树脂组成的复合材料。这类材料具有高的比强度和比模量、良好的耐热性能。如硼纤维-环氧树脂复合材料的拉伸、压缩、剪切的比强度都比铝合金和钛合金高；其弹性模量为铝合金的 3 倍，是钛合金的 2 倍，而比模量则为铝合金和钛合金的 4 倍。硼纤维增强塑料的缺点是各向异性明显，纵向力学性能高、横向力学性能低，两者相差十几倍到数十倍，此外加工困难、成本高。硼纤维增强塑料主要用于制作航天和航空工业中要求高刚度的结构件，如飞机机身、机翼、轨道飞行器隔离装置等。

（4）碳化硅纤维增强塑料。碳化硅纤维增强塑料由碳化硅纤维与环氧树脂复合而成。它具有高的比强度和比模量，同时它抗拉强度接近碳纤维-环氧树脂复合材料，而抗压强度为后者的 2 倍。碳化硅纤维增强塑料发展前景广阔，它主要用于制造宇航器上的结构件，比金属减轻质量 30%，它还可用于制造飞机的门、降落传动装置箱、机翼等。

（5）凯夫拉（Kevlar）纤维增强塑料。凯夫拉纤维增强材料由 Kevlar 纤维与环氧、聚乙烯、聚碳酸酯、聚酯等树脂复合而成。其中常用的是 Kevlar 纤维-环氧树脂复合材料。凯夫拉纤维增强材料的抗拉强度高于玻璃钢，与碳纤维-环氧树脂复合材料相近，且延展性与金属相近；其抗冲击性超过碳纤维增强塑料；它具有优良的抗疲劳性能和减振性，其抗疲劳性高于玻璃钢和铝合金，减振性能为钢的 8 倍，为玻璃钢的 4~5 倍。凯夫拉纤维增强材料主要用于制造飞机机身、雷达天线罩、火箭发动机外壳、轻型船舰、快艇等。

E　橡胶基复合材料

橡胶本身具有弹性高、减振性好、热导率低、绝缘等优点；但其强度和耐磨性差。为改善橡胶制品的性能，可用增强纤维和粒子与其复合，制成纤维增强橡胶和粒子增强橡胶制品。

（1）纤维增强橡胶。纤维增强橡胶由增强纤维和橡胶基体组成。常用的增强纤维有天然纤维、人造纤维、合成纤维（如尼龙、涤纶、维尼纶等）、玻璃纤维、金属丝等。要求增强纤维具有高强度、耐挠曲、伸长率低、蠕变性小、与橡胶有良好的黏结性等性能。

纤维增强橡胶复合材料通常经过塑炼、混炼、涂覆、挤出、压延、成型、硫化等工序制成纤维增强橡胶制品。这些制品主要有轮胎、皮带、橡胶管、橡胶布等，该复合材料的制品质轻、强度高、弹性高、柔软性好。

纤维增强橡胶复合材料用于制造飞机、汽车和拖拉机的轮胎，各种传动设备上的传动带，以及机械设备中使用的增强橡胶软管等。

（2）粒子增强橡胶。在橡胶工业中，经常使用大量的辅助材料来改善橡胶的性能。增强效果最好的是补强剂，如炭黑、白炭黑、氧化锌、活性碳酸钙等。补强剂的细小粒子填充到橡胶分子的网状结构中，形成一种特殊的界面，使橡胶的抗拉强度、撕裂强度、耐磨性都有显著提高。表 3-26 是炭黑对橡胶的增强效果。

表 3-26　炭黑对橡胶的增强效果

橡胶类别	硫化后的抗拉强度/MPa		增强效果 加炭黑强度/未加炭黑强度
	未加炭黑	加炭黑	
天然橡胶	20~30	30~34.5	1~1.6

橡胶类别	硫化后的抗拉强度/MPa		增强效果
	未加炭黑	加炭黑	加炭黑强度/未加炭黑强度
氯丁橡胶	15~20	20~28	1~1.8
丁苯橡胶	2~3	15~25	5~12
丁腈橡胶	2~4	15~25	4~12

【任务实施】

·实训 1　偏光显微镜观察聚合物结晶形态

（1）实训目的：了解偏光显微镜的结构及使用方法；观察聚合物的结晶形态，估算聚丙烯球晶大小；测定溶液结晶的球晶尺寸，判断球晶的正负性。

（2）实训设备及材料：生物显微镜、金相显微镜、玻璃片、吸管、放大镜等；工业级聚乙烯（颗粒状）和聚丙烯（颗粒状）。

（3）实训步骤：

1）直接切片制备聚合物试样。在要观察的聚合物试样的指定部分用切片机切取厚度约为 $10\mu m$ 的薄片，放于载玻片上，用盖玻片盖好即可进行观察。为了增加清晰度，消除因切片表面凹凸不平所产生的分散光，可于试样上滴加少量与聚合物折射率相近的液体，如甘油等。

2）记录制备试样的条件，简单绘制实验所观察到的球晶状态图。

（4）实训结果：填写工作页，并分析球晶状态图。

·实训 2　塑料拉伸实验

（1）实训目的和任务：测定聚乙烯材料的屈服强度、拉伸强度和断裂伸长率，并绘制应力-应变曲线；观察结晶性高聚物的拉伸特征；掌握高聚物的静载拉伸实验方法。

（2）实训设备及材料：电子万能实验机、游标卡尺一把；试样（高密度聚乙烯HDPE，标准哑铃试条若干）。

（3）实训步骤：

1）熟悉电子万能实验机的结构、操作规范和注意事项。

2）用游标卡尺测量试件中部左、中、右三点的宽与厚，精确至 0.02mm，取平均值。

3）夹持试样，夹具夹持试样时，要使试样纵轴与上、下夹具中心连线相重合，并且要松紧适宜，以防试样滑脱或断在夹具内。

4）选定试验速度，进行实验。

5）改变实验参数，重复做完两组试样。

（4）实训结果：填写工作页，并分析塑料拉伸曲线。

【小结】

（1）高分子材料的基本概念。

1）合成高分子化合物的方法主要有两类，即加聚反应和缩聚反应。

2）高分子材料的分类主要可按反应类型、化学结构、聚合物热行为分类，通过这些分类可以清晰地了解高分子材料的基本类型。

（2）高分子材料的性能特点。高分子材料的性能具有低强度和较高的比强度、高弹性和低弹性模量、黏弹性、耐磨性高、绝缘性好、化学稳定性好的优点，但也存在使用过程中容易发生老化的缺点。高分子材料以其优良的特性，发展迅猛，已经广泛用于生产、生活等各个领域。同时，针对其缺点，可适当采取不同的措施予以改善并加以充分的利用。

（3）常用高分子材料。常用高分子材料包括有塑料、橡胶、合成纤维、胶粘剂和涂料5大类。这5类材料已经广泛应用于不同生产、生活领域中。

（4）陶瓷材料。陶瓷材料是采用天然原料如长石、黏土和石英等烧结而成，是典型的硅酸盐材料，主要组成元素是硅、铝、氧，这三种元素占地壳元素总量的90%，普通陶瓷来源丰富、成本低、工艺成熟。

1）力学性能。陶瓷材料是工程材料中刚度最好、硬度最高的材料，其硬度大多在1500HV以上。陶瓷的抗压强度较高，但抗拉强度较低，塑性和韧性很差。

2）热性能。陶瓷材料一般具有高的熔点（大多在2000℃以上），且在高温下具有极好的化学稳定性；陶瓷的导热性低于金属，是良好的隔热材料。同时陶瓷的线膨胀系数比金属低，当温度发生变化时，陶瓷具有良好的尺寸稳定性。

3）电性能。大多数陶瓷具有良好的电绝缘性，因此大量用于制作各种电压（1～110kV）的绝缘器件。

4）化学性能。陶瓷材料在高温下不易氧化，并对酸、碱、盐具有良好的抗腐蚀能力。

（5）复合材料。

1）复合材料比较通行的是按基体相和增强相进行分类。

2）复合材料具有比强度和比模量高、抗疲劳性能好、减振性能好、高温性能优良等优点，但也存在不足，如断裂伸长小，冲击韧性较低，价格高等。在科学技术飞速发展的今天，这些不足会被逐渐改善，复合材料也将会快速发展和广泛应用。

3）常用复合材料有金属基复合材料、塑料-金属多层复合材料、陶瓷基复合材料、塑料基复合材料、橡胶基复合材料。

这些复合材料已经广泛应用于汽车、矿山机械、化工机械、航天航空等生产生活领域。

【习题】

3-4-1　简述高分子材料的性能特点。

3-4-2　高分子材料分为哪几种？

3-4-3　高聚物的聚合方式有哪几种，各有何特点？

3-4-4　高分子材料的老化如何防止？

3-4-5　简述常用高分子材料的种类、性能特点及应用。

3-4-6　什么是复合材料，都有哪些类型？

3-4-7　复合材料有哪些性能特点？

3-4-8　常用的增强纤维有哪些，各有何特点？

3-4-9　比较玻璃钢、碳纤维增强塑料、硼纤维增强塑料的性能特点，并举例说明它们的用途。

3-4-10　什么是陶瓷？简述陶瓷材料的分类。

3-4-11　陶瓷材料由哪些相组成，它们对陶瓷性能有何影响？

3-4-12　陶瓷材料主要以什么键结合？分析陶瓷材料的性能特点。

3-4-13　简述常用陶瓷材料的种类、性能特点及应用。

参 考 文 献

[1] 吴元徽. 热处理工（中级）鉴定培训教材 [M]. 北京：机械工业出版社，2009.

[2] 赵忠. 金属材料及热处理 [M]. 北京：机械工业出版社，2009.

[3] 李春胜，黄德彬. 金属材料手册 [M]. 北京：化学工业出版社，2005.

[4] 杨海鹏. 金属材料及热处理 [M]. 北京：化学工业出版社，2014.

[5] 许德株. 机械工程材料 [M]. 北京：高等教育出版社，1992.

[6] 周小平. 金属材料及热处理实验教程 [M]. 武汉：华中科技大学出版社，2006.